先进核科学与技术应用和探索丛书
核与辐射安全系列

核与辐射安全

主　编　徐守龙　彭国文　郑平卫　郭　倩

U0285317

哈尔滨工程大学出版社
Harbin Engineering University Press

内容简介

本书内容从核安全的基本内涵和概念，到核安全监管与核安全技术，基本囊括了与核安全专业相关的所有知识点。全书共7章，阐述了广义和狭义的核安全概念，介绍了核安全文化起源、发展与实践。在梳理核安全法律法规的基础上，系统地介绍了不同对象的核安全监管与评价，以及对核设施退役与放射性废物处理处置相关的技术与管理方法，并且系统地讲解了核安全监管过程中所涉及的核辐射效应与探测相关理论基础知识。

本书适用于核安全专业及其他涉核专业本科生和研究生使用，可作为培养核安全专业人才的专用教材。

图书在版编目(CIP)数据

核与辐射安全/徐守龙等主编. —哈尔滨:哈尔
滨工程大学出版社,2023.12
ISBN 978-7-5661-3937-5

Ⅰ.①核… Ⅱ.①徐… Ⅲ.①核安全-辐射防护-研
究-中国 Ⅳ.①TL7

中国国家版本馆 CIP 数据核字(2023)第 255693 号

核与辐射安全
HE YU FUSHE ANQUAN

选题策划 石 岭
责任编辑 刘梦瑶
封面设计 李海波

出版发行 哈尔滨工程大学出版社
社 址 哈尔滨市南岗区东大直街 145 号
邮政编码 150001
发行电话 0451-82519328
传 真 0451-82519699
经 销 新华书店
印 刷 哈尔滨市海德利商务印刷有限公司
开 本 787mm×1 092mm 1/16
印 张 17
字 数 411 千字
版 次 2023 年 12 月第 1 版
印 次 2023 年 12 月第 1 次印刷
书 号 ISBN 978-7-5661-3937-5
定 价 48.00 元
http://www.hrbeupress.com
E-mail:heupress@hrbeu.edu.cn

前　言

核安全是国家安全的重要组成部分,事关人民健康、社会稳定及经济发展。确保核安全,对保障政治安全、经济安全、资源安全以及国土安全等具有重大意义。我国在从核工业大国向核工业强国跨越的同时,核安全技术能力应协同发展。党中央高度重视核安全,将核安全纳入国家安全总体范畴。《中华人民共和国核安全法》明确提出"国务院有关部门应当在相关科研规划中安排与核设施、核材料安全和辐射环境监测、评估相关的关键技术研究专项,推广先进、可靠的核安全技术",以保障我国核电长期安全稳定运行,有力地促进核工业高质量发展。核安全是核能事业发展的生命线。核安全的高质量发展对促进我国能源结构转型、保障能源安全,实现"碳达峰、碳中和"战略,推动绿色发展、促进人与自然和谐共生和全面建设美丽中国具有重大意义。

核与辐射安全包括核安全与辐射安全。国际原子能机构将核安全、辐射安全、放射性废物安全和放射性物质运输安全统称为核安全。核与辐射安全是一门新兴的综合性学科,其包含在核技术的研究、开发和应用的各个阶段,在核设施设计、建造、运行和退役的各个阶段,它还是为使核技术应用过程中,或核设施运行和退役过程中产生的辐射,对从业人员、公众和环境的不利影响降低到可接受的程度,从而取得公众的信赖,所采取的全部理论、原则和全部技术措施及管理措施的总称。

本书充分体现了核安全科学与工程学科的特色和核安全专业的特殊性,在编写过程中整合了全国注册核安全工程师辅导教材和编者的科研课题成果,以基本概念和基础知识为主,结合国家核与辐射安全相关法规,整理了核安全技术及监督管理相关的专业知识。全书共7章,包括核安全概述(第1章)、核安全文化(第2章)、核安全监管(第3章)、核安全法律法规(第4章)、核设施退役(第5章)、放射性废物管理(第6章)和核辐射效应与探测(第7章)。书中部分章节涵盖并系统地梳理了注册核安全工程师执业资格考试的核心内容,将核安全相关法律法规、核安全综合知识、核安全专业实务和核安全案例分析四个科目的知识融入教学内容。从而提高在核能和核技术应用及为核安全提供技术服务的单位中从事核安全关键岗位工作的专业技术人员的知识水平和专业技能。

本书可作为核专业及涉核专业本科生、研究生的教材,通过基础知识理论和教学实践的学习,使学生能够了解核安全的基本概念、法律法规和监督管理方法,掌握核与辐射相关的基础理论知识,核工业的主要环节和核与辐射安全关键问题,理解核安全文化。教师在教学过程中,可根据教学对象及学时等情况对本书的内容进行适当删减和组合。

本书的主编是徐守龙、彭国文、郑平卫和郭倩。徐守龙负责统稿工作和编写本书的第1

章、第 2 章、第 5 章和第 7 章,郑平卫负责编写本书的第 3 章和第 4 章,郭倩负责编写本书的第 6 章,彭国文负责稿件的审读工作。

由于编者水平有限,难免存在不足与疏漏之处,并将在未来持续对本书进行修订和更新,恳请广大读者批评指正。

编　者

2023 年 9 月

目　　录

第1章 核安全概述

核安全的概念有广义和狭义之分。广义的核安全是指对核设施、核活动、核材料和放射性物质采取必要和充分的监控、保护、预防和缓解等安全措施,防止由于任何技术原因、人为原因或自然灾害造成事故发生,并最大限度减少事故情况下的放射性后果,从而保护工作人员、公众和环境免受不当辐射危害;狭义的核安全是指在核设施的设计、建造、运行和退役期间,为保护人员、社会和环境免受可能的放射性危害所采取的技术和组织上的综合措施,包括确保核设施的正常运行、预防事故的发生、限制可能发生的事故后果。

1.1 核 安 全

1.1.1 核安全的相关概念

核安全的概念在不同场合有不同的定义,涉及的范畴也有所不同。为了更好理解核安全,需要先理解安全的概念。本节从安全的概念出发,首先分析安全的概念,其次分析核安全以及后续一系列的影响,利用辐射剂量综合叙述核辐射、核泄漏等所造成的危害,最后根据目前核技术的广泛应用再提出核安全的重要性,同时对相关概念进行介绍。

1. 安全的概念

安全,顾名思义,"无危则安,无缺则全"。通常来说,安全被认为是没有受到威胁、没有危险、危害和损失。人类的整体与生存环境、资源的和谐相处,互相不伤害,不存在危险、危害的隐患,在人类生产过程中,应将系统的运行状态对人类的生命、财产和环境可能造成的损害控制在人类能够接受的范围内。各国家、各行各业,甚至不同组织对安全都给出了不同的定义。在《汉语大词典》中,安全被定义为"泛指没有危险,不出事故的状态"。在《全国中级注册安全工程师职业资格考试辅导教材》(2020版)的《安全生产管理》中,则有如下概括:"生产过程中的安全,即安全生产,是指'不发生工伤事故、职业病、设备或财产损失'。"国际民航组织则认为,安全"是一种状态,即通过持续的危险识别和风险管理过程,将人员伤害或财产损失的风险降低并保持在可接受的水平或其以下"。总体而言,安全的基本概念可以总结归纳为:控制风险达到可接受的水平。

2. 核安全的概念

在不同的工业和生产领域,虽然对安全的表述形式有所不同,但其基本内涵是一致的。在核能与核技术领域,核安全是指采取必要和充分的预防、保护、缓解和监管等安全措施,防止由于任何技术原因、人为原因或自然灾害造成核事故,并最大限度地减轻核事故的放射性后果,保护工作人员、社会公众和环境免受不当的辐射危害。与其他能源相比,核能在军事上的应用使得人们对核武器与核材料的扩散问题尤为关注,核辐射还会对人和环境产生放射性危害。

核电作为一种清洁高效、经济安全的能源形式,是未来能源发展的主要方向之一,也是我国实现"双碳"目标所依赖的重要能源。尽管核电有着其他能源难以比拟的优势,但其建造成本高、建设周期长、建造标准高,建设成本远超相同量级的火电站。此外,虽然核电站安全性较高,但依然具有较大的潜在危险性,一旦发生核事故,将对周围环境和居民造成难以逆转的损害。因此,核电安全在人们心中有着更加特殊的地位。

2003年国际原子能机构(International Atomic Energy Agency,IAEA)为响应成员国制定核法律和协调本国法律制度安排与国际标准相一致的要求,帮助成员国在监管核能与电离辐射的和平利用方面建立预防法律体系,提供了完善的管理和监管安全与和平利用核能方面的法律框架基本要素,出版了《核法律手册》(Handbook on Nuclear Law)。该手册中提出核法律的基本原则是"安全原则"和"安保原则"。2011年IAEA出版的《核法律手册:实施立法》(Handbook on Nuclear Law:Implementing Legislation)进一步提出了"N3S"概念(The Three-s Concept),并以"N3S"作为该手册的指导方针。所谓"N3S"是指"核安全(Nuclear Safety)概念、核安保(nuclear security)和核保障(nuclear safeguard)"。2022年,IAEA发布了《IAEA核安全和安保术语表》。这份术语表定义和解释了IAEA的安全标准和核安保导则以及其他与安全和安保相关的出版物中使用的技术术语,并提供了它们的使用信息。截至2022年,该术语表包括了原子能机构安全标准和核安保导则中确立的术语和定义,并已获得批准。

通常所说的核安全有狭义和广义之分,下面分别从以下两个层面加以介绍。

(1)狭义的核安全

狭义的核安全是指在核能源利用过程中保障核设施、核材料和核技术在正常运行和事故等突发事件中不发生放射性泄漏或其他形式的放射性释放,以及防止核材料被盗用或恶意使用。简单来说,狭义的核安全主要关注核能源及核技术的应用,不包括其他相关领域,如辐射安全等。狭义的核安全涉及多个方面,包括物理安全、材料保障、设施安全、信息安全和核安全文化等。物理安全主要指设施的防护措施,如安保人员、围墙、监控系统等;材料保障则指的是核材料的控制和保管,以确保不被盗窃、丢失或滥用;设施安全则包括设施的设计、建造、运营和关闭等方面,以保证设施的安全和稳定运行;信息安全则主要指设施的信息系统和数据的保护,以防止恶意攻击和信息泄露;核安全文化则强调对核安全的重视和核安全意识的培养。

(2)广义的核安全

广义上的核安全除了包括狭义上的核安全范畴,还包括防止核材料非法获取和利用、核设施恐怖袭击、核武器扩散等方面。广义上的核安全不仅涉及核能产业本身,还涉及与核能有关的其他领域。例如,保护核技术的应用,防止核材料用于非和平目的,以及防止核武器的扩散。2022年IAEA发布的《IAEA核安全和安保术语表》包括原子能机构安全标准和核安保导则中确立的术语和定义,直至2022年已发布和批准。该术语表的主要目的是促进安全标准和核安保中术语和用法的一致性,指导原子能机构核安全和安保部门以及整个原子能机构的工作。

在《IAEA核安全和安保术语表》中,核安全被定义为确保适当的操作条件,以预防事故并减轻其后果,从而保护工人、公众和环境免受辐射风险。核能机构的出版物通常将此缩写为"safety"。安全涵盖了核设施安全、核安保、保障和反制、放射性废物管理安全以及放射性材料运输安全等多个方面。与一般安全类别(如消防安全和传统工业安全)相比,核安全更加广泛,涉及辐射照射对人体和环境造成的所有潜在危害,而不仅仅是故意的伤害行为。

1.1.2　核安全的特点

核安全相对于其他工业和生产领域的安全问题,之所以更加受到人们的广泛关注,其中的一个重要原因在于核安全涉及放射性危害,且影响范围广。核设施各类事件还容易引发公共安全问题,并进一步对社会、经济乃至政治产生影响。本节将从核事故危害、放射性危害和社会影响三个方面展开介绍。

1. 核事故危害

核事故不仅对空气、海洋、土壤等造成损害,还会威胁人类和动植物的安全、危害国家经济、核电事业甚至政府的公信力。甚至可以说,核事故对人类和环境造成的损害是不可修复的。

(1)威胁人类的身体健康

重大核污染事故对人的身体和心理健康的损害不可忽视,虽然核污染事故造成的伤亡人数并不多,但其导致的身体健康危害,如癌症、遗传损害、急慢性辐射损伤等远期效应令人恐惧。核事故所产生的放射性物质可以通过呼吸、皮肤伤口及消化道吸收等途径进入人体,身体受到的辐射能量越多,其放射性病症越严重。如切尔诺贝利事故发生后,放射性辐射直接导致多人死亡。由于核事故影响的持久性,对于特殊人群,包括老年人、孕妇、儿童、病人等产生的危害更加巨大:老年人在灾难后往往会出现慢性病加重;孕妇及其家人由于过度担忧且缺乏相关知识和可信的检查,许多人会选择堕胎;儿童由于其生理和心理还未发展成熟,对灾难的心理承受能力较差,容易造成终生心理创伤。美国三哩岛核事故发生时,正处于未成年时期的人们,成为美国反核的中坚力量。

(2)造成巨大的环境污染

核事故发生时所释放的大量放射性物质对大气、土壤、水源、动植物等都可能造成巨大的影响。1986年切尔诺贝利事故发生后,由于核事故产生的大量放射性物质随着空气的传播,扩散到俄罗斯、白俄罗斯、乌克兰、英国、法国、意大利等国家,并且对扩散国家的空气、水源等都造成了不同程度的损害。2011年日本福岛核事故发生后,虽然当时采取了一些措施防止被污染的水流入大海,但是有资料显示,该核电厂港口周围海域的某些鱼类体内存在放射性物质,说明海洋还是不可避免地遭到了污染。

(3)损害经济利益

核事故发生后造成的经济损害是巨大的,并且对国家的经济发展和核电事业的影响也是十分严重的。由于核事故造成的环境损害是持久而漫长的,短期内难以消除影响,受污染严重的地区可能需要经历近百年才能进行正常的工业和农业生产,核事故发生后许多人都会选择离开受污染的地区,这必将阻碍该地区甚至全国的经济复苏。同时,由于核事故的发生,核电企业乃至国家承担了巨额经济赔偿的重担。1979年,美国三哩岛核事故造成了核电站二号堆严重损毁,直接经济损失高达10亿美元,导致美国核电事业进入20多年的停滞期。1986年,切尔诺贝利事故遗留的安全问题,至今乌克兰政府每年都要斥巨资维护核电站的石棺,却仍然无法阻止核泄漏,而且新防护罩的建造费用高达7.4亿欧元。2011年,日本福岛核事故,东京电力公司截至2018年9月末投入了19 401亿日元的核事故清理费用。

2. 放射性危害

核设施中主要存在裂变产物、锕系元素和活化产物等放射性物质,这些放射性物质在衰变中会发射中子、α粒子(氦原子核)、β粒子(电子)和γ射线(光子)等,造成放射性危害。

在正常运行期间,反应堆安全壳是密封的,且保持负压,以防止气体从安全壳内流出,人体受到的剂量基本可以忽略。在大修期间,安全壳会被打开,相关工作人员会受到一定辐射,但必须保证低于国家规定水平(实际情况远低于该水平)。

在事故工况下,这些放射性物质可能会被释放到厂区及环境中,并通过以下辐射途径对职业人员和附近居民造成影响。

(1)放射性烟云及烟云地面沉积的外照射:放射性烟云会通过衰变释放γ和β射线,对淹没在放射性烟云中的人造成外照射。

(2)吸入空气中的放射性造成的内照射:在放射性烟云经过期间,一部分放射性物质被吸入人的体内。吸入人体的各种放射性核素,由于其物理和化学性质不同,往往会经过不同的途径在体内迁移,迁移过程中会以不同的份额滞留在各器官组织中。例如,碘吸入后由肺进入血液,其中一部分滞留在甲状腺中。

(3)通过食物链造成的内照射:放射性核素在土壤中沉积,通过植物根系进入农作物,并通过食物链进行转移和浓积,如果人食入含有放射性物质的植物或动物,将会造成放射性元素的摄入。比较典型的情况是放射性碘在牧草上沉积,被奶牛食入后转移到牛奶中,人饮用牛奶后放射性碘进入人体,由此造成的内照射剂量往往高于其他照射途径对人体产生的剂量。

3. 社会影响

一般来说,由于射线的物理特性,在核设施(如核电厂)内发生放射性物质外泄的事故,都属于影响较大的公共危机事件。公共危机事件是一种严重威胁社会系统基本结构或基本价值规范,并在时间压力和不确定性极高的情况下必须对其做出关键决策的事件。公共安全主要就是研究应对公共危机事件的科学,由核设施各类事件引发的公共安全问题,是核安全与公共安全学科共同关注的一个研究内容。

公共安全是指公众享有安全和谐的生活和工作环境以及良好的社会秩序,最大限度地避免各种灾害的伤害,其生命财产、身心健康、民主权利和自我发展有着安全保障。影响公共安全的主要因素有自然因素、卫生因素、社会因素、生态因素、环境因素、经济因素、信息因素、文化因素和政治因素等,这些影响因素使得公共安全成为一个可以从多角度、多侧面进行分析研究的复杂系统和体系。尽管具有众多不同的影响因素,各类公共安全问题仍可以归结出若干具有共性的特征,包括发生的突然性、危害的灾难性、范围的广泛性、影响的关联性、原因的复杂性和演变的隐蔽性等。从影响因素及本质特征上来看,核事故属于影响公共安全的事件。

"邻避效应"是核安全社会影响的典型表现,即居民因担心建设项目对身体健康和环境质量等带来的负面影响,而激发出嫌恶的情绪,并采取强烈、坚决和高度情绪化的集体反对甚至抗争行为。2013年7月发生的江门鹤山反核事件,警方统计超过2万人参与了该事件,最终市政府宣布该事件针对的核燃料产业园项目不予立项。2016年8月发生的连云港"核废料处理厂"事件,最终也是由于当地群众反对而被暂停,与江门反核事件不同的是,本次事件发生时最终选址并没有完全确定,可见公众对核安全问题具有高度敏感性。正是由于此类事件的发生,各国政府在核安全问题上显得特别谨慎,这也给国家核能政策的设计带来了一定的影响。

1.1.3 核安全目标

三哩岛核事故与切尔诺贝利事故发生之后,IAEA 针对两次核事故出版了《核电厂基本安全原则》(INSAG-3,1999 年升级为 INSAG-12),从基本安全目标、辐射防护目标和技术安全目标等层次全面描述了核安全目标。1986 年美国核管理委员会(Nuclear Regulatory Commission,NRC)发布了核电站安全目标的政策声明,对核电站的运行制定了定性和定量的安全目标。在此之后一些核电国家的核安全管理机构也相继建立了各自的安全目标。由于在定量安全目标的评估中存在较大的不确定性,所以无论是核安全管理机构还是专家,对安全目标在核安全管理中的可行性及其作用各自持有不同的观点。目前,国际上的一般共识是:安全目标应当是整个安全管理体系的一个重要组成部分,对于有效地提高核电站运行安全的管理水平来说,建立和实施安全目标是一个有吸引力的途径。

1. 核安全目标的定义及其发展过程

核电站的运行安全管理涉及众多方面,从形式来看,安全目标可以是定性的、定量的、确定论的或概率论的。一般来说,安全目标层次越高,则越可能是定性的,这是由可能涉及的复杂因素及其不确定性决定的。目前,对于核安全目标,国际上还没有形成一个被广泛接受的定义。以下简要介绍 IAEA 和 NRC 两个安全目标体系。

IAEA 和 NRC 所提出的核电厂安全目标体系是目前被国际核工业界普遍采用和借鉴的,虽然它们在安全目标的具体表述和体系结构上有所差异,但是对于安全目标本质的认识和理解是一致的,即认为安全目标应当是整个安全管理体系的一个重要组成部分,对于有效地提高核电厂运行安全的管理水平来说,建立和实施安全目标是一个有吸引力的途径。它的本质是为了说明"什么样的安全才是足够的安全"的问题,同时它们都承认,安全目标不是要消除风险,而是要控制风险。可以说,安全目标既是核电厂安全运行期望的结果,也是提高安全水平的一种手段和工具。

同时安全目标作为保护人和环境的全球参考,促进了全世界协调一致的高水平安全。如辐射的医疗应用,核装置的运行,放射性材料的生产、运输和使用,以及放射性废物管理等活动必须设立安全目标。

IAEA 针对建立和实施安全目标的目的给出了如下解释:安全目标是对核设施所能达到的安全水平的高度概括,是人们期望达到的安全水平,包括设计、建造、调试、运行和管理等方面,对这一安全水平的描述可能是抽象的或是具体的。

我国的核电安全目标与 IAEA 核电安全目标(表 1-1)一致,总的核安全目标由辐射防护目标和技术安全目标两个具体安全目标所支持,这两个目标互相补充、相辅相成。建立安全目标的目的不是要消除风险,而是控制风险。其目的是以有效的方式促使核电厂的运行达到高的安全标准,使核电站运行对公众健康和安全以及对环境的风险降低到可合理达到的尽量低。在我国,国家核安全局并未给出类似于 NRC"两个千分之一"的定量安全目标。

表 1-1 IAEA 核电安全目标

定性目标	总的核安全目标： 在核电厂建立并维持一套有效的防护措施，以保护工作人员、公众和环境免受放射性的危害	辐射防护目标	保证在所有运行状态下，核动力厂内的辐射照射或由于该核动力厂任何计划排放放射性物质引起的辐射照射，保持低于规定限值并且可合理达到的尽量低，保证减轻任何事故的放射性后果。该目标是基于保护工作人员、公众健康和环境安全而设定的
		技术安全目标	采取一切合理可行的措施防止核动力厂发生事故，并在一旦事故发生时减轻其后果。该目标是针对核电选址、设计、运行和应急而设定的
定量目标	概率安全目标	堆芯损伤频率（CDF）	现有电厂：堆芯损坏的频率 10^{-4}/堆年 新建电厂：堆芯损坏的频率 10^{-5}/堆年
		放射性物质大量释放频率（LRF）	现有电厂：放射性物质大量释放频率 10^{-5}/堆年 新建电厂：放射性物质大量释放频率 10^{-6}/堆年

2. 核安全目标的分类

核安全目标可以是定性的和定量的。考虑到影响核设施的复杂因素及其不确定性，安全目标的层次越高，它越可能是定性的。核设施的安全目标目前一般认为有三个：一个实质上就是核安全的总目标（基本安全目标），其余两个是解释总目标的辅助性目标，包括辐射防护目标和技术安全（概率安全）目标。三者之间不是彼此孤立而是相互联系的，从而确保核安全目标的完整性。

（1）核安全的总目标

核安全的总目标是指建立并维持一套有效的防护措施，以保证工作人员、公众及环境免遭放射性危害。具体而言，核安全的总目标包括两个方面的含义：

①核设施必须安全可靠，不得给工作人员及公众的健康带来明显的附加风险；

②核设施事故对社会的附加风险应尽可能低，尤其应比其他类型电厂的风险低，至多是相当。

需要注意的是，在核安全的总目标的表述中突出了放射性危害，但这并不意味着核设施不存在一般工业生产活动都会造成的其他危害，如热排放对环境的影响或由于设备损坏所造成的经济损失等。这些危害同样值得重视，但为了突出核设施的特殊性，它们不属于核安全的研究范畴，因此核安全的总目标并不关注这些危害。

（2）辐射防护目标

辐射防护目标是指采取一切合理可行的手段保证工作人员和公众任何情况下受到的辐射照射都保持在尽量低的水平并低于规定限值，无论是计划排放还是在核设施的各种运行状态下都应满足上述要求，如果发生核事故，应减轻所有事故的放射性后果。

辐射防护目标要求在核设施正常运行的情况下具有一整套完整的辐射防护措施，在预计运行事件工况和任何事故工况下都有一套减轻事故后果的措施，包括场内和场外的对策，以保障工作人员、公众及环境尽量免受放射性危害。

（3）技术安全目标

技术安全目标是指通过一切合理可行的技术手段或措施预防并缓解核事故,减轻事故后果,在核设施设计中考虑所有可能的事故,对于概率很低的事故应确保其放射性后果很小且在规定限值内,对于放射性后果严重的事故应保证其发生的可能性极低。

美国在其安全目标政策声明中确定了两个"千分之一"附加风险的安全目标:"对紧邻核电厂的正常个体成员来说,由于反应堆事故所导致急性死亡的风险不应该超过美国社会成员所面对的其他事故所导致的急性死亡风险总和的千分之一;对核电厂邻近区域的人口来说,由于核电厂运行所导致的癌症死亡风险不应该超过其他原因所导致癌症死亡风险总和的千分之一。"

以上是定性的目标,为了更好实施,人们还制定了定量目标。现有核电厂安全分析中常用的相当于这个技术安全目标的定量技术安全指标是:发生堆芯损伤频率(Core Damage Frequency,CDF)低于 1×10^{-4}/(堆·年),放射性早期大规模释放的频率(Large Early Release Frequency,LERF)低于 1×10^{-5}/(堆·年)。需要指出的是,考虑到技术与社会因素,目前国际上有提高安全目标的趋势。如美国电力研究协会(Electric Power Research Insfitate,EPRI)要求将上述两个指标分别下降至 1×10^{-5}/(堆·年)与 1×10^{-6}/(堆·年)。

1.1.4 核安全基本原则

围绕上述核安全目标,在核设施的选址、设计、建造及运行的全过程中必须贯彻一整套基本原则。核安全的基本原则是为达到核安全目标所必须遵循的、具有普遍应用意义的规则,是具体安全原则的基础。

三哩岛核事故与切尔诺贝利事故在相当长一段时间内影响了世界核电的发展,核能界对事故做了深刻的反思和总结。2006 年 IAEA、联合国环境规划署和世界卫生组织等 9 个国际组织出版了基本标准"基本安全原则"(《IAEA 安全标准丛书》第 SF-1 号),形成一套新的基本安全原则,是 IAEA 安全标准计划中确定防止电离辐射安全要求的基础,也为针对更广泛的安全相关计划提供了依据。这套原则主要包括以下 10 个方面。

1. 安全责任原则

对于带来辐射危险的任何设施或活动以及对于实施减轻辐射照射的行动计划负有责任的人员或组织必须对安全负有主要责任;没有明确的政府授权,不能免除对设施或活动负有责任的人员或组织对安全的责任;应对运行设施或进行活动的组织或个人实施许可证管理,许可证持有者对设施或活动的安全负主要责任,而且不能将这种责任转托给他人;设计者、制造商和建造商、雇主、承包商以及托运方和承运方也对安全负有法律、专业或职能上的责任;鉴于放射性废物管理时间跨度大,因此必须考虑许可证持有者和监管者对现有和今后可能出现的操作所履行的责任;责任人员或组织必须对责任延续和长期的资金准备做出规定。

2. 政府职责原则

政府必须建立和保持有效、安全的相关法律框架和政府组织框架,并包括独立的监管机构。国家的法律和政府框架应对会带来辐射危险的设施和活动做出监管规定,并明确责任分工;政府必须制订减少辐射危险的行动计划(包括紧急行动计划),监测放射性物质向环境的释放,以及放射性废物的处置;政府必须对任何其他组织均不负责的辐射源(如某些天然源、"无看管源"和过去一些设施和活动所产生的放射性残留物)实施控制。

3. 对安全的领导和管理原则

核安全有关的机构、设施和活动必须确立和保持对安全的有效领导和管理，必须通过有效的管理体系来实现和保持安全。管理体系必须整合所有管理要素，以便确定对安全的要求，并将安全要求与人力绩效、质量和保安等要求协调一致地加以使用，不会因为任何其他要求而损害安全水平；此外还必须确保推进安全文化，对安全绩效开展定期评价，并借鉴经验和吸取教训。

4. 设施和活动的正当性原则

带来辐射危险的设施和活动必须在总体上是有利的。对于正当的设施和活动，其产生的效益必须超过它们所带来的辐射危险；为了评估效益和危险，必须考虑运行设施和进行活动所产生的一切重要后果。

5. 最优化防护原则

通过最优化防护将安全水平提升到合理可行的最高级别。为了确定辐射危险是否处于可合理达到的尽量低(As Low As Reasonably Achievable, ALARA)的水平，必须事先采用分级方案对无论正常运行还是异常工况或事故工况所造成的所有危险进行评价；在设施和活动的整个寿期内定期进行再评价，如果相关行动之间或与其有关的危险之间存在相互依赖关系，也必须考虑这些相互依赖关系，还必须考虑到认识方面的不确定性。

6. 限制对个人造成的危险原则

必须确保任何控制辐射危险的措施不会给人带来无法接受的危险，并将剂量和辐射危险控制在规定的限值内；由于剂量限值和危险限值代表着法律上的可接受上限，在这种情况下其本身不足以确保实现最佳可行的防护必须通过防护最优化来加以补充。

7. 保护当代和后代原则

必须为当前和后代的人和环境进行针对辐射危险的防护；在判断控制辐射危险的措施是否充分时，必须考虑当前行动对现在和未来可能产生的后果；安全标准不仅要适用于当地民众，而且还要适用于远离设施和活动的人群；在辐射危险的效应可能跨越几代人的情况下，必须使得后代人无须采取任何重要的防护行动，而得到充分的保护；对于放射性废物的管理，必须避免给后代造成不应有的负担，采取实际可行的手段尽量降低放射性废物的产生量。

8. 防止事故原则

必须做出一切努力预防和缓解核事故。对于可能引发危害的核事故，为确保核事故发生的可能性尽量低，必须采取合理措施预防故障、异常工况和违反安保要求的行为，从而防止核反应堆堆芯、核链式反应、放射源或其他辐射源失控；若故障、异常工况和违反安保要求的行为发生，应防止其逐步升级；预防和缓解事故后果的主要手段必须遵循纵深防御原则。

9. 应急准备和响应原则

必须为核事故的应急准备和响应做出各项安排。确保在核事故情况下对现场的应急响应做出安排，适当时还需对地方、地区、国家和国际各个级别的应急响应做出安排；对于可预见的事件，确保将辐射危险控制在较低水平；对于已经发生的任何事故，应当采取一切合理可行的措施，减轻对人类生命健康和环境造成的任何影响；在制订应急计划时，必须考虑到所有能够合理预见的事故；必须定期进行应急计划演习，以确保对应急响应负有责任的组织随时做好准备。

10.减少现有的或未受监管控制的辐射危险原则

为减少现有的或未受监管控制的辐射危险而采取的防护行动必须是合理的和优化过的。在被监管的设施和活动以外,如果辐射危险较大,就必须考虑是否可以合理地采取防护行动,以减轻辐射照射并对不利条件进行补救;只有在防护行动产生的效益足以超过采取这些行动所带来的辐射危险和其他损害的情况下,才可以认为这些防护行动是合理的;此外,还必须对防护行动实施优化,以便取得合理可行且相对于成本而言有最大的效益。

1.1.5 纵深防御原则

纵深防御(Defense in Depth,DID)被视为核安全的基本原则,其核心理念是通过设置多层次保护来实现反应性控制、堆芯热量导出和放射性包容等基本安全功能,从而保障工作人员、公众和环境的安全。在所有与安全有关的组织、人员行为和设计等活动中都做多层重叠设置,以保证这些活动均置于多重措施的防御之下,即使有一种措施失效,也将由适当的其他措施探测、补偿或纠正,从而对由厂内设备故障或人员活动及厂外事件等引起的各种瞬变、预计运行事件及事故提供多层次的保护。因此,纵深防御原则的根本目的是补偿人类在活动中由于认识不足而产生的不确定性。纵深防御原则发展到今天,已经不仅是一种安全理念,还是一种方法、一种哲学。

应用纵深防御的安全理念,核设施设计中应提供多级防御层次,设置多道实体屏障。以轻水堆为例,五级防御层次通常依次如下:第一层防御的目的是防止反应堆偏离正常运行和系统失效,通过保守设计、提高建造质量和运行管理等手段实现,对应的运行工况为正常运行;第二层防御的目的是检测出系统失效的状态,并对偏离正常运行的事件进行纠正,通过设置控制和保护系统及其他监督设施等手段实现,对应的运行工况为预计运行事件;第三层防御的目的是把事件控制在设计基准事故范围内,通过设置专门的安全设施和事故处理程序等手段实现,对应的运行工况是事故工况;第四层防御的目的是控制严重事故进程和缓解事故后果,通过应急运行规程、严重事故管理指南和场内应急计划等补救措施和管理手段实现,对应的运行工况是严重事故;第五层防御的目的是减轻潜在放射性物质大量释放造成的严重后果,通过场外应急计划等手段实现。

1.2 核 安 保

1.2.1 核安保事件的特点

核安保已成为目前国际领域常用的一个术语,核安保具有以下特点。

(1)核安保和核安全具有保护人员、财产、社会和环境的共同目标。安保措施和安全措施的制定和执行必须统筹兼顾以发展这两个领域之间的协同作用,不得使安保措施损害安全以及使安全措施损害安保。

(2)核安保侧重点在于预防、侦查和响应涉及或直接针对核材料、其他放射性物质、相关设施或相关活动的犯罪行为或未经授权的故意行为。

(3)核安保是国家责任。在一国范围内对核安保的责任完全属于该国,国家必须确保在其管辖下的核材料、其他放射性物质、相关设施和相关活动的安保。每个国家的核安保目标是通过建立适合本国的核安保制度。

(4)核安保需要国际合作。核恐怖主义威胁已被所有国家公认为是令人严重关切的问题。各国还认识到,一个国家的核安保可能取决于其他国家的核安保制度的有效性。越来越有必要开展适当的国际合作,以加强世界范围内的核安保。

1.2.2　核安保事件情景

核安保事件以核电厂安保事件为例进行说明。

(1)导弹袭击与飞机撞击可能造成核设施安全壳被破坏。当导弹袭击核设施安全壳时,安全壳可能会被炸开一个大洞,并且爆炸的碎片可能会击破反应堆冷却剂管路,甚至也可能会使部分专设安全设施失效,从而导致严重的失水事故。

(2)导弹袭击与飞机撞击可能造成的燃料厂房破坏。

(3)外部爆炸可能造成的其他构筑物破坏。核辅助厂房内有核电厂各种放射性废物暂时贮存、处理和装卸设备,以及反应堆照射样品和硼回收系统等的相应设备,它们均载带含放射性的液体、气体或固化物。外部爆炸可能造成墙体和房顶的局部破坏,放射性废物(主要是废气和废液)贮存容器和处理设备遭破坏后,可能造成与放射性废物相关的放射性释放(放射性总量约为 2×10^{15} Bq)。这些放射性物质将不通过通风过滤系统而直接向环境泄漏,其后果介于设计基准事故和严重事故的后果之间。

(4)外部事件造成现场火灾。通常,核电厂中容易发生火灾的设施主要是制氢站、汽轮机厂房、柴油发电机房、燃油储存罐以及变压器等。火灾危害可能涉及的装置包括:使用润滑油、电气绝缘或其他易燃物的设备(汽轮机、电动机、泵、伺服机构、减震器、变压器等);电气设备和电缆;使用燃油的设备(柴油发电机和辅助锅炉);除碘器;专用防护材料(油漆涂料、顶板等)。

(5)内部破坏。核电厂可能受到来自人为内部破坏的威胁,主要的内部破坏包括:劫持主控室或反应堆厂房;人为停机、停堆;人为制造主回路破口事故;人为制造热阱丧失事故;人为制造高压电器短路事故;人为制造辅助锅炉爆炸事故;人为制造氢气爆炸事故;人为制造厂内交通事故或投毒事故等。

(6)针对核电厂的网络攻击。随着信息技术的广泛应用,核电厂的控制保护系统实现了数字化,核电机组的技术参数要向管理信息系统传送。因此,核电厂的网络安全和数据安全问题成为反恐的一个重要事项。针对核电机组控制保护系统,包括保卫系统的网络攻击,既可能由外部专业黑客发动,也不能排除内部非信息专业人员所为。在绝大多数可信的攻击模式下,极有可能采取内外勾结的破坏方式。具备专业黑客技术的外部人员,通过内部人员掌握电厂的薄弱环节,就可以利用电厂有关员工防卫意识淡薄的机会发动攻击。

网络攻击的可能方式有:实体、通信与网络的综合性攻击,从外部实施的对实体与系统的联合攻击,由内部人员实施的对数据和电厂参数的攻击篡改,利用软件后门实施的攻击,利用信号发生装置劫持电厂控制保护系统等。由于核电厂技术控制系统并不直接与外部网络相连,外部对核电厂实施网络攻击的机会不大,但是并不能保证其控制系统不受到内外勾结的破坏。因此,核电厂有必要制定严格的管理规定来保护网络系统。

1.2.3　应对核安保事件的防范措施

核安保包括预防、探查和响应,其针对核材料、其他放射性物质、相关设施或相关活动的犯罪行为或未经授权的故意行为,以及可能对人、财产、社会或环境产生的直接或间接有害后果的其他故意行为。

我国核设施实施分级分区保护的实物保护原则,实物保护系统按设施级别设置多重实体屏障,做到人防和技防措施的有机结合,保证实现探测、延迟和响应的协调。探测、延迟和响应三种实物保护功能均应采用纵深防御,并利用分级方案提供适当的有效保护。

1. 实体屏障

按设施级别设置多重实体屏障;配置多层次和不同技术类型的探测报警系统;同一保护区域各部分的安全防护水平应基本一致,无明显薄弱环节和隐患。由此实现核设施的纵深防御和均衡保护。

实体屏障可分为两种类型:栅栏型和墙体型。控制区和要害区设单层屏障,可采用栅栏型或墙体型;保护区设双层屏障,采用栅栏型。

2. 出入口控制

核设施的出入口是保护核设施安全的关键部位。通常核设施均配备一定的警卫人员对出入口进行控制。对于出入口控制系统,一般有如下要求:

(1)被批准进入保护区的人数应当保持在必要的最低限度;

(2)应当严格减少车辆进入保护区,并将车辆限制在指定的停车区域;

(3)应当采取有效的出入控制措施,以确保侦查和防止人员或车辆擅自进入;

(4)能够探测并防止人员非法转移核材料;

(5)当未经合法授权的人员试图进入设施或要害部位时,系统能够及时报警,并向警卫人员提供信息以做出评估和响应。

核设施的出入口控制技术主要分为以下两类。

(1)人员甄别与控制技术:为了保护核设施的安全,需要采用技术措施对进出核设施的人员进行甄别和控制。

(2)车辆控制技术:对车辆的控制必须采用探测和检查相结合的方式。对于车辆非法携带核材料或其他放射性物质,目前比较有效的方法是采用被动 γ 射线或中子探测的方法。由于铀、钚核材料均有 γ 射线或中子发射,因此可以在核设施的出入口设置探测装置进行探测。对于纯 β 射线或低能 γ 射线的探测相对比较困难。对车载爆炸物的探测也是比较困难的,目前已经有一些技术可以用于对车载物品及爆炸物的探测,如 X 射线或 γ 射线成像技术。

3. 内部威胁的防范

内部知情人员可以利用其合法授权进入核设施及其关键部位,再加上他们的权力以及对设施的了解,可以避开专用的实物保护系统或其他规定,如安全、核材料控制和衡算以及运行措施和程序等。内部知情人可以在长时间内从几个不同场所偷窃小量核材料,其中每个场所的材料数量对外部人员来说并没有吸引力。此外,在某些情况下,内部知情人的一系列导致破坏的恶意行为可能不受时间的制约,这与外部人员要依时间而定的情况大不一样。

此外,内部知情人员作为获得进入授权并且负有岗位责任的个人,可能使用外部人员不适用的方法。内部知情人员有更多的机会选择最薄弱的目标和最好的时机来实施恶意行为。他们可以在一个时段内实施恶意行为,从而使成功的机会增加到最大。这种行为可能包括干扰安全设备而为实施破坏做准备,或者窜改衡算记录以便反复窃取小量核材料。

4. 计算机安全

涉及计算机系统并与核安保有关的恶意行为包括：

（1）为策划攻击和实施恶意行为而收集信息；

（2）破坏与安保或安全直接相关的计算机；

（3）结合其他攻击方式（如实际侵入目标场所）同时破坏计算机系统。

计算机的安全目标通常被确定为保护电子数据或计算机系统和程序的保密性、完整性和可用性的属性。为实现安保目标，需要确定和保护数据或系统的属性，防止给核设施的安全和安保功能带来不利影响。

1.3　核事故应急

伴随着核能事业的发展，核安全与核事故应急同步得到加强。我国的核设施、核活动始终保持安全稳定的运行状态，特别是核电安全水平不断提高。我国所有运行核电机组未发生过国际核与辐射事件分级表二级以上事件和事故，气态和液态流出物排放远低于国家标准限值。在建核电机组质量保证、安全监管、应急准备体系完整。

我国高度重视核事故应急，始终以对人民安全和社会安全高度负责的态度强化核事故应急管理。早在做出发展核电决策之时就同步部署安排核事故应急工作。切尔诺贝利事故发生后，中国明确表示发展核电方针不变，强调必须做好核事故应急准备，1986年即开展国家核事故应急工作。1991年，成立中华人民共和国国家核事故应急委员会，统筹协调全国核事故应急准备和救援工作。1993年，发布《核电厂核事故应急管理条例》，对核事故应急做出基本规范。1997年，发布第一部《国家核应急计划（预案）》，对核事故的应急准备与响应做出部署。为适应核能发展需要，我国多次进行修订，形成《国家核应急预案》。目前，我国核事故应急管理与准备工作的体系化、专业化、规范化和科学化水平全面提升。

1.3.1　核辐射事故

1. 核辐射事故的类型

核辐射事故，是指在核设施（如核电站、研究堆）或核活动（如核技术应用、放射性物质运输）中发生的重大事故，导致放射性物质污染环境或使工作人员、公众受到过量的照射。事故发生后所释放出的 α、β、γ 射线具有无法看见、触摸的特性，并且无声、无色、无味，如果不借助专用测试仪器，是很难发现的。一旦照射到人，会使人产生各种各样的辐射病。如果人受辐射照射过量，还会导致死亡。本节主要介绍与民众生活紧密相关的几种核辐射事故及其特点。

核辐射事故可概括为核事故和辐射事故，核事故是指核电厂或其他核设施中很少发生的严重偏离运行工况的状态，在这种状态下放射性物质的释放可能或已经失去应有的控制，达到不可接受的水平；辐射事故是指放射源丢失、被盗、失控，或者放射性同位素和射线装置失控导致人员受到异常照射的事故。核辐射事故具体类型包括：核反应堆事故、辐射装置事故、核材料临界事故、核武器事故、放射性废物储存事故、放射源丢失事故以及医疗照射事故等。

（1）核反应堆事故

核能是一种新式、干净，且单位成本较低的电力资源；它具有稳定性高、寿命长、低污染的特点,在解决资源紧缺、改善环境质量方面具有明显的优势;它能够促进经济发展并协调经济发展与环境建设的关系,是可持续发展的重要能源。但不可回避的是,在过去的近半个世纪中,核能也给人类带来过巨大的伤害,核泄漏就像一颗炸弹深埋在人们的心中。历史上曾发生过的核泄漏事故,都造成了相当大的危害,最严重的一次是发生在切尔诺贝利的核泄漏事故。这次事故引起燃烧爆炸,又因为没有安全壳,大量放射性物质释放到环境中,造成 134 人得急性放射病,其中 30 人在 6 个月内死亡。而在美国三哩岛发生的核事故中,虽然核电站 2 号机组反应堆芯严重损坏,部分堆芯发生熔化事故,但由于安全壳的保护作用,只有少量的放射物质释放到环境中,没有造成重大的环境污染,也没有人受到伤害。

(2)放射源丢失事故

随着放射源在工业、农业、医学、教育等各个领域的广泛应用,放射源不仅已是可以合法购买与使用的工业产品,而且其数量也不断大幅度增加。据报道,有数百万枚放射源分布在世界各地,在我国也有放射源约 14 万枚。如果不加强放射源管理,造成放射源泄漏、遗失,则可能造成重大的核辐射事故,对社会和民众产生较大的负面影响。1992 年山西忻州一男子在拆除一口废井时,拾到一枚钴-60 放射源,并将其放入上衣口袋,随后感到恶心并且呕吐,被送往医院检查治疗。不久后,其家人及周围很多人都受到了不同程度的照射,致使护理他的哥哥和父亲在 8 天内先后死于急性放射病,另有 90 余人受到不同程度的照射,此事在当地给民众造成了不小的恐慌。

(3)放射性废物储存事故

含有放射性核素的废气、废水和固体称为放射性废物,主要来源于各种核设施的生产活动。因核技术和放射性同位素应用(如医院)也会产生少量放射性废物,但他们的活度一般较低。如果对放射性废物从产生到处置不实施全过程、严格的安全管理,致使放射性废气、废水流入民众生活区域,固体放射性废物暴露在人类居住区,则会使民众受到放射性伤害。20 世纪 40 年代,在苏联乌拉尔南部的克什特姆镇附近,建有一个密封混凝土结构的放射性废物库和液体乏燃料储存场。1957 年 8 月 29 日,因废物储存罐冷却系统失灵,液体废弃物逐渐干化,最后只剩下易爆的混合物存留底部,失控的物理化学反应引起了一场严重的爆炸事故,混凝土废物罐顶盖被炸开,大量放射性物质外流,严重污染了周围环境。

(4)医疗照射事故

目前,随着 X 射线诊断、临床核医学、放射治疗等电离辐射技术在医学领域越来越广泛的应用,使众多人群受到辐射的影响,医用辐射成为人类受电离辐射的最大来源。当前大约 15% 的公众电离辐射来源于人工辐射源,几乎均由 X 射线产生。研究表明,接受 X 射线检查的病人,若照射剂量比较高,其患白血病、腮腺癌的可能性也增加。1968 年 8 月,美国某医疗单位为一名病人静脉注射 ^{198}Au(金),按照要求应流入 7.4 MBq,却错误地流入了 7 400 MBq,导致病人不同组织器官受到了大剂量辐射的照射,致使其肝、脾缩小,持续性血小板减少,间歇性血尿及结膜出血等。入院后 68 天,病人出现头晕、剧烈头疼、反应迟钝等,最终导致死亡。

2. 核事故的分级

核辐射事故根据事故类型(核事故或辐射事故)的不同采用不同的分级标准,其中核事故可分为 7 级(辐射事故则分为 4 级)。

国际核事故分级标准(International Nuclear Event Scale,INES)制定于 1990 年,作为核电站事故对安全影响的分类,旨在设定通用的标准以及方便国际核事故交流通信。INES 由国防 IAEA 和经济合作与发展组织(Organization for Economic Cooperation and Development, OECD)的核能机构(Nuclear Energy Agency, NEA)设计, IAEA 监察。国际核事故分级表将核事故共分 7 级,影响最小的事故评定为 1 级,影响最大的事故评定为 7 级。根据是否有辐射对公众产生影响,核事故又被划分为 2 个不同的阶段,其中 1 级到 3 级被称为核事件,而 4 级到 7 级才被称为核事故。

(1)1 级——异常,核动力厂运行偏离规定的功能范围。这一级别对外部没有任何影响,仅为内部操作违反安全准则,或出现可能涉及安全运行的微小问题。2010 年 10 月 23 日我国大亚湾核电站在大修检查时发现辅助冷却系统管道裂纹(同年 11 月 16 日管道更换完毕),最终评估为这一级事件。

(2)2 级——事件,核动力厂运行中发生具有潜在安全后果的事件。对外部没有影响,但是内部可能有核物质污染扩散,或者直接过量辐射了员工,或者操作严重违反安全规则。世界上大部分内部轻微核泄漏事件都被归入这一级。

(3)3 级——重大事件,核动力厂的纵深防御措施受到伤害。厂内严重污染,工作人员受到过度的辐射。向厂外环境释放极少量放射性物质,公众受到的照射远低于规定限值。很小的内部事件,外部放射剂量在允许的范围之内,或者严重的内部核污染影响至少 1 个工作人员。这一级别事件包括 1989 年西班牙 Vandellos 核事件,当时核电站发生大火造成控制失灵,但最终反应堆被成功控制并停机。

(4)4 级——没有明显厂外风险的事故(主要在核设施内的事故),核动力厂反应堆堆芯部分损坏,对工作人员具有严重的健康影响。向厂外环境释放少量放射性物质,但明显高于正常标准的核物质被散发到工厂外,公众受到规定限值量级的照射。

(5)5 级——具有厂外风险的事故,核动力厂反应堆堆芯严重损坏。向厂外环境有限度地释放放射性物质,需要部分地区实施当地应急计划。目前共计有 4 起核事故被评为此级别,其中包括 1979 年美国三哩岛核事故。其余三起分别发生在加拿大、英国和巴西。

(6)6 级——重大事故(或严重事故),核动力厂向厂外明显地释放放射性物质,需要全面地实施当地应急计划。一部分核污染泄漏到工厂外,需要立即采取措施来挽救各种损失。

(7)7 级——特大事故(或极严重事故),核动力厂向厂外大量释放放射性物质,产生较大范围的健康和环境影响,这一级别历史上仅有两例,为 1986 年切尔诺贝利事故和 2011 年日本福岛第一核电站核泄漏事故。

3. 放射源分级

按照 IAEA 有关规定,按放射源对人体健康和环境的潜在危害程度,从高到低将放射源分为 I、II、III、IV、V 类。

(1) I 类放射源为极高危险源。没有防护情况下,接触这类源几分钟至 1 小时就可致人死亡。

(2) II 类放射源为高危险源。没有防护情况下,接触这类源几小时至几天可致人死亡。

(3) III 类放射源为危险源。没有防护情况下,接触这类源几小时就可对人造成永久性损伤,接触几天至几周也可致人死亡。

(4) IV 类放射源为低危险源。基本不会对人造成永久性损伤,但对长时间、近距离接触这些放射源的人可能造成可恢复的临时性损伤。

(5) V 类放射源为极低危险源。不会对人造成永久性损伤。

4. 辐射事故分级

根据我国《放射性同位素与射线装置安全和防护条例》，辐射事故的性质、严重程度、可控性和影响范围等因素，从重到轻将辐射事故分为特别重大辐射事故、重大辐射事故、较大辐射事故和一般辐射事故四个等级。

（1）特别重大辐射事故，是指Ⅰ类、Ⅱ类放射源丢失、被盗、失控造成大范围严重辐射污染后果，或者放射性同位素和射线装置失控导致3人以上（含3人）急性死亡。

（2）重大辐射事故，是指Ⅰ类、Ⅱ类放射源丢失、被盗、失控，或者放射性同位素和射线装置失控导致2人以下（含2人）急性死亡或者10人以上（含10人）急性重度放射病、局部器官残疾。

（3）较大辐射事故，是指Ⅲ类放射源丢失、被盗、失控，或者放射性同位素和射线装置失控导致9人以下（含9人）急性重度放射病、局部器官残疾。

（4）一般辐射事故，是指Ⅳ类、Ⅴ类放射源丢失、被盗、失控，或者放射性同位素和射线装置失控导致人员受到超过年剂量限值的照射。

1.3.2　核辐射事故的特点

与一般的爆炸事故、骚乱事故以及其他突发事件相比，核辐射事故具有其本身特有的一些特性，其主要有以下特点。

1. 照射的来源和途径多样

由于核辐射事故的种类多，因此，人们受到辐射照射的来源和途径也各有不同。通常情况下，照射的来源和途径可分为两类，即外照射和内照射。

（1）外照射。体外辐射源对人体的照射称为外照射，它主要来源于职业照射（从事与放射性有关的工作人员）、医疗照射（如X射线检查、放射性治疗等）、人工放射性污染环境造成的照射（如核爆炸、核能生产、核技术应用等）。

（2）内照射。进入体内的放射性核素作为辐射源对人体的照射称为内照射。它主要是由于放射性核素经空气吸入、食品或饮水食入，或经皮肤吸收并存留体内，在体内释放出 α 粒子或 β 粒子对周围组织或器官造成照射，使人体受到伤害。

2. 影响人类身心健康，具有遗传效应

放射性物质可通过呼吸吸入、皮肤伤口及消化道吸收进入体内，引起内辐射，γ 辐射可穿透一定距离被人体吸收，使人体受到外照射伤害。人受到照射后，通常会产生疲劳、头晕、失眠、出血、脱发、呕吐、腹泻等症状。孕妇受到照射时，胚胎或胎儿也会受到照射，将影响到受照者下一代的健康效应。胎儿受照的主要效应包括：胚胎死亡；胎儿畸形和其他的生长或结构改变（胎儿器官形成期受照）；智力迟钝，其发生率随受照剂量而增大。儿童受照后可能影响生长和发育，引起激素缺乏，器官功能障碍，影响智力和认知功能。未成年人受照后，其癌症发生率约为成年人的3倍。

3. 引起民众心理恐慌，干扰、破坏正常的生产和生活秩序

历史上曾发生的核辐射事故证明，它可以造成很大的社会心理效应，引起民众心理紊乱、焦虑、恐慌。这种不良的社会心理效应，其危害比辐射本身更严重。出于害怕的心理，很多人会出现精神、消化及泌尿等系统的紊乱；由于出现辐射恐惧症，害怕摄入含有放射性的食品，限制饮食，导致营养不良及健康状况恶化；由于怕辐射对胎儿的不利影响，人工流产数量明显增多等。受核辐射伤害地区还会出现严重的社会动乱。如切尔诺贝利事故发

生后,受辐射地区的民众,约 10% 自发逃离;很多人争购火车票和飞机票,无计划地四处投奔亲友,造成交通拥堵和社会混乱;人们盲目提取存款,有的银行开门仅 2 h 就已将款提空;争先抢购饮用水和其他食品,盲目使用碘剂和抗辐射药,使正常的生产和生活秩序受到严重的破坏。

4. 影响范围广、涉及人数多、作用时间长

核反应堆事故特别是大量放射性物质释放的情况下,由于烟羽漂移,辐射影响的范围往往较为广泛。切尔诺贝利事故造成 18 000 km² 耕地受到核辐射污染,其中 2 640 km² 变成荒原,同时乌克兰有 35 000 km² 的森林也受到了污染。由于核辐射的范围广,因此,受照射的民众也较多,如美国的三哩岛核事故发生后,受影响的居民达 21.6 万人。由于很多放射性核素(如 ^{90}Sr、^{137}Cs、^{239}Pu 等)具有很长的寿命,因此一旦这些核物质泄漏,便会造成长时间的污染。同时核辐射的远期效应,特别是致癌和遗传效应,要进行数十年甚至终身观察才能做出科学评价。因而核反应堆严重事故的善后处理,非短时间内可结束,有时需几年、几十年,甚至时间更长。

1.3.3 核事故应急管理体系

1. 核事故应急管理法规体系

建立核事故应急法规体系,使我国核事故应急管理制度化、规范化和法制化,一方面,使核事故应急主管的政府部门、审管部门依法行政,依法履行核事故应急的管理职能,提供进行审评、监督的法律依据;另一方面,为各级核事故应急组织(包括核电厂营运单位)的应急准备和应急响应提出基本的安全要求,做到有法可依、有章可循。

经过二十多年的努力,我国已建立了一套比较完整的针对核电厂的核事故应急管理法规、标准体系,并在不断完善和健全中。这些管理法规、标准体系上与国际有关核事故应急管理的准则、标准相接轨;例如,我国国家标准中的核电厂场内应急计划与准备准则,是根据我国现行核事故应急法规的要求,结合我国核电厂应急管理工作的经验和实际情况,参考了美国的有关国家标准制定的。

我国的法规体系由国家法律、国务院条例和中央军委条例、国务院各部委部门规章、国家标准和管理导则等组成。按此层次,下面分别介绍与核应急管理相关的我国法规体系(图 1-1)。

(1)宪法

国家法律是由全国人民代表大会常务委员会审议通过后由国家主席令予以公布。2017 年 9 月 1 日经第十二届全国人民代表大常务委员第二十九次合议通过,中华人民共和国主席令第七十三叼公布,自 2018 年 1 月 1 日起施行的《中华人民共和国核安全法》也对核事故预防与应对后出相关规定。《中华人民共和国突发事件应对法》已于 2007 年 11 月 1 日正式实施,这是我国核应急工作遵循的顶层法律。目前直接提出国家要建立健全核事故应急制度的是《中华人民共和国放射性污染防治法》(简称《放射性污染防治法》,2003 年 6 月 28 日全国人大常委会通过,2003 年 10 月 1 日起施行)。

与核应急相关的法律还有《中华人民共和国安全生产法》《中华人民共和国环境保护法》和《中华人民共和国职业病防治法》等。

(2)国务院条例

国务院条例《核电厂核事故应急管理条例》(1993 年 8 月 4 日由国务院第 124 号令发

布)是专为核应急管理制定的是与核设施应急管理相关的有国务院《中华人民共和国民用核设施安全监督管理条例》(简称《民用核设施安全监督管理条例》)。

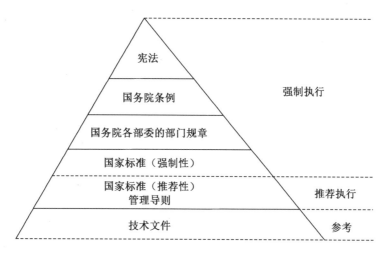

图1-1 我国核应急法规体系

(3)国务院各部委的部门规章

由国务院各部委根据国务院《核电厂核事故应急管理条例》和其他国务院条例制定的部门规章,包括国防科工局、国家核事故应急办公室、国家核安全局等发布的各种规定、条例实施细则等,都是核应急法规体系的重要组成部分。

(4)国家标准和管理导则

国家强制性标准是必须遵循的标准。国家推荐性的标准、核应急管理导则和核安全导则等很多文件涉及核应急准备与响应,是对上述国务院各部委的部门规章的说明或补充以及推荐使用的指导性文件。

技术文件包括核应急技术文件、核安全技术文件,在图1-1中塔形底部,不作为法规体系的一部分,因为它仅是参考文件。

2.核事故应急管理组织体系

建立、健全核与辐射事故应急管理的组织体系,是做好应急准备与响应的主要措施之一。需要通过法律法规或者规章等对核与辐射事故应急准备与响应方面的安排做出授权。由于核事故应急响应涉及国家、地方和营运单位多个层面、多个部门,因此对各级政府部门、组织的作用、授权、职责和接口应当用文件规定,明确职责分工,规定进行协调的国家主管部门。

依据国务院《核电厂核事故应急管理条例》,我国实行三级的核事故应急管理组织体系,即国家核事故应急组织、核电厂所在省(自治区、直辖市)(以下简称省级)核事故应急组织和核电厂营运单位应急组织。在国务院的领导下,经过多年的努力,我国已经建立了适应核电发展的国家、省级和营运单位的三级核事故应急管理体系。不同级别的核事故应急组织在应急响应中承担不同的职能。

(1)核事故应急组织及其职责

国务院条例对我国的核事故应急管理的组织体系做出了原则的规定,经国务院批准的

《国家核应急预案》对三级核事故应急组织及其职责任务做了进一步具体规定,包括国家核事故应急组织的具体形式、国家核事故应急协调委员会的成员单位及其职责等。

国家核安全应急组织包括国家核事故应急协调委员会及其成员单位,国家核事故应急办公室,国家核事故应急协调委员会联络员组和专家咨询组。

①国家核事故应急协调委员会。《核电厂核事故应急管理条例》颁布后,国务院决定成立国家核事故应急协调委员会,统一组织协调全国的核事故应急准备和救援工作。1999年成立了由前中华人民共和国国防科学工业委员会(简称前国防科工委)牵头、由国务院和军队17个部门负责人组成的国家核事故应急协调委员会。第四届国家核事故应急协调委员会于2004年3月成立,前国防科工委等18个国务院和军队部门为该协调委成员单位,由于2008年政府机构的调整,前国防科工委更名为国家国防科技工业局,行政上属工业和信息化部;国家核事故应急协调委员会于2009年进行了相应调整,新的国家核事故应急协调委成员单位增加了国家能源局、国家地震局,工业和信息化部的领导同志任委员会主任委员。

其主要职责包括:贯彻国家核事故应急工作方针,拟定国家核事故应急工作政策;组织协调国务院有关部门、核行业主管部门、地方政府、核电厂和其他核设施及军队的核事故应急工作;审查国家核事故应急工作规划和年度工作计划;组织制订和实施国家核事故应急预案,审查批准场外应急预案;应急响应时适时批准进入和终止场外应急状态;统一决策、组织、指挥应急救援响应行动,随时向国务院请示报告;适时向国务院提出需实施特殊紧急行动的建议;负责履行核事故应急相关国际公约、双边或多边合作协议,审查批准核事故公报、国际通报,提出请求国际援助的方案;承办国务院交办的其他有关事宜。

必要时,由国务院领导、组织、协调全国的核事故应急管理工作。

②国家核事故应急办公室。国家核事故应急办公室(以下简称国家核应急办)是全国核事故应急工作的行政管理机构,设在国家国防科技工业局,由若干专职人员组成。

其主要职责包括:贯彻国务院和国家核事故应急协调委的核事故应急工作方针和政策;负责国家核事故应急协调委员会的日常工作;贯彻执行国家核事故应急预案,了解、协调、督促国家核事故应急协调委成员单位的应急准备工作;检查、指导和协调有关地方政府、核电厂与其他核设施营运单位及其上级机构的应急准备工作;负责国家核与辐射应急信息的接收、核实、处理、传递、通报、报告,管理国家核事故应急响应中心;作为国家对外核事故应急联络点,承办履行相关国际公约、双边或多边合作协议的具体事宜及申请国际援助的有关事宜;编制国家核事故应急工作规划和年度工作计划,制订科技研究计划和应急技术支持体系方案;组织审查场外应急预案、场外综合演习计划和场内、外联合演习计划,提出审查意见书;组织联络员组和专家咨询组活动;组织有关核应急培训和演习;应急响应时,负责收集情况,提出报告和建议,及时传达和执行国务院领导同志和国家核事故应急协调委的各项决策和指令,并检查和报告执行情况;承办应急状态终止后国家核事故应急协调委决定的有关事宜。

③国家核事故应急协调委员会联络员组。国家核事故应急协调委联络员组由各成员单位指派的人员组成。其主要职责包括:交流国家核事故应急协调委员众成员单位之间应急准备工作情况和国内外有关经验,共同研究应急工作中的问题,传达上级领导的有关要求;应急响应时,根据国家核事故应急办公室的通知进入国家核事故应急响应中心,参与做好应急响应工作;根据需要参与事故调查。

④国家核事故应急协调委员会专家咨询组。国家核事故应急协调委员会事故专家咨

询组由国内核工程、电力工程、核安全、辐射防护、环境保护、放射医学、气象学等方面的专家组成。

其主要职责包括：就应急准备中的重要问题进行研究，提供咨询；参加国家核事故应急办公室统一组织的活动和专题研究；应急响应时，根据国家核事故应急办公室的通知进入国家核事故应急响应中心，研究分析事故信息和有关情况，为应急决策提供咨询或建议；参与事故调查，对事故处理提出咨询意见。

⑤国家核事故应急协调委员会其他成员单位。《国家核应急预案》对国家核事故应急协调委员会各成员单位的职责做出了明确的分工，是《国家核电厂核事故应急预案》的最重要内容之一（各部门的职责任务详见《国家核电厂核事故应急预案》）。

（2）省级核事故应急组织及其职责

核设施（如核电厂）所在省核事故应急组织包括省核事故应急委员会和省核事故应急办公室，以及专家咨询组和若干应急专业组。省核事故应急委员会由省人民政府领导和政府有关部门及军队等单位的领导组成。省核事故应急办公室设在省人民政府指定的一个部门，由若干专职人员组成。

省核事故应急委员会的主要职责包括：执行国家核事故应急工作的方针和政策；制订场外核事故应急预案，做好应急准备；统一指挥本省行政区域内的场外应急响应行动；组织支援场内应急响应行动；及时向相邻省或特别行政区政府通报核事故情况。

必要时，由省人民政府领导、组织、协调本行政区域内的核事故应急工作。从上述职责可以看出，我国场外核事故应急响应及其指挥主要责任在省级核事故应急组织，而国家核事故应急组织主要起协调、支援的功能。

有关省级应急组织的具体职能要求和组织机构可参见国家标准《核电厂应急计划与准备准则 场外应急职能与组织》（GB/T 17680.2—2003）。

（3）核设施营运单位（或核电基地）核应急组织及其职责

核电厂营运单位（或核电基地）核应急组织包括核电厂营运单位（或核电基地）应急指挥部和下设的应急办公室（或处、科）及若干应急专业组。其主要职责包括：执行国家核事故应急工作的方针和政策；制订场内核事故应急预案，做好核事故应急准备；确定核事故应急状态等级，统一指挥本单位的核事故应急响应行动；及时向国家和省核事故应急组织及规定的部门报告事故情况，提出进入场外应急状态和采取场外应急防护措施的建议；配合和协助省核应急委做好核事故应急响应工作。

有关核电厂营运单位的应急职能和组织机构的具体要求参见国家标准《核电厂应急计划与准备准则 场内应急响应职能与组织机构》（GB/T 17680.6—2003）。

对于属于不同营运单位的多个核电厂位于同一场址时，各营运单位在核事故应急期间的协调（包括向外的应急通报、环境辐射监测和后果评价、场地周围公众采取应急防护行动等）应当得到重视，预先应做出安排。

1.3.4 应急干预

1. 干预目的和原则

核事故应急干预指旨在减少或避免不属于受控事件的或因事故而失控的辐射源所致照射可能性的任何人类活动。在干预的情况下，照射源、照射途径和受照的个人均已存在，辐射源不在控制之中。想通过对辐射源的控制来限制对人的照射或是不现实、不可能，或是十分的困难;此时只有通过干预,对环境或人采取某种行动,即采取保护公众的防护行动来限制对公众(包括工作人员)的辐射照射。

(1)干预的目的,即应急响应拟达到的基本目标,这就是尽一切努力保持公众(包括工作人员)接受的辐射剂量低于相关阈值,防止发生严重的确定性健康效应;同时确保采取所有合理措施,减少目前和未来在公众中随机性健康效应的发生。

(2)干预的原则,指为实现应急的目标而进行的干预应遵循的辐射防护原则。由于干预在降低辐射剂量的同时,既可能要付出代价,还可能带来新的风险,因此,决策过程需要权衡利弊,需要判断什么情况下干预是必须的,什么情况下干预是不必的,甚至是不正当的,而干预原则正是解决这些问题的依据。

IAEA 在其 109 号安全丛书(IAEA Safety Series No. 109,1994)中明确构成干预决策基础有以下基本原则。

①尽所有可能的努力防止严重的确定性健康效应。

②干预应是正当的,在此意义上,引入防护措施应使所获得的利益大于其有害方面。当采取行动有净利益时,干预便是正当的。

③引入干预和后来撤销干预所依据的水平应进行最优化。

由于第一条原则也是干预的主要目的,目前,国际上比较普遍的只以正当性和最优化作为干预的基本原则。在 IAEA 等 6 个国际组织发布的《国际电离辐射防护和辐射源安全基本标准》和我国国标《电离辐射防护与辐射源安全基本标准》(GB 18871—2002)中,都对干预的正当性和防护行动的最优化这两条干预原则做了如下描述。

①干预的正当性:在干预的情况下,为减少或避免照射,只要采取防护行动或补救行动是正当的,则应采取这类行动。只有根据对健康保护和社会、经济等因素的综合考虑、预计干预的利大于弊时,干预才是正当的。

②防护行动的最优化:任何这类行动或补救行动的形式、规模和持续时间均应是最优的,使在通常的社会和经济情况下,从总体上考虑能获得最大的净利益。

上述两个基本标准在描述干预的正当性原则时,同时反复强调:如果任何个人所受的预期剂量接近或预计会接近可能导致严重损伤的阈值(相当于确定性健康效应的阈值),则采取防护行动几乎总是正当的。这说明,正当性原则涵盖"防止严重确定性健康效应"这一主要原则。

2. 干预水平

鉴于应急响应的基本辐射防护目标是通过干预防止发生个人的确定性效应和减少目前和未来在公众中随机效应的发生,而干预决策的基础是遵循干预的正当性和最优的原则,在这里,公众可能接受和通过实施防护行动以防止的个人和集体危险(反映于辐射照射剂量)将是决策过程重要的输入参数。但为了便于实施防护行动,还需要建立一个用于比较的定量的剂量水平,以便确定什么时候实施干预是正当和必需的,并且是符合最优原则的,这样的剂量水平就称为干预水平。

定义干预水平为"在应急(或持续照射)情况下据以采取特定防护行动的可防止剂量"。很显然,针对不同的防护行动,干预水平值是不一样的,也就是说,需要建立适用于不同防护行动的干预水平。

干预水平在不同国家有不同的名称,但含义相近,美国称干预水平为防护行动指导水平(protective action guide);欧洲国家中有称为应急参考水平(emergency reference level)的,也有称为应急行动水平(emergency action level)。

在过去,干预水平是以预期剂量表示的。预期剂量定义为事故发生时在不采取任何防护措施的情况下个人可能接受的辐射剂量的估计值。在明确了干预的正当性和最优化原则后,由于需要权衡利益——代价,而利益是采取防护行动后可能降低的辐射风险(辐射照射),在这种情况下,干预水平采用预期剂量表示显然是不合适的,因为是否进行干预,相关的量是采取防护措施后可以防止的剂量,而与干预之前已经受到的照射剂量无关。因此,目前将干预水平定义为"据以采取特定防护行动的可防止剂量"。在这里,可防止剂量定义为"采取某种对策或一系列对策后可以防止的剂量"。

可以看出,可防止剂量是与防护措施相关的,而预期剂量则是与防护措施无关的。为避免严重的确定性健康效应发生,在判断是否采取防护行动(特别是预防性行动)时,使用预期剂量是合适、贴切的。在《电离辐射防护与辐射源安全基本标准》(GB 18871—2002)中,通用干预水平采用的剂量当量是可防止剂量,以希沃特(Sv)表示,而任何情况下预期均应进行干预的剂量水平(相当于针对急性照射的干预水平)是以预期吸收剂量戈瑞(Gy)表示的。

1.3.5 应急防护

1. 应急防护的定义和措施

应急防护行动定义是:为防止或减少公众在应急或持续照射情况下的受照剂量而进行的干预。在这里,"进行的干预"即"采取的行动"。类似地,应急防护措施定义是:为防止或减少公众在应急状态下的受照剂量而采取的保护措施。在不考虑持续照射情况下,上述两个定义的内涵是一致的。在具体使用中,防护行动多指保护公众的行为,而防护措施指保护公众的对策、办法。本书对防护行动与防护措施将不做严格区分。

针对不同的照射途径,需要采取不同的防护措施。表1-2中列出了针对不同照射途径可供选择的防护措施及它们可能针对的主要照射途径。其中,医学处理有被当作防护措施对待的,也有被当作防护行动以外的行动对待的,不论是否将医学处理作为防护措施,该措施都是应急状态时可能需要采取的保护公众健康、安全的措施。

表1-2 针对不同照射途径可供选择的主要防护措施

防护措施	针对的主要照射途径
隐蔽	来自设施、烟羽和地面沉积的外照射沉积于皮肤或衣服的放射性物质此起的内、外照射
碘防护	吸入放射性碘引起的内照射
撤离	来自设施、烟羽和地面沉积的外照射烟羽中放射性物质的吸入内照射沉积于皮肤或衣服的放射性物质引起的内、外照射
暂时避迁或永久性再定居	地面沉积外照射食入污染的食物和水引起的内、外照射,吸入再悬浮放射性物质产生的内照射
食物、饮水控制、限制和禁用人员去污(体表和衣服去污)个人呼吸道防护进出通道控制	食入污染的食物和水引起的内照射沉积于皮肤或衣服的放射性物质引起的内、外照射,吸入放射性物质引起的内照射及各种内、外照射

表 1-2（续）

防护措施	针对的主要照射途径
土地、道路和建筑物去污	表面放射性核素沉积的外照射吸入再悬浮放射性物质产生的内照射
物件和车辆等交通工具去污	沉积放射性的外照射食物或吸入内照射
动物饲料限制（如使用贮存饲料）医学处理	食物链放射性核素转移引起的内、外照射

由表 1-2 可以看出，同一种防护措施可能适用于几种不同的照射途径。同样，针对同一种照射途径，可以适用几种不同的防护措施。因此，防护措施的正确选择与决策是十分重要的。特别由于防护措施的采取，不仅带来了减少辐射照射的好处，也可能产生新的危害（如长期的隐蔽会产生精神压力和生活不便，撤离可能出现交通事故、服用稳定碘片可能有副作用发生等），而且要付出一定的代价（如经济代价）和遇到一些困难。可见实施防护措施的决策应是谨慎的，并遵循一定的干预原则。

2. 紧急防护行动

紧急防护行动指在应急情况下为达到有效而必须迅速（通常在数小时内）采取的防护行动，如有延误，该防护行动的有效性将明显降低。在核或辐射事故应急情况下，最常考虑的紧急防护行动是撤离、隐蔽、服碘防护、人员去污、呼吸道防护，以及限制可能受污染的食品、水的消费和医学处理等。紧急防护行动将依据环境监测结果或设施的主导工况来实施。采取紧急防护行动的目的是防止严重的确定性效应的发生和减少所接受的剂量、降低受照人群发生随机效应的危险。

（1）撤离

撤离是一项十分重要，也可能是十分有效的紧急防护行动，它是为减少短期的高剂量照射（通常指来自烟羽的外照射和吸入内照射或高水平的地面沉积外照射），将人们从某个受影响地区紧急转移出去，但可以在某个可预见的时间内（一般不长于一个星期）返回原地区。

撤离是唯一可以完全避免因放射性释放而引起的各种照射的防护对策，条件是在释放发生之前进行撤离。这就是说将撤离作为一种预防性防护行动加以实施将有可能达到避免所有照射的防护效果。在核或辐射事故应急情况下，根据核设施的主导状况或突发事件现场的条件，在放射性物质释放或发生照射之前或之后不久就采取预防性撤离，将可以最有效地防止严重的确定性健康效应发生。因此，只要有可能就要努力实施预防性撤离。事实上，实践和研究已表明，人们不可能足够快和足够准确地预测核设施事故应急或其他核或辐射突发事件中释放源项的大小、释放时间、烟羽运动轨迹、沉积以及引起的剂量，而这些恰恰是防护行动决策的唯一基础。在后果预测存在着很大不确定性的状况下，依据设施或现场条件的分析、判断，尽可能实施预防性撤离或其他预防性防护行动是十分重要的。

（2）隐蔽

隐蔽是让公众停留在建筑物内，关闭门窗和通风系统，并采取简易必要的个人防护行动。该行动对于防护来自烟羽和地面沉积放射性的照射相当有效，对减少吸入放射性产生的内照射也有一定的效用。

隐蔽对公众防护的有效性如何，主要决定于用于隐蔽的建筑物对外照射的屏蔽能力和通风换气性能,这又决定于建筑物的类型和结构。不过,隐蔽时机的选择,是在释放前隐蔽还是释放不久后隐蔽,以及是否放射性烟羽过去后迅速打开门窗、启动通风系统,也会影响隐蔽效果。

坚固的、密封性较好的多层建筑通常是有较好的对外照射的屏蔽能力,外照射可减弱10倍,对吸入剂量也可降低2~3倍。

在可供选择的紧急防护行动中,隐蔽是一种比较容易实现,困难、代价和风险又相对较小的防护行动。短期隐蔽除了生活上会带来不方便及家人如不在同一地方隐蔽会产生精神紧张和不安外,几乎没有什么其他弊端。

较长时间隐蔽(如大于2天)会带来一些问题,如食品供应或医疗保健等。长期隐蔽还会因人们不上班而使工农业生产受到损失。

在不可能实施预防性撤离或撤离很难于实施,以及预期只有短时间放射性释放的情况下,采取隐蔽可能是最佳的选择。隐蔽有时还可以和撤离结合施行。

(3)服碘防护

服用稳定碘的目的是保护甲状腺,阻断、减少甲状腺对吸入和食入的放射性碘的吸收。尽管服用稳定碘的防护作用对吸入和食入途径都是有效的,但实际上,服用稳定碘主要用于防护放射性碘的吸入。对于食入途径的碘防护,更多地通过食物控制限制放射性碘的摄入。当然,在不可能提供无污染食品的情况下,服稳定碘也用于减少甲状腺对食入的放射性碘的吸收,但只作为短期措施。

服用稳定碘对甲状腺吸收放射性碘的阻断作用的有效性决定于服用稳定碘相对于摄入放射性碘的时间。为达到最有效降低甲状腺的受照剂量,应在吸入放射性碘之前或吸入后尽快服用稳定碘。只要在吸入放射性碘前6 h内服用稳定碘,对放射性碘的防护效果几乎可达100%;如果是吸入时服用,效果约90%;吸入6 h后服用,防护效果仍可达50%;随服用措施的拖延,防护效果继续降低;吸入24 h后服用,服用稳定碘已不起作用。

由于放射性碘诱发甲状腺癌的风险与年龄有关,需要考虑儿童、胚胎或胎儿对放射性碘有高的敏感性。已有的实践(如切尔诺贝利事故)表明,服用稳定碘主要用于保护儿童、胚胎和胎儿。

3. 长期防护措施

长期防护是指不属于紧急防护行动的防护行动。这类防护行动可能要持续数周、数月甚至数年。避迁(包括临时性避迁和永久性再定居)、农业对策及食品、饮水控制以及其他补救行动(如地区去污)等都属于长期防护行动,长期的医学随访和医学咨询也可看作是一种长期的防护行动。长期防护行动的实施将依据环境辐射监测结果与对环境辐射后果及变化的预测,其目的是降低受照人群随机性健康效应危险(包括随后几代人的遗传效应危险)。当然,该措施提供的防护水平也足以用来防止在持续性照射过程中发生严重的确定性效应。

需要区别撤离和避迁这两个既相似又有根本区别的防护措施。撤离紧急防护行动是为减少急性照射,人们从受影响地区的紧急转移,而且,可以预期在某个可预见的较短时间(几天或1个星期)内返回原地区。避迁属长期防护措施,它是针对地面放射性沉积的影响而将人们从事故影响地区迁走,这种搬迁是为避免长期照射的搬迁,而且一般不能预见人们在什么时间可以返回原地区,也许几个星期、几个月、一年,甚至不再搬回。当然,撤离与避迁有时是难以区分的,特别是当地面存在较高的长寿命放射性核素沉积水平时,原本作为紧急防护措施采取的撤离有可能转为避迁。切尔诺贝利事故就出现这种情况:曾从核电厂周围 30 km 范围内紧急撤离 13.5 万居民,而后,这种撤离变成避迁,30 万人没有返回原地区。

(1)临时性避迁

临时性避迁指人们从某一受事故影响地区地迁移出,并将在一延长的但又是有限的(尽管经常是难于较准确预计的)时间(一般不大于一年)内返回原地区。避迁的目的是减少来自地面沉积放射性产生的较长时间的外照射。

临时性避迁的风险比撤离相对要小,这是因为它通常是在放射性释放停止后再逐渐实施,时间上比较从容而不像撤离那么紧迫,临时性避迁需要付出的代价是需要向较大的人群提供较长时间的居住、饮食等生活条件;而且由于避迁,受影响地区的生产将停止,而避迁走的人又面临找工作或失业的问题。临时性避迁的主要危险主要在于人们较长时间的离乡背井、过着动荡的生活可能对避迁者造成心理创伤,而居所、膳食条件的变更也可能影响避迁者的健康,特别是影响某些特殊人群(如老人、病人)的健康。

(2)永久性再定居

永久性再定居也是人们从某一受事故影响地区的迁出,但这种迁出无法预期能在可见的将来返回原地区。永久性再定居是针对长寿命放射性核素地面沉积而采取的防护行为。由于核素的半衰期长,其产生外照射剂量率下降缓慢,当在相当一段时间内(如一年以上),照射剂量降不到可接受的水平时,永久性定居将成为正当的防护行动。

4 干预水平

表 1-3 分别列出了对应紧急防护行动和长期防护行动的通用干预水平值,它们都是用可防止剂量表示的。在进行公众可防止剂量与通用干预水平比较,以决策是否实施防护行动时,用于比较的公众可防止剂量水平应是措施涉及的人群的平均值,而不是针对最大的受照个人。对受照最大的居民组,其预期剂量应保持在确定性效应的阈值之下。

表 1-3　紧急防护行动的通用优化干预水平

防护行动	适宜的持续时间	干预水平值(可防止剂量)
隐蔽	<2 天	10 mSv
碘防护		100 mGy(甲状腺)
临时避迁	<1 年	第一个月 30 mSv,随后的每一个月 10 mSv,终身或 1~2 年降不到 10 mSv/月以下
永久再定居	永久	终身或 1~2 年降不到 10 mSv/月以下

注:终身,通常取 70 年,主要考虑保护最敏感的儿童。

对于临时性避迁,用可防止剂量表示的通用干预水平是第一个月 30 mSv,随后每个月 10 mSv,这就是说,开始和终止临时性避迁的通用干预水平分别是 30 mSv/月和 10 mSv/月的可防止剂量。

1.3.6　应急辐射监测

1. 应急辐射监测的目的

总体上讲,应急辐射监测(简称应急监测)的目的是尽可能及时提供关于事故可能带来的辐射影响方面的测量数据,以便为剂量评价和防护行动决策提供技术依据。但是由于事故类型、事故阶段以及关注方面的不同,应急监测的目的也可以有以下不同的侧重面。

(1)为事故分级提供信息。

(2)提供有关事故所造成的辐照与污染水平、范围、持续时间等数据,以便为决策者根据操作干预水平(OILs)采取防护行动和进行干预提供帮助。

(3)为应急工作人员防护提供信息。

(4)验证补救措施(如去污程序)的效能,为防止污染扩散提供支持。

2. 应急辐射监测和取样计划的设计原则

应急辐射监测和取样计划的设计主要依据以下原则。

(1)满足应急监测工作的实际需要

满足应急监测工作的实际需要主要指监测计划所确定的资源需求(专业人员、设备和实验室设施)能满足应急时的实际需要,而这种需要取决于可能遇到的事故类型、序列和规模,包括释放源项,以及响应时可能出现的特殊环境条件。

在设计应急监测计划时,首先必须对现有的能力和技术经验加以认证。只要还存在基本方面的不足,就必须进行建设和改进。在这个过程中,重要的是要首先辨认响应机构和技术专家的作用和责任,以及各种相应的标准操作程序和设施及设备。

由于应急监测常常是时间紧、任务重和情况不明或情况多变,因此在设备的响应速度、测量内容、测量量程、环境条件等方面都可能出现与正常情况不同的要求,也可能在一段时间内出现响应资源严重超负荷的情况。在设计监测计划时,应该对这些方面加以充分考虑。

(2)与常规监测系统积极兼容

应急监测系统是为了应对应急时的辐射监测需要而设定的,但由于事故的发生概率很低,而监测系统的成本较高,因此除了十分必要的设备必须专门设置以外,只要可能,就应当尽可能利用常规监测系统而不另外设置新的设备。这样做的优点是不仅可以节约大量开支,还可以保证该监测系统能经常处于有人使用和维护的可运转状态,以防止由于长期闲置而导致电池耗尽、仪表失常等现象。这对于以突发性为基本特征的应急工作而言是特别重要的。当然,兼容的基本前提是必须满足上述应急监测工作的实际需要。

3. 应急辐射监测的主要任务和内容

中到大规模事故应急辐射监测的主要任务与内容对于一次伴有大气释放的事故,如发生在核电厂等核设施的事故,在事故的不同阶段,应急监测的主要任务与内容将随事故的阶段而有不同的侧重,但这种划分也只是相对的,不同阶段的任务之间会有交错或重叠。

(1)早期应急辐射监测的任务与内容

在事故早期,要进行充分和可靠的环境监测是困难的。但即使这样,在事故早期尽可能获得一些场外监测的实际数据是重要的。它可以用来对评价模式的估算结果进行检验和校正,以便提高早期防护决策的置信度。

在事故早期,场外应急监测的主要任务是尽可能多地获得以下方面的数据。

①烟羽特性:方向、高度、放射性浓度和核素组成随时间和空间的变化。

②来自烟羽和地面的 $\beta-\gamma$ 和 γ 外照射剂量率。

③空气中放射性气体、易挥发污染物和微尘的浓度,以及其中主要的放射性核素组成。

（2）中后期应急辐射监测的任务与内容

在进入事故中期以后，烟羽已经消失和沉降，场外环境监测应当在早期监测的基础上从早期和后期两个方面加以扩展。对于早期可能已经开始的地面剂量以及污染水平巡测，应当从地域上和详细程度上加以扩展；开展食物链的取样和监测，主要是确定奶、水和食物中的污染水平和范围。

在事故后期，主要任务是在早、中期已完成的大量监测基础上，进行必要的补充测量，以便为恢复行动的决策和残存污染物的长期照射预测提供依据。从重点核素来讲，在中期除了放射性碘以外，还应特别考虑对铯和锶的监测；在后期还应包括对钚等核元素的关注。

因此从监测内容来看，中后期的主要监测内容包括：地表污染监测、食入途径（包括土壤）监测、β-γ剂量监测和大气污染监测。

（3）小规模事故应急辐射监测的任务与内容

对于涉及像丢源、小型运输事故、小型放射性物质泄漏这类小规模事故，应急辐射监测的主要任务是：

①及早判断放射性物质是否已经泄漏，放射源是否丢失；

②确定地表和空气的污染水平和范围，为污染区的划分提供依据；

③测量相关人员的污染和可能受照程度，为必要的医疗救治提供资料；

④配合补救措施所需的辐射监测。

1.3.7 卫生应急救援

1. 卫生应急概念

核辐射事故后对伤员（包括辐射伤员和非辐射伤员）的救治是卫生应急响应的重要组成部分，其主要任务是对伤员进行及时、正确的医学处理，最大限度地减少人员伤亡和远期伤害，有效地保护公众的健康。

《中华人民共和国突发事件应对法》（2007）第四十五条规定：发布一级、二级警报，宣布进入预警期后，县级以上地方各级人民政府除采取本法第四十四条规定的措施外，还应当针对即将发生的突发事件的特点和可能造成的危害，采取下列一项或者多项措施：

（一）责令应急救援队伍、负有特定职责的人员进入待命状态，并动员后备人员做好参加应急救援和处置工作的准备；

（二）调集应急救援所需物资、设备、工具，准备应急设施和避难场所，并确保其处于良好状态、随时可以投入正常使用；

（三）加强对重点单位、重要部位和重要基础设施的安全保卫，维护社会治安秩序；

（四）采取必要措施，确保交通、通信、供水、排水、供电、供气、供热等公共设施的安全和正常运行；

（五）及时向社会发布有关采取特定措施避免或者减轻危害的建议、劝告；

（六）转移、疏散或者撤离易受突发事件危害的人员并予以妥善安置，转移重要财产；

（七）关闭或者限制使用易受突发事件危害的场所，控制或者限制容易导致危害扩大的公共场所的活动；

（八）法律、法规、规章规定的其他必要的防范性、保护性措施。

第四十九条规定：自然灾害、事故灾难或者公共卫生事件发生后，履行统一领导职责的人民政府可以采取下列一项或者多项应急处置措施：

（一）组织营救和救治受害人员，疏散、撤离并妥善安置受到威胁的人员以及采取其他救助措施；

（二）迅速控制危险源，标明危险区域，封锁危险场所，划定警戒区，实行交通管制以及其他控制措施；

（三）立即抢修被损坏的交通、通信、供水、排水、供电、供气、供热等公共设施，向受到危害的人员提供避难场所和生活必需品，实施医疗救护和卫生防疫以及其他保障措施；

（四）禁止或者限制使用有关设备、设施，关闭或者限制使用有关场所，中止人员密集的活动或者可能导致危害扩大的生产经营活动以及采取其他保护措施；

（五）启用本级人民政府设置的财政预备费和储备的应急救援物资，必要时调用其他急需物资、设备、设施、工具；

（六）组织公民参加应急救援和处置工作，要求具有特定专长的人员提供服务；

（七）保障食品、饮用水、燃料等基本生活必需品的供应；

（八）依法从严惩处囤积居奇、哄抬物价、制假售假等扰乱市场秩序的行为，稳定市场价格，维护市场秩序；

（九）依法从严惩处哄抢财物、干扰破坏应急处置工作等扰乱社会秩序的行为，维护社会治安；

（十）采取防止发生次生、衍生事件的必要措施。

第五十六条规定：受到自然灾害危害或者发生事故灾难、公共卫生事件的单位，应当立即组织本单位应急救援队伍和工作人员营救受害人员，疏散、撤离、安置受到威胁的人员，控制危险源，标明危险区域，封锁危险场所，并采取其他防止危害扩大的必要措施，同时向所在地县级人民政府报告；对因本单位的问题引发的或者主体是本单位人员的社会安全事件，有关单位应当按照规定上报情况，并迅速派出负责人赶赴现场开展劝解、疏导工作。

为贯彻此应对法而制定的《国家突发公共事件医疗卫生救援应急预案》按照事件的四个等级分别规定了同级别的响应等级。此预案的"4.2 现场医疗卫生救援及指挥"提道："医疗卫生救援队伍在接到救援指令后要及时赶赴现场，并根据现场情况全力开展医疗卫生救援工作。在实施医疗卫生救援的过程中，既要积极开展救治，又要注重自我防护，确保安全。"

"为了及时准确掌握现场情况，做好现场医疗卫生救援指挥工作，使医疗卫生救援工作有序地进行，有关卫生行政部门应在事发现场设置现场医疗卫生救援指挥部，主要或分管领导同志要亲临现场，靠前指挥，减少中间环节，提高决策效率，加快抢救进程。现场医疗卫生救援指挥部要接受突发公共事件现场处置指挥机构的领导，加强与现场各救援部门的沟通与协调。"

在"4.21 现场抢救"方面，提道："到达现场的医疗卫生救援应急队伍，要迅速将伤员转送出危险区，本着'先救命后治伤、先救重后救轻'的原则开展工作，按照国际统一的标准对伤员进行检伤分类，分别用蓝、黄、红、黑四种颜色，对轻、重、危重伤员和死亡人员做出标志（分类标记用塑料材料制成腕带），扣系在伤病员或死亡人员的手腕或脚踝部位，以便后续救治辨认或采取相应的措施。"

在"4.2.2 转送伤员"方面，提道："当现场环境处于危险或在伤员情况允许时，要尽快将伤员转送并做好以下工作：

（1）对已经检伤分类待送的伤员进行复检。对有活动性大出血或转运途中有生命危险的急危重症者,应就地先予抢救、治疗,做必要的处理后再进行监护下转运。

（2）认真填写转运卡提交接纳的医疗机构,并报现场医疗卫生救援指挥部汇总。

（3）在转运中,医护人员必须在医疗仓内密切观察伤病员病情变化,并确保治疗持续进行。

（4）在转运过程中要科学搬运,避免二次损伤。

（5）合理分流伤病员或按现场医疗卫生救援指挥部指定的地点转送,任何医疗机构不得以任何理由拒诊、拒收伤病员。"

2. 卫生应急救援体系

按照《卫生部核事故和辐射事故卫生应急预案》(2003),国家核事故卫生应急组织指挥体系和卫生部辐射事故应急组织体系如图 1-2 和图 1-3 所示。

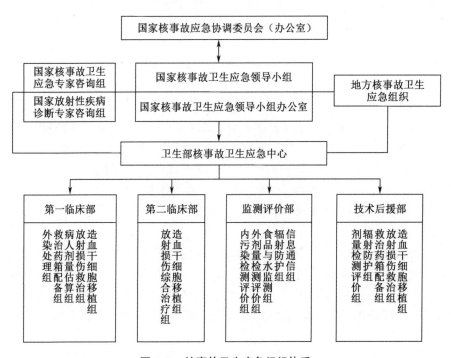

图 1-2　核事故卫生应急组织体系

3. 卫生应急准备

按照《卫生部核事故和辐射事故卫生应急预案》,核事故与辐射突发事故卫生应急准备包括 5 个方面:

（1）卫生部核事故应急中心的建设和维护;

（2）医学应急通信联络保障;

（3）医学应急响应程序的制定和医学应急救援力量的准备;

（4）医学应急响应相关技术和物质准备;

（5）应急培训、演习和公众宣传教育。

按照《国家核应急预案》核电厂的应急状态分为应急待命、厂房应急、场区应急和场外应急四级应急状态。其他核设施分为应急待命、厂房应急和场区应急三级;对潜在危险较大的核设施也可能实施场外应急。《放射性同位素与射线装置安全和防护条例》将辐射事故分为:特别重大、重大、较大和一般四个等级。要求应急预案与此相对应。《卫生部核事故和辐射事故卫生应急预案》中对核事故与辐射事故卫生应急响应的分级要求都是与上述分级处理相一致的。

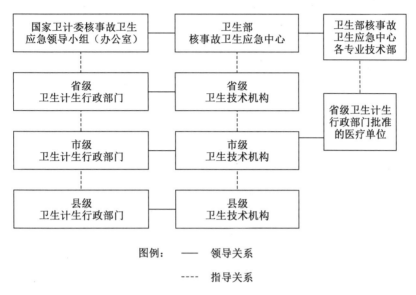

图例:　——　领导关系

　　　　----　指导关系

图1-3　辐射事故卫生应急组织体系

4.三级医疗救治

在我国,对辐射事故受照人员的分级救治实行二级医疗救治体系(地区救治→专科医治),对核事故受照人员的分级救治实行三级医疗救治体系(现场救护→地区救治→专科医治)。

(1)一级医疗救治(现场救护)

一级医疗救治又称现场救护或场内救治,主要任务是发现和救出伤员,对伤员进行初步医学处理,抢救需紧急处理的伤员。现场救护主要有以下基本任务:

①首先将伤员撤离事故现场,并进行相应的医学处理,对危重伤员应优先进行急救处理;

②根据早期症状和血液学常规检查结果,初步估计人员受照剂量,设立临时分类站,进行初步分类诊断,必要时尽早服用稳定性碘片和(或)抗放药;

③对人体进行放射性污染检查和初步去污处理,并注意防止污染扩散,对开放性污染伤口去污后可酌情进行包扎;

④初步判断伤员有无体内放射性污染,必要时及早采取阻吸收和促排措施;

⑤收集、留取可供估计受照剂量的物品和生物样品;

⑥填好伤员登记表,根据初步分类诊断,将不同伤类、伤情的伤员后送。

一级医疗救治单位主要由发生事故的基层医疗卫生机构组织实施,必要时请求场外支援。可在组织自救的基础上,由经过训练的卫生人员、放射防护人员、剂量监测人员及医护人员组成。

（2）二级医学救治（地区救治）

二级医学救治主要有以下基本任务。

①收治中度和中度以下急性放射病、放射复合伤、有放射性体内污染者，以及严重的非放射性损伤伤员。

②详细记录病史，全面系统检查，进一步确定伤员的受照剂量和损伤程度，对中度以上急性放射病和放射性复合伤伤员进行二级分类诊断。

③将中度、重度和重度以上急性放射病和放射复合伤伤员以及难以确诊的伤员，尽快后送到三级医疗救治单位进行救治；暂时不宜后送的，可就地观察和治疗；伤情难以确定的，可请有关专家会诊或及时后送。

④对有体表残留放射性核素污染的人员进行进一步去污处理，对污染伤口采取相应的处理措施。对确定有放射性核素体内污染的人员，必须根据核素的种类、污染水平以及全身和（或）主要受照器官的受照剂量及时采取治疗措施，污染严重或难以处理的伤员可及时转送到三级医疗救治单位。

⑤必要时对一级医疗救治单位给予支援和指导。为适应二级医疗救治的需要，二级医疗救治单位的医务人员和管理人员应接受专业教育与培训。

二级医疗救治单位应掌握一份多学科、可随时召集提供咨询和专业协助的专家名单，包括外科学、血液学、放射医学和辐射剂量学等方面的专家。为能处理危重病人（如实施外科手术），二级医疗救治单位可在现有条件基础上为受放射性污染的病人设置随时可启用的专用通道，直接通向放射性污染处理室，设置典型的无菌手术室，可开展常规手术，有处理体外放射性污染并防止放射性污染扩散的条件等。

（3）三级医学救治（专科救治）

三级医学救治主要有以下基本任务。

①收治不同类型、不同程度的放射损伤和放射复合伤的病人，特别是下级医疗单位难以救治的伤员，如中度以上急性放射病、放射复合伤和严重放射性体内污染的人员。采取综合治疗措施，使其得到良好的专科治疗。

②治疗并发症和后遗症，并对伤员的劳动能力做出评价。

③必要时派出救治分队指导或支援一、二级医疗单位的救治工作。

三级医疗救治单位为国家指定的设有放射损伤治疗专科的综合医院。按国家现有的核事故医学应急组织指挥体系，在国家核事故卫生应急领导小组领导下的卫生部核事故应急中心（简称应急中心）设在中国疾病预防控制中心辐射防护与核安全医学所，应急中心下设第一临床部、第二临床部、监测评价部和技术后援部。第一临床部设在中国医学科学院放射医学研究所和天津血液病医院；第二临床部设在北京大学第三医院和北京大学人民医院；监测评价部设在中国疾病预防控制中心辐射防护与核安全医学所；技术后援部设在军事医学科学院放射与辐射医学研究所和北京解放军307医院。

本章习题

1. 填空题

（1）安全目标是对核设施所能达到的安全水平的高度概括，是人们期望达到的安全水平，包括_____、_____、_____、_____和_____等方面。

（2）我国总的核安全目标由_____目标和_____目标两个具体安全目标所支持。

（3）核安全基本原则包括：_____原则、_____原则、_____原则、_____原则、_____原则、_____原则、_____原则、_____原则、_____原则和_____原则十个方面。

（4）我国核设施实施_____保护的实物保护原则。

（5）核辐射事故根据事故类型（核事故或辐射事故）不同采用不同的分级标准，其中核事故可分为_____级，而辐射事故则分为_____级。

（6）依据国务院《核电厂核事故应急管理条例》，我国实行_____级的核应急管理组织体系。

（7）在核或辐射应急情况下，最常考虑的三种紧急防护行动是_____、_____、_____。

（8）在核事故应急现场，按照国际统一的标准分别用_____、_____、_____、_____四种颜色对伤员进行检伤分类。

2. 简答题

（1）什么是核安全？

（2）简述核安全中的纵深防御原则。

（3）简述核安保的特点。

（4）简述核辐射事故的特点。

（5）简述核事故应急干预的定义、目的和原则。

第2章 核安全文化

2.1 核安全文化的起源与发展

2.1.1 核安全文化的起源

核安全文化起源于 20 世纪 60 年代至 70 年代,当时处于核电站设立之初,因人们对核安全的意识非常淡薄,曾发生数起重大核事故。例如,1961 年美国核电站原子堆公然泄漏放射物质;1979 年美国三哩岛核电站泄漏事件;1986 年苏联切尔诺贝利核电站爆炸,这些重大的核事故,使人们产生了许多反思与警醒。针对核能的安全性问题,国际社会开始迅速形成了核安全文化的概念,1986 年 IAEA 国际核安全咨询组(INSAG)提交的《关于切尔诺贝利核电厂事故后审评会议的总结报告》中提出了"安全文化"(safety culture)概念并做了进一步的阐述,将其作为一项基本的管理原则,希望以此防止和减少人因失误(1999 年,IAEA 修订 INSAG-3,发布了 INSAG-12《核电厂基本安全原则》),随后在 1991 发表了一本专著《安全文化》(INSAG-4)在核工业界引起了广泛重视和认同,安全文化的建设和评审工作成为核安全"纵深防御"的重要手段。

核能虽然是技术变革的成果之一,但要保持其经济价值和社会效益,同时还要保证其安全性。为保证核能的安全性,推广核安全文化的理念已变得尤为迫切。

2.1.2 核安全文化的发展

"安全文化"的概念被提出以后,各主要国际组织和有核国家都积极研究和实践。IAEA 推动了概念研究和探讨、安全文化的特征和属性开发、评估方法研究、良好实践总结、加强和改进安全文化等各项工作。在 30 多年中,IAEA 逐步完善和丰富了核安全文化的理论体系和实践要求,对世界各国均有重要的参考和指导意义。

中国推行核安全文化的工作始于 1991 年,此后我国开始了核安全文化的传播工作,并逐步开展了核安全文化培育。2010 年以后,中国核工业集团有限公司、中国广核集团有限公司既吸收了国际上先进的研究成果,又结合了自身的实践经验,逐步建立了各自的核安全文化评估体系,在集团企业内开展了评估工作。2014 年 12 月 19 日,国家核安全局会同国家能源局、国家国防科技工业局联合发布了《核安全文化政策声明》。这是中国政府部门关于核安全文化的首个政策声明,也是国际上首例由国家核安全监管部门会同核电发展部门、核工业主管部门联合发布关于核安全文化的政策声明。2017 年 2 月,国家核安全局发布了《核安全文化特征》。2017 年 9 月 1 日,《中华人民共和国核安全法》(简称《核安全法》)发布,对核安全文化建设、核安全文化培育机制等提出了明确要求。

核安全文化的发展历史,到目前为止可以划分为四个阶段,即核电发展初期、三哩岛事故发生后,切尔诺贝利事故发生后,以及随着 2011 年福岛核事故的发生,核安全工作进入的一个新的阶段。回顾核安全文化的演变历史,我们可以了解"安全文化"的历史背景,更有助于我们理解与倡导核安全文化的作用和意义。

1. 核电发展初期

核电发展初期的特点是重视设计的保守性和设备的可靠性,实施纵深防御原则。1942年,恩利克·费米指导设计和制造出了世界上第一座可控核反应堆。为了防止发生不可控的链式裂变反应,该核反应堆装备有一根强中子吸收材料制成的吸收体,准备随时快速掉入堆芯,核反应堆的可控问题就是最初的安全问题。值得注意的是,作为曼哈顿计划首站工程负责人的费米,对核安全格外重视。当时该反应堆在首次临界试验中出现了故障,经过工作人员维修排查后,时间已过中午 12 点,费米做出了让工作人员吃完饭后再重新开始实验的决定,使工作人员紧张亢奋的情绪得以缓和,在进度和安全之间毅然选择了安全。下午 3 时 35 分,反应堆达到临界点,人类历史上第一次链式反应开始正式运转。1947 年,美国核管理委员会在第一次会议上讨论了关于在反应堆外围设立一个密封安全壳的提案,这种安全壳能在事故工况下防止放射性物质向环境释放。安全壳的概念是核安全技术发展的一块重要基石。1955 年,联合国在日内瓦举行了第一届和平利用原子能国际会议,反应堆安全是一个重要议题。会议论文集中收录的报告清晰地描绘了反应堆设计、安全壳、选址等基本安全原则。同时,厂外放射性后果问题引起人们的关注。1971 年,美国原子能委员会公布了轻水堆安全系统的基本设计准则,包括一套假想的极限事故。核电厂安全系统必须能处理这种事故而不发生明显的放射性后果。至此,核安全管理已奠定了核电厂厂址远离人口稠密区、安全壳和设计基准事故三块基石。设计基准事故的原则反映了确定论安全分析逻辑,其既没有考虑假想事故的发生概率,也没有考虑严重事故的发生概率。20世纪 70 年代中期,概率风险评价技术逐步成熟,美国国会要求对核电厂进行概率风险评价分析,由此产生了著名的拉斯穆森报告——《反应堆安全研究》(WASH-1400)。在报告中首次将概率风险评价技术引入堆安全分析,提供了以事件发生概率进行事故分类的方法,并且建立了安全壳失效模式和放射性核素向环境释放的模式。在此阶段,核安全管理集中于设计、安装、调试和运行各个阶段技术的可靠性,即设计和程序质量。在设计方面,考虑设计的充分性,强调保守设计,重视设备可靠,还需考虑系统设备的冗余性和多样性,以防止事故的发生并限制和减少事故的后果。在程序方面,所有工作都使用程序,按程序办事。同时确立了许多基本原则:纵深防御、固有安全性和故障安全原则、单一故障准则和安全系统的多样性与多重性原则。

2. 三哩岛事故发生后

三哩岛事故发生后的特点是开始加强人机接口,以达到严重事故的预防和缓解的目的。1979 年 3 月 28 日发生的美国三哩岛核电厂事故对核安全历史的发展产生了重要的影响。三哩岛事故使核工业界得到很多的教益,它使人们认识到严重事故是可能发生的,且往往是由多重设备故障和人为因素错误综合作用而造成的。三哩岛事故证明核电厂设计的纵深防御概念在严重事故下依然有效,同时也证实了《反应堆安全研究》的预言。此次事故促成了两件事:一是概率安全评价技术在核能界的广泛应用;二是人们对超设计基准事故分析和安全壳行为研究的关注。核电工作者意识到应当关注安全工作中的非技术因素,如组织、管理、程序、人员培训、通信、宣传、应急准备等问题。为了防止和减少人为因素的失误,核电厂采取了如下的措施:加强运行人员的培训,在运行值以外增设"安全工程师"岗位,以便在扰动工况下提供人为的冗余,周期性地使用监督程序对堆芯的状态进行监督,并采取相应的措施,限制或延缓堆芯的损伤;改善主控室人机接口,引入"控制室"系统的新概念;将必要的信息集中在安全监督盘系统,操作员、安全工程师各拥有一个终端;考虑严重事故的预防和缓解,将研究成果纳入核安全法规、标准及核电厂改进中,从而提高核安全水平。

3.切尔诺贝利事故发生后

切尔诺贝利事故发生后的特点是核电厂开始大力倡导培育核安全文化。1986年4月26日,切尔诺贝利核电站的第4号发电机组核反应堆发生了强烈爆炸,堆芯的大量放射性物质从核电厂释放出来,造成环境污染,使得大量人员撤离。这一事故引起了社会的恐慌,并在相当长的一段时期内,影响了世界核电的发展。切尔诺贝利事故发生的主要原因是该核电厂所采用的堆型存在严重的设计缺陷,关于这种堆型设计的缺陷早已为人所知,在同类型电厂调试中已发现过问题,并向有关主管部门专门写了报告。但是主管部门和有关方面非但没有重视,还在引起事故的整个试验过程中解列了安全保护系统。事故发生的直接原因是运行人员执行的试验程序考虑不周和违反操作规程,但追溯其根本原因应归于苏联核电主管部门缺乏安全文化。核能界对此事故做了深刻的反思和总结,在切尔诺贝利核事故的总结报告中国际核安全咨询组织(INSAG)为确保核电厂安全生产提出了一种系统且完整的管理概念——核安全文化。此后IAEA在一系列出版物中不断发展和完善这一理念,并逐渐为业界所接受和重视。

4.福岛核事故发生后

福岛第一核电站建于20世纪70年代初,共有6台机组。按照设计标准,其具有抗8级地震能力,设计寿命为40年。福岛地震发生后,反应堆安全停堆,但地震和海啸的叠加大大超出了最初设计电站时所做的危害假设,最终导致1号、3号和4号机组的反应堆厂房内发生爆炸,大量放射性泄漏,核事故最终定级(INES)为最高的7级。对事故后果的研究,目前科学性最为权威的是IAEA在2015年出版的《福岛第一核电站事故总干事的报告》,该报告认为福岛第一核电厂事故由紧接大地震而来的巨大海啸导致,是1986年切尔诺贝利事故以来在核电厂发生的最严重的事故。促成该事故的一个主要因素是,日本认为本国的核电厂非常安全,以至于这种量级的事故完全是不可想象的,而这种假设为核电厂营运者所接受,也没有受到监管机构或政府的质疑,因此日本没有为此次严重核事故做好充分准备。该事故暴露了日本监管框架的某些不足:职责被划分给一些机构,权限归属并不清晰明确;电厂设计、应急准备和响应安排以及对严重事故管理的规划也存在某些问题。自事故发生以来,日本改革了其监管体系,赋予监管机构更明确的责任和更大的权限,以便更好地符合国际标准。国际专家也通过国际原子能机构的"综合监管评审服务"工作组访问对新监管框架进行审查。

福岛核事故后,国际核安全形势日益严峻,国际国内的反核活动时有发生。核安全文化水平的高低,将决定这个行业、系统的生死存亡。而我国能源结构的调整方向不可逆转,核能发展的速度和规模只会比规划的目标更快更大,核技术发展的势头更加迅猛,不同技术储备和文化积淀的单位与企业入行发展,这对我国核安全的挑战将前所未有,我国核安全监管系统面临的压力同样前所未有。我国核行业需要用发展的眼光、更高的要求来建设和培育核安全文化体系,充分发挥政府、社会、行业的综合力量,通过培训、实践、监督等有效手段,把核安全文化培育工作做实,把核安全文化评价工作做好。

2.2 核安全文化的组成与要求

2.2.1 核安全文化的定义

核安全文化的实质是一种手段,它使所有的单位和个人都能对安全密切关注。在《安全文化》(INSAG-4)中的定义为:"安全文化是存在于组织和个人中的种种特性和态度的总和,它建立一种超出一切之上的观念,即核电厂安全问题由于它的重要性要保证得到应有的重视。"此定义强调安全文化既是态度问题,又是体制问题;既和组织有关,又和个人有关,也关系到以恰当的理解和行动处理所有安全事项。

国家核安全局、国家能源局和国防科工局于 2015 年发布的《核安全文化政策声明》中指出:"核安全文化是指各有关组织和个人以'安全第一'为根本方针,以维护公众健康和环境安全为最终目标,达成共识并付诸实践的价值观、行为准则和特性的总和。"虽然二者对核安全文化的定义在文字描述上略有不同,但这些定义都表明了一个共同的观点,即核安全文化的最终目标是确保核设施的安全受到绝对优先的重视,而不受任何其他因素的影响。与此同时,上述定义对核安全文化的表述措辞,也强调了核安全文化既是态度问题,又是制度问题,既和组织有关,又和个人有关,同时还牵涉到在处理所有核安全事务时应具备的正确理解和应采取的正确行动。

核安全文化与每个人的工作态度和思维习惯,以及单位的工作作风都密切相关。在核安全文化的要求中,认为仅机械地执行完善的程序和良好的工作方法是不够的,必须正确地履行所有安全重要职责、具有高度的警惕性、实时的见解、丰富的知识、准确无误的判断能力和高度的责任感。国际原子能机构在其相关文件中也进一步指出核安全文化是"从事核安全相关活动的全体人员的献身精神和责任心",也可概括为一种完全充满"安全第一"的思想,这种思想意味着内在的探索态度、谦虚谨慎、精益求精,以及强调核安全事务方面的个人责任心和持续改进、不断完善的机制。

核安全文化也是价值观、标准、道德和可接受的行为规范的统一体。其目的是在立法和监管要求之上保持一个自我约束的方法以提高安全。因此,核安全文化必须是根植于组织中各个层级所有个人的思想和行动中。高层管理者的领导作用至关重要。核安全文化要求一个组织的最高管理者必须制定安全政策,并确保其得到有效实施;必须确定责任与分工的明确界限;必须制定完整的规程,并严格遵守这些规程;必须对安全有关活动进行监督和审评;必须保证工作人员得到专业的培训,确保他们取得履行职责的资格。

核安全文化的理念不仅仅适用于核安全,还适用于常规安全和人身安全。所有对安全的考虑,都受到信念、态度、行为的共同点和文化差异的影响,与价值观和标准的认同密切相关。在其他安全重要行业,安全文化在 20 世纪 80 年代末至 90 年代初开始得到认可。在航空领域,美国国家运输安全委员会向美国大陆快运 2574 号航班空难事故提交的报告指出:"一种可能的原因是高级管理层未能建立起鼓励和强制遵守所批准的维修和质量保证程序的企业文化。"安全文化在随后几年的一些意外事件和事故中都被认为是一个促成因素。许多报告都强调安全文化是意外事件和事故的一个重要因素。

安全文化常常被非正式地描述为:"我们在这里通常做事情的方式。"或者是:"即使没有人在看,也要做正确的事情。"不同的组织在其定义中侧重于不同的领域,有的强调个人的职责,有的则强调整个组织对安全承诺的重要性,指出安全文化是:"组织认知、重视或优先考虑安全的方式。它反映了该组织各级对安全的真正承诺。"还有的则侧重于对管理制度和整个组织的认识的重要性,一些更具理论性的定义则侧重于构建关于安全和危险的关系所依据的假设和做法。安全文化是一个多维度的概念,不同的行业对安全文化有不同的理解,其应用的侧重点也各不相同,因此定义也会有所不同。但无论技术复杂程度如何,成熟的安全文化能够提供防范事故风险的纵深防御。安全文化是整个组织文化的一个子集,它不是静态的,而是像整个组织文化一样,会随着时间的推移而改变和发展。

2.2.2 核安全文化的组成

核安全文化有两大组成部分:
①单位内部的必要体制和管理部门的逐级责任制;
②各级人员响应上述体制并从中得益所持的态度。

《安全文化》INSAG-4 中给出了构成核安全文化的示意图,将其分为决策层的承诺、管理层的承诺,以及个人的承诺三个方面,并对每个方面的内容进行了论述。图 2-1 是核安全文化的具体组成部分,核安全文化是所有从事与核安全相关工作的人员参与的结果,它包括核电厂员工、核电厂管理人员及政府决策层。

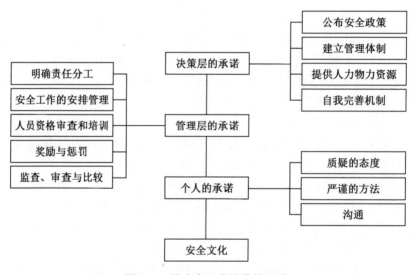

图 2-1 核安全文化的具体组成

2.2.3 核安全文化对各级的要求

核安全文化贯穿于个人和各级组织的方方面面,各级组织对安全的重视程度其主要体现在六个方面:第一,体现在个人意识方面,个人要认识到核安全的重要性;第二,体现在知识和能力方面,通过人员培训、教育以及自学获得;第三,体现在承诺方面,要求高级管理层用行动体现核安全的高度优先地位,并且要求人人都采用共同的核安全目标;第四,体现在激励方面,通过领导力、设置目标、奖惩机制,以及个人自发的态度实现;第五,体现在监控方面,包括监察和评估活动,以及对个人质疑态度的及时响应;第六,体现在责任方面,通过

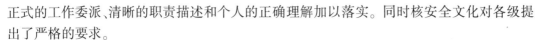

正式的工作委派、清晰的职责描述和个人的正确理解加以落实。同时核安全文化对各级提出了严格的要求。

1. 决策层

任何的重要活动中，高层制定的要求对人们的行为方式都有着重要的影响。影响核电厂安全的最高层是立法层，立法层在国家层面奠定了核安全文化的基础。政府对核电厂及其他有潜在危害的设施和活动具有安全监管的职责，从而保证工作人员、公众和环境的安全。为了保障立法工作的顺利开展，相关的咨询和监管机构必须拥有足够的人力、资金和权力，并保证不受任何不当干预，这样才能培育时刻关注安全的国家氛围。同时，鼓励开展国际交流，以提高安全水平，力求减少任何商业或政治因素对这类交流的阻碍。在任何组织内，高层推行的政策营造了工作环境，也对个人行为有着重要的影响，对决策层的要求主要体现在以下几点。

(1)安全政策声明

从事与核电厂安全有关活动的任何组织均要发表安全政策声明，将所承担的责任广而告之，并得到充分理解。该声明是全体员工的行动指南，是对组织安全目标的庄严宣告，也是公司治理方面对核电厂安全的公开承诺。

对不同的组织而言，其安全政策声明的形式和内容不尽相同。

核电厂运营组织对核电厂的安全负有全面的和法定的责任，其安全政策声明是明确的，并发布至全体员工。声明中要承诺，所有与核电厂安全相关的重要活动都要追求卓越，明确核电厂安全具有最高的优先权，必要时超越发电或工程进度的要求。

监管机构对其监管范围内的核电厂的安全具有重要影响，要把行之有效的安全文化渗透到本机构及其员工中。以此承诺：执行法律法规，促进核电厂提高安全水平，保护工作人员、公众和环境。支持单位，包括设计、制造、施工和研究等单位，同样对核电厂安全有着重要影响。他们的主要责任是保证产品的质量，不论是设计、部件制造、设备安装、安全分析报告编制或者软件开发，还是其他影响安全的相关产品。他们的核安全文化要素是：为保证质量制定政策并加以落实，进而实现未来运营组织的安全目标。

(2)管理结构

安全政策的实施需要有明确的安全责任制。安全政策的落实取决于组织的功能设置，但有一条关键要求是通用的：与核电厂安全相关的事项，必须通过清晰的报告渠道和少而简单的接口建立强有力的授权链条，其职责由正式文件加以明确运营组织及拥有相应授权的核电厂厂长对安全负有法定责任。对于其他相关组织，要求是建立管理结构、明确职责分工，以落实产品的质量责任。对核电厂安全有重要影响的大型组织在内部设置独立的管理部门，负责核安全相关活动的监督。在运营组织中，监督部门的工作职责是仔细检查电厂的安全活动。他们直接向更高层级报告，确保安全职责融入管理层级中，使安全职责具有与其他主要职能相适应的突出地位。支持单位也采用类似的方法以保证产品质量，包括开展监察和审查，并将结果向更高层级报告。

(3)资源

就保障安全而言，必须有足够的资源投入，包括人力、资金、设备等。也就是说：要拥有足够和经验丰富的员工，必要时配备顾问或承包商，保证核电厂相关工作得以正常开展而不受时间和压力的影响。保证有能力的员工优先分配到关键岗位。强化员工的相关培训工作，给予必要的资源投入。保证足够的资金投入，为从事安全相关工作的员工提供必要的设备、装置和工作技术手段。创建良好的工作环境,保障员工有效履行其职责。

（4）自我监督

所有与核电厂安全相关的组织都要对安全工作进行定期评审,评审内容包括:员工的聘任与培训、运行经验反馈、设计变更控制、电厂改造和运行程序的控制等。评审的目的是,通过加入正常行政管理系统以外、具有充分能力的个人或机构所建议的新方式新方法,提供新的看法和评价。这种做法应被视为对从业人员有益的帮助而予以推进,避免以惩罚为目的地查找缺陷。

（5）承诺

决策层的安全承诺:关注核安全相关流程的定期评估;及时直接过问重大核安全问题或产品质量问题;与员工沟通时反复宣讲安全和质量的重要性。最重要的是,将核电厂的安全作为运营组织董事会的重要议题。

在任何组织内,高层推行的政策营造了工作环境,也对个人行为有着重要的影响。政府的职责是审管核电厂及其他潜在的有害设施和活动的安全法规,以保护职工、公众和环境;管理部门拥有足够的人力、资金和权力履行其义务,使工作不受任何不必要的干扰,以便在全国范围内形成一种氛围,即安全是每天都要关心的事项。

对管理决策层而言,他们必须通过自己的具体行动为每个工作人员创造有益于核安全的工作环境,培养他们重视核安全的工作态度和责任心。领导层对核安全的参与必须是公开的,而且有明确的态度。

2. 管理层

管理层的责任是:按照组织的安全政策和目标要求,营造有益于安全的工作氛围,培育重视安全的工作态度,并将这些工作制度化,核安全文化对运行管理部门的要求主要体现在以下几个方面。

（1）职责界定

管理层通过唯一、清晰的各级授权履行职责。界定清楚每个人的岗位责任,并以文件形式尽可能详细以免有歧义。审查个人责任和权力界定的完整性,保证没有遗漏、重叠和职责分担问题。责任界定由其上一级批准。管理层保证每个人不仅要了解自己的职责,还要了解周围同事和本部门的职责,以及与其他部门职责之间的互补关系。运营组织的职责界定一定要审慎,重点是厂长对核电厂安全的责任委派。

（2）安全工作界定与控制

管理层确保所有核安全相关活动采用了严谨的工作方法,要求支持单位保证产品质量,要有完整适用的文件体系,其中包括政策性文件和具体工作程序。运营组织的质量保证组织对这些文件进行仔细地审查、复核和检验,并通过正式途径加以控制。管理层确保各项工作按规定执行,建立监督和控制机制,强调秩序和严格的日常管理。

（3）资格与培训

管理层要确保员工充分胜任其所承担的工作。员工选拔和聘任时,充分考虑其才智和受教育程度等基本条件,并且进行必要的培训及定期复训。对员工技能的评价是培训不可分割的一部分。对于关键岗位的员工,在评估其是否胜任基础上,还需要考虑身体和心理等方面因素。

员工培训不仅是让员工提高技能、培养严格遵守程序的工作习惯,还是让员工了解其工作的重要性以及因理解偏差或缺乏严谨而产生失误的后果。否则,出现核安全问题时可

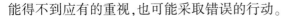

能得不到应有的重视,也可能采取错误的行动。

(4)奖励与惩罚

管理层要对具有良好安全意识的员工进行鼓励和肯定,必要时给予一定形式的奖励。以此具体形式,影响个人及整个团队的工作积极性和工作态度。值得注意的是,运行核电厂的奖励制度不鼓励忽视安全而单纯追求发电。也就是说不能单看发电业绩,而要与安全绩效相结合。

发生错误时,不过多关注错误本身,更注意从中吸取经验教训。鼓励员工发现、报告和纠正自身工作的不足,防止演变为事件。必要时,协助他们改进工作。然而,对于重复出现的问题或严重的疏忽,要采取相应的纪律惩罚措施,否则会危及安全。但在具体实施时要仔细权衡,避免因处罚而导致员工隐瞒错误。

(5)监察、审查与比较

除执行质量保证措施外,管理层还要实施全面的监察,如对培训制度、人事任免程序、工作方式、文件管理和质量保证体系等的定期审查。不同的组织可采取不同的监察措施。对于设计、制造和运营组织,需要仔细审查设计或工程变更的控制方式;对于核电厂运行阶段,需要审查运行参数变更、维修要求、电厂改造、电厂状态符合性控制以及其他任何非日常的运行活动。

运用以上措施,安全管理体系的运转可以通过内部机制进行检查。如果聘请组织内不同职责的专家或组织外的专家进行评估,将有助于引进和借鉴在其他地方已经采取的良好实践。

结合自身实际加以仔细的评审,管理层可以从相关经验、研究成果、技术开发、运行数据以及对安全有重要意义的事件中吸取有益的经验。

(6)承诺

通过以上环节,管理层证明其对安全文化的承诺,并以此激动员工。这些实践为员工创造了良好的工作氛围,使其通过井然有序的工作透彻地理解了工作任务、实施奖励的条件和必要惩罚的原因,以及邀请外部评审等手段,培养团队或个人追求良好业绩的心态。

管理层的任务是确保员工遵守已经建立的工作体系,并从中获益。管理层要以身作则,持续激励员工追求高标准的工作绩效。

3. 个体的行为

核安全文化水平的高低,也直接取决于核电厂的每一个员工,核安全文化指的是"从事任何与核电厂核安全相关活动的全体工作人员的献身精神和责任心"。人的才智在查出和消除潜在的问题方面是十分有效的,这一点对安全有着积极的影响。

各级组织和个人在各类活动中,对安全的重视体现在以下方面:

(1)个人知识,即每个人对安全重要性的认识;

(2)知识和能力,通过对工作人员的培训、教育以及他们自学而获得;

(3)承诺,要求高级管理层用行动体现把安全置于绝对优先的位置,并且要求安全的共同目标被每个人所接受认同;

(4)积极性,通过引导、建立目标、奖惩制度,以及人们自发的态度而产生;

(5)监督,包括对工作的监察和审查并对人们的探索态度及时响应;

(6)责任制,通过正式的委派、明确的分工使每个人对各自的责任清楚了解。

核安全文化的实质是在组织内部建立一整套科学、严密、系统、完善的管理体系和规章制度,在组织内部营造人人自觉关注安全的氛围,通过培训提高员工的知识和技能,培养员工遵章守纪的自觉性和良好的工作习惯,引入激励机制并引导员工积极地响应,从而提高员工的安全素养,并最终实现组织安全绩效的持续提升。安全文化强调"安全第一",所以基于"安全第一"原则的组织管理体系及管理体系的有效实施(包括责任的落实、问责制度的建立等)是核安全文化的重要基础,而全体员工努力满足管理体系要求,并自觉形成重视安全的主人翁态度和积极的个人响应是构成安全文化极为重要的要素。

个人和组织的工作态度、思维习惯,以及工作作风往往是无形的,但是这些品质都可以通过组织的政策和方针、规章制度、工作表现,以及安全业绩等各种形式表现出来。要寻找有效方式,通过各种具体表现来检验存在于组织和个人中的这些隐含特性。虽然良好的工作方式本身是安全文化的一个重要的组成部分,但仅仅机械性地执行是不够的,还要求工作人员具有高度的警惕性、深入的洞察力、丰富的知识、准确无误的判断和强烈的责任心来正确执行所有的安全重要职责。这种在核安全文化方面的个人响应可以表现为组织中员工三个方面的优良品德:质疑的工作态度、严谨的工作作风和相互交流的工作习惯。

2.3　核安全文化的发展阶段

从事核活动的所有组织都关心安全的改进和提升。不过,对于核安全文化概念的理解,以及如何以积极的方式来实现安全文化目的,各个组织在认识和行动上都有着很大的差异。而这种差异正体现了不同组织间不同的核安全文化发展水平或发展阶段。

各个组织对于培育核安全文化的认识、实践并不完全一样。但不管每一个组织的实际情况如何,它们都存在利用各种现有资源来培育、推进组织的安全文化这样一种需求。因此清醒地认识目前组织所处的核安全文化水平或发展阶段,将更加有利于组织根据现实情况,采取有针对性的措施,来不断改进和提升组织的核安全文化水平。

从事核活动组织的核安全文化发展通常呈现出三个发展阶段,每个阶段体现出人们对于人的行为和态度对安全的影响的不同认识和接受程度。国际原子能机构安全标准丛书中列出了每个阶段的特征,为组织进行自我诊断提供了依据。组织还可以利用这些特征,通过确定目前的状况和期望达到的状况来指导安全文化的导入和推进。对于某个组织来说,在任何时候都有可能表现在下列不同核安全文化发展阶段的特征。

2.3.1　核安全文化的三个发展阶段

1. 第一阶段——仅基于规则和法规的安全

在这一阶段,组织将安全视为来自政府、主管部门或监管机构的外部要求,而没有意识到安全是支持组织取得成功的一个重要方面。人们对影响安全的行为和态度了解甚少,甚至几乎没有认识,并且不愿意考虑这类问题。安全在很大程度上被看作是一个技术问题,组织认为只要遵守安全方面的法规和标准就足够了。

对于这样一个以满足法规和规则为安全目标的组织来说,可以观察到以下特征。

(1)对问题没有事先的预测,只是在问题出现后做出反应。

(2)各业务部门与各职能部门之间的沟通不畅。

(3)各业务部门与各职能部门之间各自为政,部门间几乎没有团队合作和共同决策。

(4)各部门所做出的决定仅专注于满足规则要求。

(5)犯错误的员工被简单责备为"未能遵守规则"。

(6)冲突长期得不到解决,业务部门和职能部门之间相互牵制抵触。

(7)管理人员的职责只被认为是签署规则、督促员工和达到预期结果。

(8)组织内外很少开展交流或学习,组织在受到批评时主要采取辩解的姿态。

(9)安全被看作是一种不得已的麻烦事。

(10)对监管当局、客户、供应商和承包者持提防或者对立的态度。

(11)短期效益被视为第一位。

(12)员工被看成"系统的部件"——仅根据他们所做的工作进行定位和评价。

(13)管理人员和员工之间存在着对立关系。

(14)管理人员对工作或业务过程的了解很少,基本没有。

(15)员工因服从和取得短期效益而受到奖励,不考虑长期后果。

2. 第二阶段——良好的安全业绩成为组织的一个目标

处于第二阶段的组织,即使在没有来自监管当局压力的情况下,也能重视安全业绩的管理。尽管组织对员工行为与安全的关系逐渐有所认识,但仍然在很大程度上借助于技术和程序来实现对安全的管理,员工的行为与安全的关系往往被忽视。安全业绩的提升与其他组织业务一起,成为组织追求的指标或目标。组织开始寻求安全业绩停滞不前的原因,并期望得到其他组织的建议。处于该阶段的组织,通常具备以下主要特征。

(1)组织主要集中精力于日常事务的管理,几乎没有战略管理。

(2)管理人员鼓励跨部门与跨职能的交流与合作。

(3)高级管理层团结协作,并协调各个部门的决定。

(4)组织往往以成本和职能为中心做出决策。

(5)管理人员对差错的响应主要通过程序和培训来加强控制,减少了一味地指责。

(6)部门间的冲突仍然存在,但已经引起管理人员的重视。

(7)管理人员的作用被认为是如何更好地利用管理技术,如开展目标管理等。

(8)组织在某种程度上愿意向其他成功组织学习,尤其是学习好的技术和实践经验。

(9)安全、成本和生产效率被视为是相互排斥的,组织认为加强安全将会导致成本增加,产出降低。

(10)组织与监管当局、客户、供应商和承包者的关系依然疏远,对建立必要的信任仍采取谨慎的态度。

(11)达到或超过短期效益目标是重要的;员工因超过目标而受到奖励,而不管长期结果或后果如何。

(12)员工与管理人员之间的关系是对立的,很少有相互的信任和尊重。

(13)组织对核文化问题能影响工作的认识不断加强,但依然不能完全理解为什么增加控制却在安全业绩方面没有产生预期的成果。

3. 第三阶段——安全业绩总是能够改进的

处于第三阶段的组织已接受持续改进的理念,并将这一概念应用于安全业绩的管理。组织更多地强调沟通、培训、管理方式,以及提高工作效率和有效性。组织中的每个人都能够为此做出贡献。组织内部存在有助于改进的一些行为,但也存在阻碍进一步改进的行为。因此,人们认识到行为问题对安全的影响。

组织对行为和态度问题的认识程度高,并正在采取改进行为的措施。组织已将这种改进纳入一个循序渐进、持续不断的过程。同时,组织也愿意考虑与其他组织分享自身的经验和成功。处于该阶段的组织,通常具备以下特征。

(1)组织开始立足当前制定具有长远规划的战略管理,预测问题并在问题发生前根除诱因,从而防患于未然。

(2)人们普遍认识到并强调部门之间合作的必要性。管理人员对部门间的合作加以支持、认可,并提供开展合作所需要的资源。

(3)员工逐渐了解整个组织的工作过程或业务范围,并能积极配合管理人员的管理工作。

(4)所有决策是在充分了解其对工作或业务过程,以及对各部门和各职能的安全影响的前提下做出的。

(5)安全和生产业绩之间没有目标冲突,因此,追求生产目标时,安全不受任何损害。

(6)几乎所有的差错均以工作过程的偏差来对待,对差错的处理更加看重识别差错的内容和性质,而不是首先找出要责备的当事人。组织也学会利用对差错的认知来修改相关的工作过程。

(7)充分认识到部门间存在的冲突,并努力通过共赢方式处理冲突。

(8)管理人员的职责被认为是指导员工如何不断地提高工作绩效。

(9)重视组织内外的学习,并能够专门安排学习时间,以通过这样的学习来进一步提高工作绩效。

(10)安全和生产被看作是相互依赖的关系。

(11)与监管当局、供应商、客户和承包商之间已经建立良好的合作关系。

(12)评价和分析短期绩效,以便能够做出有利于长期战略目标的调整。

(13)人们因其所做出的贡献而受到尊重和器重。

(14)管理人员与员工之间的关系是相互尊重并相互配合的。

(15)人们认识影响安全的文化因素,并在关键决策中考虑这些因素。

(16)组织不仅鼓励“产出”人员,还奖励支持他人工作的员工。人们不仅因为工作成绩受到奖励,还因为改进工作流程受到奖励。

2.3.2 核安全文化的三个发展阶段的总结

组织可以根据上述三个安全文化发展阶段具体特征的描述,来初步确定组织自身已达到核安全文化发展的哪个阶段。表 2-1 是核安全文化不同发展阶段的内容。这些特征通常与规模较大的核设施明显相关,而大部分特征对于从事研究堆运行、工业或医学核技术应用、其他核活动承担单位等相对较小规模的组织来说也是相关的。大型的组织要确保组织内部不同职能部门之间进行良好的沟通与合作,相对来说面临的挑战更大,而规模较小组织的沟通相对直接便利。在较大型的组织中,更有可能存在一个占主导地位的组织文化,而较小组织受多元文化的影响可能更加明显。

表 2-1 核安全文化不同发展阶段的内容

阶段	第一阶段	第二阶段	第三阶段
方法	技术解决方法	程序解决方法	行为解决方法

不管组织的规模多大,发展良好的安全文化的前提是,负责领导组织的人或那些人必须做出正面的承诺。

任何一个组织,对于不同核安全文化发展阶段的推进,其所需要的时间是不能预测的。这在很大程度上取决于组织的状况,以及组织为准备进行改变做出的承诺和努力。经验表明,组织在提升核安全文化发展阶段的过程中,所需的时间可能会很长。当然人们也应该认识到,核安全文化,以及组织的管理体系等概念和方法,是近几年来在国际核能界实践的基础上逐步提出并完善的。由于这些概念、原则和方法已在国际核能界达成基本的共识,从而使具体的实践经验可以通过国际原子能机构的安全报告,国际核能界的经验反馈平台等加以共享,所以非常有可能通过经验共享来更快地推进核安全文化的发展。不过,在每个阶段必须花费足够的时间,要保证从已经变化的实践中获得的利益,并不断加以巩固。同时,如果在较短的时间内对核安全文化的推进抱着某种"急功近利"的心态,则有可能成为组织的不稳定因素,成为适得其反的某种负担,这也是管理体系中所强调的对变化的管理。

2.3.3 适于核安全文化不同发展阶段的实践

在核安全文化三个不同发展阶段,具体推进核安全文化发展的实践会有所不同。事实上,文化是在人类群体的长期活动中形成和积累的,正是由于文化积淀过程的复杂性,排除了任何普遍适用的实践方法。

对于核安全文化的推进也一样,没有一种普遍适用的原则和方法,但针对某个特定的组织,可以参考其所处的核安全文化发展阶段,以及具体的实践。

2.3.4 民族文化对核安全文化的影响

组织在致力于核安全文化的发展过程中,也需要关注其所在的国家和地区带有地域特色的民族文化对核安全文化的影响。通常来说,不同民族、地区之间的文化是有很大差别的,而这些文化的一些特征能够成为增强或削弱组织核安全文化的某些因素。

民族文化可能以积极或消极方式影响核安全文化。例如,在某种文化观念中,人们较容易接受地位与权力方面存在较大的差异,普通人很难接近当权者,等级观念相对森严。在这种文化中,人们会存在对法规和指令的严格遵守,这一点可能被认为是有利于安全文化的发展。相反,如果在运行期间发生未曾预料到危险变化的情况时,对指令的盲目接受和服从可能会造成严重的安全问题。实际上所需要的是停止活动,不怕批评,与管理者进行磋商,然后重新评估。如果未能采取这一行动,完全可能对安全产生负面影响。

了解民族文化的重大差异,对于从事核能跨国项目是很重要的。在国际交钥匙工程中,供应商或许将其国家的一些文化特征带入设计、程序框架中。这一框架不一定完全与当地文化相容,任何不协调都有可能对未来的安全绩效产生潜在的不利后果。

不管各个国家的文化如何,国际核能机构对加强核安全文化保持基本一致的看法。国际核能机构认识到,任何严重的核事故对当地事故现场以及对周边国家,甚至较远地区国家的公众健康与环境都有重大的、潜在的和持久的影响,"核安全无国界"已经成为国际核能机构和各国监管当局的普遍认识。

良好的核安全文化所依据的一个基本原则,即尊重人类的健康、安全与幸福,这与所有国家的文化价值观框架完全相容。民族文化不应被视为是核安全文化的障碍。对民族文化特征的敏感使我们能够利用其精华和优势,来不断培育、推进具有国家特色的核安全文化。

2.4　核安全文化特征

卓有成效的核安全文化的有形表征,即特征。一个特征就是一种强调安全的思维和行为。所有人对核安全文化特征的共同理解,是我们在核安全文化领域所做一切努力的前提条件,这就需要一套共同的术语来描述核安全文化特征,对在核安全文化中应当考虑什么因素达成共识,并通过自我评价或外部评估识别核安全文化的强项和待改进项。

国家核安全局发布的《核安全文化特征》参考了国际核安全文化相关文件,体现监管部门所倡导的良好行为方式,是《核安全文化政策声明》的细化支撑文件,也是核安全文化评估活动的主要依据,更是行业核安全文化建设的工作指南。其中实践举例虽以核动力厂实践为基础编写,但具有普遍性,核设备、核技术利用以及核燃料循环领域可根据自身特点参照开展。

《核安全文化特征》共包含八个部分,每部分分为三个层次:一是特征描述,本书摘录《核安全文化政策声明》中每项特征原文;二是属性,逐条分解特征关注点或侧重点,每条属性均分为属性标题和属性描述两部分,各属性按顺序以 A1、A2、……、H3、H4 表示;三是良好实践举例,本书由于篇幅限制不再摘录。

1. 决策层的安全观和承诺(A)

决策层要树立正确的核安全观念。在确立发展目标、制定发展规划、构建管理体系、建立监管机制、落实安全责任等决策过程中始终坚持"安全第一"的根本方针,并就确保安全目标做出承诺。

A1 安全承诺:决策层确保核安全高于一切。

A2 决策行为:决策过程体现"安全第一"。

A3 责任落实:决策层明确岗位的职责和授权以确保核设施安全可靠地运行。

A4 资源保障:决策层确保组织内的管理体系有效运作。

2. 管理层的态度和表率(B)

管理层要以身作则,充分发挥表率和示范作用,提升管理层自身核安全文化素养,建立并严格执行安全管理制度,落实安全责任,授予安全岗位足够的权力,给予安全措施充分的资源保障,以审慎保守的态度处理安全相关问题。

B1 表率作用:管理层在日常管理工作中以身作则,坚持"安全第一"的根本方针。

B2 安全责任:管理层应明确并落实安全责任,制定安全管理制度并严格执行。

B3 资源分配:资源分配体现安全业绩的重要性,确保为安全防范和处置措施配备足够资源。

B4 常态检查:管理层应用各种监测工具确保安全,包括持续审查核安全文化。

B5 保守决策:管理层进行决策时应采用审慎的态度,必要时寻求不同工作组和组织意见;管理层支持员工解决实际问题时采取基于安全的保守方案。

3. 全员参与和责任意识(C)

全员正确理解和认识各自的核安全责任,做出安全承诺,严格执行各项安全规定,形成人人都是安全的创造者和维护者的工作氛围。

C1 遵守法律法规和规章制度:员工理解遵守法律法规和规章制度的重要性。员工在工作中对违背法律法规和规章制度的行为和后果承担责任。

C2 遵守程序:员工遵循流程、程序和工作指令。

C3 责任意识:员工主动并正确理解和认识各自的安全责任,并在支持安全的行为和工作实践中体现责任意识。

C4 团队合作:员工之间以及工作组之间,对于部门内和跨部门的各类活动进行沟通协调,确保核安全。

4. 培育学习型组织(D)

各组织要制定系统的学习计划,积极开展培训、评估和改进行动,激励学习、提升员工综合技能,形成继承发扬、持续完善、戒骄戒躁、不断创新、追求卓越、自我超越的学习气氛。

D1 培训:制定系统的培训计划,全面提升员工的综合技能,系统地发展领导力,除了传授知识和技能外,注重法规标准、管理要求和核安全价值观的传播和宣贯。

D2 评估和改进:定期开展自我评估,适当开展同行评估和第三方评估,并根据评估结果采取恰当的改进措施。

D3 对标:通过与其他单位的对标来激励学习,不断提高知识、技能水平和安全业绩。

D4 学习氛围:努力营造继承发扬、持续完善、戒骄戒躁、不断创新、追求卓越、自我超越的学习氛围。

5. 构建全面有效的管理体系(E)

营运单位应建立科学合理的管理制度。确保在制定政策、设置机构、分配资源、制订计划、安排进度、控制成本等方面的任何考虑不能凌驾于安全之上。

E1 组织机构:建立责任清晰、分工明确的组织机构,以确保安全。

E2 资源管理:人员、设备、程序和其他资源的管理能够对安全提供足够的支持。

E3 过程控制:工作的策划、实施和审查过程体现了安全至上的原则。工作风险得到有效的识别和管理。

E4 问题的识别和解决:对可能影响安全的问题及时识别,充分评估并及时解决和纠正。

6. 营造适宜的工作环境(F)

设置适当的工作时间和劳动强度,提供便利的基础设施和硬件条件,建立公开公正的激励和员工晋升机制;加强沟通交流,客观公正地解决冲突矛盾,营造相互尊重、高度信任、团结协作的工作氛围。

F1 工作安排和设施保障:合理安排工作时间和劳动强度及基础设施和硬件条件,以保证工作效率和办公环境。

F2 激励和晋升:建立体现"安全第一"的公开公正的激励和晋升机制,鼓励员工关心核安全。

F3 沟通交流:加强各级员工之间的沟通和交流,包括上级对下级、下级对上级以及平级之间,在各项工作中保持信息畅通。

F4 解决矛盾:遇到冲突矛盾时,要以客观、公正、专业的方式解决。

F5 工作氛围:员工相互尊重,各级员工都能感受到彼此的高度信任,组织内各工作组团结协作,工作气氛整体融洽。

7. 建立对安全问题的质疑、报告和经验反馈机制(G)

倡导对安全问题严谨质疑的态度;建立机制鼓励全体员工自由报告安全相关问题并且

保证不会受到歧视和报复;管理人员应及时回应并合理解决员工报告的潜在问题和安全隐患;建立有效的经验反馈体系,结合案例教育,预防人为因素失误。

G1 了解核能的特殊性:全员了解核能这种复杂的技术,会以不可预知的方式失效。

G2 质疑不明情况和不当之处:员工面对不明情况时中断工作,发现不当之处时提出自己的观点。

G3 注重安全的工作氛围:组织执行一套注重安全的政策,有效维护员工自由提出安全关注事项并且不用担心遭到歧视或者报复的权利和义务。

G4 响应安全关注事项:迅速审查员工提出的安全关注事项,并及时给予反馈。

G5 经验反馈体系:对内部运行经验和外部运行经验进行及时、系统地收集和评估,并给予有效的落实。

G6 预防人因失误:及时并定期开展人为因素方面的教育活动,使员工在执行工作时有效预防人为因素的失误。

8. 创建和谐的公共关系(H)

通过信息公开、公众参与、科普宣传等公众沟通形式,确保公众的知情权、参与权和监督权;决策层和管理层应以开放的心态多渠道倾听各种不同意见,并妥善对待和处理利益相关者的各项诉求。

H1 了解公众诉求:公众对核安全的诉求能够反馈到企业。

H2 公众沟通:开展公众沟通工作,及时有效地回应公众诉求。

H3 公众沟通成果:在一定的时间跨度内,公众沟通工作取得了一定的效果。

H4 企业的社会责任:企业主动承担社会责任,做了更多造福厂址周边居民的事。

2.5 核安全文化的培育和实践

2.5.1 我国核安全文化法律法规要求

我国的核与辐射安全法律法规分别对现场核安全监督、核动力厂的设计单位、营运单位以及从事放射性废物管理的个人和组织在核安全文化方面做出了相关要求。2017 年颁布的《中华人民共和国核安全法》(简称《核安全法》)更是将核安全文化的要求在法律层面加以明确和强化。表 2-2 为核安全文化法律法规的部分内容。

表 2-2 核安全文化法律法规的部分内容

序号	名称	内容
1	《中华人民共和国核安全法》	第九条 国家制定核安全政策,加强核安全文化建设。国务院核安全监督管理部门、核工业主管部门和能源主管部门应当建立培育核安全文化的机制。核设施营运单位和为其提供设备、工程以及服务等的单位应当积极培育和建设核安全文化,将核安全文化融入生产、经营、科研和管理的各个环节

表 2-2(续1)

序号	名称	内容
2	《核设施的安全监督》（HAF001/02—1995）	第九条 现场核安全监督员是核安全监督的执行人员,其具体职责为: (一)向核设施营运单位及有关单位和人员宣传国家核安全政策和法规,并监督其执行法规和贯彻核安全文化的情况;
3	《核动力厂设计安全规定》（HAF102—2016）	3.3.4 全面负责设计过程的部门必须保证核动力厂设计满足安全性、可靠性和质量方面的验收准则。这些准则符合相关的法律法规和标准规范。必须建立并明确工作范围和职责,以保证: (1)设计符合其目标,并满足防护和安全最优化的要求,使辐射风险保持在可合理达到的尽量低的水平; (2)持续保证设计安全的方式包括设计验证、确定工程规范和标准及要求、采用经验证的工程实践、提供建造经验反馈、批准重要工程文件、开展安全评价和保持安全文化
4	《核动力厂运行安全规定》（HAF103—2004）	2.1.13 营运单位必须保证定期审查核动力厂的运行情况,其目的在于强化安全意识及提高安全文化水平,遵守为增强安全而制定的规定,及时更新文件并防止过分自信和自满的情绪。实际可行时,必须采纳适宜的客观的业绩评价方法。核动力厂运行治理者必须获得定期审查结果并采取恰当的纠正措施
5	《放射性废物安全监督管理规定》（HAF401—1997）	4.3 安全文化 4.3.1 安全文化要求从事放射性废物管理的个人和组织对安全具有献身精神和责任感。负责放射性废物管理活动的领导和组织应建立和执行利于促进安全文化的制度和程序。 4.3.2 提高安全意识的责任,主要由各组织的高层管理人员承担。所有从事放射性废物管理的组织都应制订和执行有关安全的规章和审查程序,以确保建立和使用正确的方法,形成和保持安全意识。应该制订和执行强调安全重要性和个人行为要求的员工培训大纲
6	《电离辐射防护与辐射源安全基本标准》（GB18871—2002）	4.4.1 安全文化素养 应培植和保持良好的安全文化素养,鼓励对防护与安全事宜采取深思、探究和虚心学习的态度并反对故步自封,保证: a)制定把防护与安全视为高于一切的方针和程序; b)及时查清和纠正影响防护与安全的问题,所采用的方法应与问题的重要性相适应; c)明确规定每个有关人员(包括高级管理人员)对防护与安全的责任,并且每个有关人员都经过适当培训并具有相应的资格; d)明确规定进行防护与安全决策的权责关系; e)做出组织安排并建立有效的通信渠道,保持防护与安全信息在注册者或许可证持有者各级部门内和部门间的畅通

表 2-2(续 2)

序号	名称	内容
7	《核动力厂管理体系安全规定》(生态环境部令第 18 号)	第九条 核动力厂营运单位主要负责人应当在以下方面做出承诺: (一)制定核安全和生态环境保护等方面的政策、目标和规划,建立清晰、协调、高效的安全决策机制和重大事项的安全审议机制; (二)明确不同层级从业人员的安全责任、权利和义务,为履行安全责任、实现安全目标提供必要的资源保障和程序方法等支持,建立科学合理的绩效评价和奖惩制度; (三)持续监督、评价核动力厂安全状况和管理体系运行情况,定期开展管理部门审查,促进全员参与安全管理,持续提升安全业绩,培育核安全文化; (四)与国务院核安全监督管理部门建立沟通机制,执行核安全相关法律法规规定的报告制度,报告核动力厂管理体系运行情况。 第十四条 核动力厂营运单位安全委员会等安全审议机构应当对重要安全事项进行审议,跟踪审议决议的落实情况,必要时开展风险分析和独立审查。 在核安全和生态环境保护等方面承担重要职责的本单位相关部门负责人、相关单位代表以及相关领域专家应当参加安全审议。 本条第一款规定的重要安全事项包括下列内容: (一)安全许可申请文件以及重要许可事项的调整; (二)核安全和生态环境保护等方面的绩效评价方法及改进措施; (三)安全相关组织机构、职责分工和资源配置等方面的重大调整; (四)可能影响安全的工作进度、资金等方面的管理制度和计划的重大调整; (五)本单位内部和对相关单位的绩效评价方法及其重大调整; (六)供应链管理相关重要事项和重要相关单位的变更; (七)重大不符合项、重大事件和事故的调查结果及整改措施; (八)核安全文化评估结果及改进措施。 第十九条 核动力厂营运单位应当对其安全相关能力和资源进行有效管理,在核动力厂选址、设计、建造、运行和退役全寿期以及应急响应期间具备下列能力: (一)安全领导和安全管理能力; (二)培育和建设核安全文化的能力; (三)工作过程的质量保证能力; (四)有规定数量的、合格的专业技术人员; (五)安全评价、资源配置和财务能力; (六)安全相关的技术支撑体系和持续改进能力; (七)事故应急响应能力和损害赔偿能力。 第三十条 核动力厂营运单位应当将核安全文化融入生产、经营、科研和管理等各环节,在制定目标政策、设置机构、分配资源、制定计划、安排进度和控制成本时,始终坚持安全第一的原则,科学规范地开展各项工作。

表 2-2(续 3)

序号	名称	内容
7	《核动力厂管理体系安全规定》(生态环境部令第 18 号)	核动力厂营运单位的决策机构和管理部门应当通过承诺、决策和行为示范等,不断强化法治意识、责任意识、风险意识和诚信意识,持续培育和建设核安全文化。 第三十一条 核动力厂营运单位应当组织开展核安全文化教育培训,制定安全重要岗位的行为准则,明确风险管理要求,及时识别、沟通和有效管控与工作及工作环境有关的风险;设置纵深防御体系,分析技术、人员和组织之间的相互作用和对安全的影响,利用实体屏障、组织管理和防止人为失误等措施,有效防范各类安全威胁。 第三十五条 核动力厂营运单位应当定期组织开展核安全文化评估,评价本单位的核安全文化状态,促进核安全文化持续改进。 第四十一条 核动力厂营运单位应当定期开展管理部门审查,全面审议管理体系运行情况、安全业绩和核安全文化现状与问题、政策目标和规划实现情况、内外部环境的重大变化及其机遇和挑战等重大事项,确定管理体系的适宜性和有效性,对管理体系实施必要的调整和改进。 第四十五条 核动力厂营运单位存在下列情形之一的,由国务院核安全监督管理部门责令限期整改,并对其主要负责人进行约谈,约谈结果应当向社会公开: (六)未按照本规定要求组织开展核安全文化评估的

我国已加入的《核安全公约》和《乏燃料管理安全和放射性废物管理安全联合公约》中,均承诺"在世界范围内促进有效的核安全文化"。此外,《核动力厂基于计算机的安全重要系统软件》(HAD 102/16—2004),《核动力厂人员的招聘、培训和授权》(HAD 103/05—2013),《核动力厂营运单位的组织和安全运行管理》(HAD 103/06—2006),《核动力厂定期安全审查》(HAD 103/11—2006),《研究堆的应用和修改》(HAD 202/03,1996),《研究堆维修、定期试验和检查》(HAD 202/06—2010),《研究堆堆芯管理和燃料装卸》(HAD 202/07—2012),《乏燃料贮存设施的运行》(HAD 301/03—1998),《γ辐照装置退役》(HAD 401/07—2013),《民用核安全设备安装许可证申请单位技术条件(试行)》(HAD 601/02—2013)等核安全导则也对核安全文化进行了规定。

2.5.2 国家核安全局的倡议

我国已经将核安全纳入国家总体安全体系,明确了对核安全的战略定位。2014 年 3 月24 日,习近平总书记在荷兰海牙第三届核安全峰会上发表重要讲话,提出了要坚持理性、协调、并进的核安全观,阐述了中国将坚持培育和发展核安全文化的主张。2016 年 4 月 1 日,在美国华盛顿举行的第四届核安全峰会上,习近平总书记再次强调,中国将强化核安全文化,营造共建共享氛围。为贯彻落实中国核安全观和国家安全战略,倡导和推动核安全文化的培育和发展,促进国家核安全水平的整体提升,保障核能与核技术利用事业安全、健康、可持续发展，在全面总结中国三十年核安全文化建设良好实践和经验的基础上，国家核安全局会同国家能源局、国家国防科技工业局编制完成了《核安全文化政策声明》，并于2014年正式发布。《核安全文化政策声明》是中国政府关于核安全文化的首个政策声明。

《核安全文化政策声明》中阐明了中国奉行"理性、协调、并进"的核安全观，其内涵核心为"四个并重"，即"发展和安全并重、权利和义务并重、自主和协作并重、治标和治本并重"，它是现阶段我国倡导的核安全文化的核心价值观，是国际社会和我国核安全发展经验的总结。

核安全文化需要内化于心，外化于行，让安全高于一切的核安全理念成为全社会的自觉行动；建立一套以安全和质量保证为核心的管理体系，健全规章制度并认真贯彻落实；加强队伍建设，完善人才培养和激励机制，形成安全意识良好、工作作风严谨、技术能力过硬的人才队伍。《核安全文化政策声明》提出了培育与实践核安全文化的八个特征。

（1）决策层的安全观和承诺。决策层要树立正确的核安全观念。在确立发展目标、制定发展规划、构建管理体系、建立监管机制、落实安全责任等决策过程中始终坚持"安全第一"的根本方针，并就确保安全目标做出承诺。

（2）管理层的态度和表率。管理层要以身作则，充分发挥表率和示范作用，提升管理层自身安全文化素养，建立并严格执行安全管理制度，落实安全责任，授予安全岗位足够的权力，给予安全措施充分的资源保障，以审慎保守的态度处理安全相关问题。

（3）全员的参与和责任意识。全员正确理解和认识各自的核安全责任，做出安全承诺，严格执行各项安全规定，形成人人都是安全的创造者和维护者的工作氛围。

（4）培育学习型组织。各组织要制定系统的学习计划，积极开展培训、评估和改进行动，激励学习，提升员工综合技能，形成继承发扬、持续完善、戒骄戒躁、不断创新、追求卓越、自我超越的学习气氛。

（5）构建全面有效的管理体系。政府应建立健全科学合理的管理体制和严格的监管机制；营运单位应建立科学合理的管理制度。确保在制定政策、设置机构、分配资源、制订计划、安排进度、控制成本等方面的任何考虑不能凌驾于安全之上。

（6）营造适宜的工作环境。设置适当的工作时间和劳动强度，提供便利的基础设施和硬件条件，建立公开公正的激励和员工晋升机制；加强沟通交流，客观公正地解决冲突矛盾，营造相互尊重、高度信任、团结协作的工作氛围。

（7）建立对安全问题的质疑、报告和经验反馈机制。倡导对安全问题严谨质疑的态度；建立机制鼓励全体员工自由报告安全相关问题并且保证不会受到歧视和报复；管理人员应及时回应并合理解决员工报告的潜在问题和安全隐患；建立有效的经验反馈体系，结合案例教育，预防人为因素的失误。

（8）创建和谐的公共关系。通过信息公开、公众参与、科普宣传等公众沟通形式，确保公众的知情权、参与权和监督权；决策层和管理层应以开放的心态多渠道倾听各种不同意见，并妥善对待和处理利益相关者的各项诉求。

为落实《中华人民共和国核安全法》的要求以及《核安全文化政策声明》的倡议，国家核安全局于2017年2月又发布了《核安全文化特征》（NNSA—HAJ—1001—2017）。该文件将《核安全文化政策声明》中阐明的八大原则进行了细化。

2020年，国家能源局和生态环境部联合发布了《关于加强核电工程建设质量管理的通知》，针对近年来影响核电工程质量的问题，从落实核电工程质量责任制、加强工程建设过程质量管理、发挥现代信息化技术在核电建设管理中的作用等方面进行了阐述,并在"加强核安全文化建设"方面提出了三个方面的要求和措施。

表2-3为我国已发布的核安全文化规章文件。

表 2-3 我国已发布的核安全文化规章文件

序号	名称	发布部门	发布时间
1	《核安全文化政策声明》	国家核安全局 能源局 国防科工局	2014 年 12 月
2	《核安全文化特征》	国家核安全局	2017 年 2 月
3	《关于进一步加强核电运行安全管理的指导意见》	发展改革委 能源局 生态环境部 国防科工局	2018 年 5 月
4	《关于加强核电工程建设质量管理的通知》	国家能源局 生态环境部	2020 年 12 月

核安全文化是指各有关组织和个人以"安全第一"为根本方针,以维护公众健康和环境安全为最终目标,达成共识并付诸实践的价值观、行为准则和特性的总和。因此,一个组织的价值观和行为准则可以通过评估其政策、程序等关注安全的程度来进行评价,组织成员共有的与核安全有关的态度和行为可以通过访谈和行为观察来评价。

本章习题

1. 填空题

(1)组织推进核安全文化建设的良好实践包括明确组织结构中不同层面的_____。

(2)核安全文化是存在于组织和员工中的种种_____的总和,它建立一种超出一切之上的观念,即核电厂的安全问题由于它的重要性要得到应有的重视。

(3)按照核泄漏事件的严重性,核事故分为个等级,其中 1979 年美国三哩岛事故为_____级,1986 年切尔诺贝利事故为_____级。

(4)按安全文化的要求,决策层的责任为_____、_____、_____和_____。

(5)安全文化的要求,管理层的责任为_____、_____、_____、_____、监察、审查和对比。

(6)从安全文化角度来说,对所有与核安全有关的基层个人响应包括_____、_____和_____等方面。

2. 简答题

(1)核安全的定义、本质和核心是什么?

(2)简述核安全文化的起源。

(3)核电安全文化的个人体现是什么?

(4)"四个凡事"的具体内容是什么?

(5)核工业精神的具体内容是什么?

(6)施工过程要做到"四个坚持","四个坚持"的具体内容是什么?

(7)从核安全文化角度来说,对所有与核安全有关的基层个人响应包括哪些方面?

第3章 核安全监管

3.1 核安全监管概述

监管核安全是国家的责任。1984年,我国政府成立了专门的核安全监督管理部门——国家核安全局,负责全国民用核设施核安全监管。后来,随着机构改革和职能调整,由环境保护部(国家核安全局)对全国核设施核安全和放射性污染防治工作实施统一监督管理。国家核安全监督管理部门经历了起步探索、整合提高、快速发展阶段,先后整合了全国民用核设施核安全监管、放射源和射线装置安全监管以及辐射环境管理等职能,建立了一套接轨国际、符合国情的国家监管组织体系,培育了一支具备审评、监督、执法、应急、监测等综合能力的监管队伍,形成了一套符合核安全规律、行之有效的监管理念和制度。

3.1.1 核安全监督管理的范围和组织机构

1. 国务院核安全监管部门监督管理的范围

为了防治放射性污染,保护环境,保障人体健康,促进核能、核技术的开发与和平利用,2003年6月28日,第十届全国人民代表大会常务委员会第三次会议通过了《放射性污染防治法》。

为了保障核安全,预防与应对核事故,安全利用核能,保护公众和从业人员的安全与健康,保护生态环境,促进经济社会可持续发展,2017年9月1日,第十二届全国人民代表大会常务委员会第二十九次会议通过了《核安全法》。

《放射性污染防治法》从保护环境出发,重点关注环境安全,主要规范核技术应用、放射性废物和伴生放射性矿涉及的放射性污染防治,也对核设施安全提出了基本要求。

《核安全法》是有关核领域关于安全问题的专门法,重点以核设施、核材料安全为主要规范内容。同时,也对放射性废物和乏燃料的安全做出规定,规范了放射性废物处置的要求。

在这两部法律中,明确规定了核安全的政府监督管理责任。国家建立了安全许可、监督检查执法、事故应急与调查处理、环境影响评价、辐射环境监测、人员资质管理等核安全监管制度,逐步形成了审评、许可、监督、执法、监测、应急等工作机制,对核电厂、研究堆、核燃料循环设施、核安全设备、放射源与射线装置、放射性废物、铀(钍)矿和伴生矿开发利用以及放射性物品运输等开展全过程、全链条的监管活动。

2. 核安全监管的组织机构

日本福岛核事故后,我国中央政府为保证核安全采取了很多措施,其中一个重要的措施就是对国家核安全局的机构进行了调整。

(1)国家核安全局

目前,国家核安全局下设核设施安全监管司、核电安全监管司、辐射源安全监管司,国际合作司(核安全国际合作)以及等四个业务司。

①核设施安全监管司的主要职责是承担核与辐射安全法律法规草案的起草,拟订有关

政策、规划、标准,承担国家安全有关工作,负责核安全工作协调机制、涉核项目环境社会风险防范化解有关日常管理工作,组织辐射环境监测和对地方生态环境部门辐射环境管理的督查,承担核与辐射事故应急准备和响应,参与核与辐射恐怖事件的防范和处置,负责核与辐射安全从业人员资质管理和相关培训,负责核材料管制和民用核安全设备设计、制造、安装及无损检验活动的行政许可和监督检查。组织协调全国核与辐射安全监管业务考核,归口联系核与辐射安全中心、地区核与辐射安全监督机构的内部建设和相关业务工作,负责三个核与辐射安全监管司有关工作的综合协调。

②核电安全监管司的主要职责是负责核电厂、核热电厂、核供热供汽装置、研究型反应堆、临界装置、带功率运行的次临界装置等核设施的核安全、辐射安全、环境保护的行政许可和监督检查,以及相关建造事件、运行事件的独立调查、技术评价和经验反馈等工作。承担相关国际公约国内履约工作。

③辐射源安全监管司的主要职责是负责核燃料循环设施、放射性废物处理、贮存和处置设施、核设施退役项目、核技术利用项目、放射性物质运输的核安全、辐射安全和环境保护的行政许可和监督检查。负责电磁辐射装置和设施、铀(钍)矿、放射性污染治理的环境保护的行政许可和监督检查。负责伴生放射性矿辐射环境保护的行政许可和监督检查。负责组织相关核设施、辐射源和放射性物品运输事件与事故的调查处理。承担相关国际公约国内履约工作。

④国际合作司(核安全国际合作)的主要职责是负责组织开展生态环境国际合作交流,下设的核安全国际合作处负责核与辐射安全领域的国际合作与交流、国际公约谈判、国际组织的统一对外联系等工作。

(2)地区核与辐射安全监督站

国家核安全局在全国共设置了六个地区核与辐射安全监督站,作为其核安全监督派出机构。根据法律法规授权和生态保护部的委托,六个地区监督站负责本区域内的核与辐射安全监督工作,主要职责是负责核设施核与辐射安全的日常监督;负责核设施辐射环境管理的日常监督;负责由生态保护部直接监管的核技术利用项目辐射安全和辐射环境管理的日常监督;负责由生态保护部直接监管的核设施营运单位和核技术利用单位核与辐射事故(含核与辐射恐怖袭击事件)应急准备工作的日常监督,以及事故现场应急响应的监督;负责由生态保护部直接监管的核设施和核技术利用项目辐射监测工作的监督及必要的现场监督性监测、取样与分析;负责对地方生态保护部门辐射安全和辐射环境管理工作的督查;负责核设施现场民用核安全设备安装活动的日常监督和民用核设施进口核安全设备检查、试验的现场监督;负责民用核设施厂内放射性物品运输活动的监督;承办生态保护部交办的其他事项。

(3)地方辐射环境保护部门

辐射环境管理实行国家和省(市、区)两级管理,涉及核设施、核技术利用和铀(钍)伴生矿等领域的核与辐射设施或活动。省级人民政府对本辖区内的辐射环境保护工作实施统一监督管理。地方辐射环境保护部门属于地方环境保护部门,受地方政府领导,其职责是根据分工执行相应的辐射安全监管工作,接受国家核安全局的业务指导。

(4)受委托提供核安全技术服务的单位

《核安全法》第三十三条规定,国务院核安全监督管理部门组织安全技术审查时,应当委托与许可申请单位没有利益关系的技术支持单位进行技术审评。受委托的技术支持单

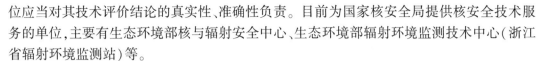

位应当对其技术评价结论的真实性、准确性负责。目前为国家核安全局提供核安全技术服务的单位,主要有生态环境部核与辐射安全中心、生态环境部辐射环境监测技术中心(浙江省辐射环境监测站)等。

(5)生态环境部核与辐射安全中心

生态环境部核与辐射安全中心作为生态环境部直属事业单位,是我国唯一专业从事核安全与辐射环境监督管理技术保障的公益性事业单位。中心主要任务是为我国民用核设施及辐射环境安全监管提供全方位的技术支持和技术保障,主要职责是核安全与辐射环境监管技术支持;民用核设施核安全监管政策与法规研究;民用核设施安全审评与监督技术支持;辐射环境安全审评与监督技术支持;核事故与辐射环境事故应急响应与评价;核安全与辐射防护科学研究,相关技术咨询与信息服务。

(6)国家核安全专家委员会

国家核安全专家委员会是国家核安全局非常设的审议咨询机构,其主要职责是协助制定核安全法规和核安全技术发展规划,参与核安全的审评、监督等工作,为国家核与辐射安全重大决策提供科学依据。

(7)核与辐射安全法规标准审查委员会

核与辐射安全法规标准审查委员会是国家核安全局成立的非常设审议机构,其主要职责是主要承担对核与辐射安全政策、规划、法规和标准以及法规标准体系进行技术审查,提出核与辐射安全法规标准建设的建议。核与辐射安全法规审查委员会下设核安全、辐射安全、核安全设备和电磁辐射四个专业组。

3.1.2 核安全许可制度及监督管理

国家核安全局是法定国务院核安全监督管理主体;核安全许可制度,是独立执行国家核安全监督执法的基石。

1. 核设施的安全许可制度

《核安全法》第二十二条规定,国家建立核设施安全许可制度。核设施营运单位进行核设施选址、建造、运行、退役等活动,应当向国务院核安全监督管理部门申请许可。

第三十七条规定,核设施操作人员以及核安全设备焊接人员、无损检验人员等特种工艺人员应当按照国家规定取得相应资格证书。核设施运营单位以及核安全设备制造、安装和无损检验单位应当聘用取得相应资格证书的人员从事与核设施安全专业技术有关的工作。

(1)核设施厂址选择审查意见书

核设施营运单位应当对地质、地震、气象、水文、环境和人口分布等因素进行科学评估,在满足核安全技术评价要求的前提下,向国务院核安全监督管理机构提交核设施选址安全分析报告,经审查符合核安全要求后,取得核设施厂址选择审查意见书。

(2)民用核设施安全许可制度

核设施建造前,核设施营运单位应当向国家核安全局提交建造申请,并提交下列材料:核设施建造申请书;初步安全分析报告;环境影响评价文件;质量保证文件;法律、行政法规规定的其他材料。

(3)核设施运行许可

核设施首次装投料前,核设施营运单位应当向国家核安全局提交运行申请,并提交下列材料:核设施运行申请书;最终安全分析报告;质量保证文件;应急预案以及法律、行政法规规定的其他材料。

(4)核设施继续运行审批

根据《核安全法》的相关规定,核设施运行许可证有效期届满需要继续运行的,核设施营运单位应当于有效期届满前五年,向国务院核安全监督管理部门提出延期申请,并对其是否符合核安全标准进行论证、验证,经审查批准后,方可继续运行。

(5)核设施退役审批

根据《核安全法》的相关规定,核设施退役前,核设施营运单位应当向国务院核安全监督管理部门提出退役申请,并提交下列材料:核设施退役申请书;安全分析报告;环境影响评价文件;质量保证文件;法律、行政法规规定的其他材料。

(6)核设施进出口管理

进口核设施,应当满足中华人民共和国有关核安全法律、行政法规和标准的要求,并报国务院核安全监督管理部门审查批准。国务院核安全监督管理部门依法对进口的核安全设备进行安全检验。出口核设施,应当遵守中华人民共和国有关核设施出口管制的规定。

(7)核设施操作人员及特种工艺人员执照

核设施操作人员以及核安全设备焊接人员、无损检验人员等特种工艺人员应当按照国家规定取得相应资格证书。

2. 国务院核安全监管部门对核动力厂的核安全监管

按照国家法律和核安全法规,依据生效的监督大纲、程序和相关文件,执行日常、例行和非例行监督活动,检查核安全相关活动与许可证条件的符合性,发现被监督方管理上的弱点,促进被监督方加强核安全文化,提高管理水平和能力,从而使得被监督方提高核设施中系统、设备和构筑物的可靠性和可用率,降低事件/事故的发生概率,减缓事故后果,确保核安全和辐射环境安全。

我国建立核安全监督检查制度,国务院核安全监督管理部门和其他有关部门应当对从事核安全活动的单位遵守核安全法律、行政法规、规章和标准的情况进行监督检查。

国务院核安全监督管理部门和其他有关部门,即国家核安全局、生态保护部地区核与辐射安全监督站等部门和组织,行使国家独立核安全监督检查执法权。

在进行核安全监督检查时,监督组或监督人员有权采取措施包括:进入现场进行监测、检查或者核查;调阅相关文件、资料和记录;向有关人员调查、了解情况;发现问题的,现场要求整改。

核安全监督时,应当将监督检查情况形成报告,建立档案。同时,对国务院核安全监督管理部门和其他有关部门依法进行的监督检查,从事核安全活动的单位应当予以配合,如实说明情况,提供必要资料,不得拒绝、阻挠。

3. 辐射安全许可制度

生产、销售、使用放射性同位素和射线装置的单位按规定程序申请领取辐射安全许可证,放射源生产单位、使用Ⅰ类放射源和Ⅰ类射线装置的单位由国务院生态保护主管部门统一监管,其他核技术利用单位由省级环境保护行政主管部门监管,对放射源生产、销售、使用、送贮等活动实行全过程的动态监管。

3.2　核设施厂址安全评价

国家核安全局于1991年发布的《核电厂厂址选择安全规定》(HAF101)提出了陆上固定式反应堆核动力厂在厂址选择中在核安全方面应遵循的准则和程序。该规定的宗旨是评价那些与厂址有关的而且必须考虑的因素,以保证核动力厂在整个寿期内与厂址的综合影响不致构成不能接受的风险。

随着各国在核设施厂址安全评价方面的实践和经验反馈,IAEA于2003年12月8日发布了《Site Evaluation for Nuclear Installations》(NS-R-3),同时将先前的12个导则进行了修编并归纳成6个导则。IAEA于2016年又发布了《Site Evaluation for Nuclear Installations》(NS-R-3 Rev.1)。

IAEA安全导则与我国安全导则对应关系见表3-1。

表3-1　IAEA安全导则与我国安全导则对应关系

序号	IAEA安全导则编号	颁布年份	主要内容	我国相关安全导则编号	主要内容
1	No.NS-G3.1	2002	外部人为事件	HAD101/04	外部人为事件
2	No.NS-G3.2	2002	大气弥散、人口分布、地表水和地下水弥散	HAD101/02	大气弥散
				HAD101/03	人口分布
				HAD101/05	地表水弥散
				HAD101/06	地下水弥散
3	No.NS-G3.6	2005	地基	HAD101/12	地基
4	No.SSG-9	2010	地震	HAD101/01	地震
5	No.SSG-18	2011	水文和气象灾害	HAD101/08	滨河洪水
				HAD101/09	滨海洪水
				HAD101/10	极端气象
				HAD101/11	热带气旋
6	No.SSG-21	2012	火山灾害	HAD101/01 HAD101/07	涉及火山评价
7	No.SSG-35	2015	厂址查勘和厂址选择	HAD101/07	厂址查勘

3.2.1　核电厂厂址安全评价综述

1.核电厂厂址类型

按核电厂的立地方式,世界各国所选的核电厂厂址大致有三种类型,这三种类型的核电厂厂址均属陆上固定式核电厂厂址。

（1）在一定深度的海上建造固定的漂浮式核电厂

例如，美国在大西洋岸建造了一座核电厂，有 2 台机组，电功率为 1 150 MW，自岸边在海上修筑了长 46 km 的环形防波堤，核电厂的安全性受防波堤保护，固定装置具有抗波浪和抗风的能力，场地内水深 13.7~20 m。

（2）地下式核电厂

地下式核电厂的例子见表 3-2。

表 3-2　地下式核电厂一览

发电厂名系	Agesta	Lucens	Halden	Chooz，SENA
建造国家	瑞典	瑞士	挪威	法国、比利时共同体
反应堆类型	压水型重水堆	气冷型重水堆	沸水型重水堆	压水堆
功率/MWe	12	8.5	25（MW）	319
进行起始年月	1964 年 3 月	1968 年 5 月	1959 年 6 月	1967 年 4 月
备注		关闭		

（3）地上核电厂

世界上绝大多数大型商用核电厂建在地上，地上的核电厂又分为滨海核电厂、滨河核电厂和滨湖核电厂等。我国运行和在建的核电厂及规划的核电厂都是建在地上，有的靠近海，有的靠近河，有的靠近湖或库区。

2. 核电厂厂址选择和厂址安全评价

（1）核电厂厂址选择

《核安全法》第二章第十四条规定：国家对核设施的选址、建设进行统筹规划，科学论证，合理布局。根据中华人民共和国能源行业标准《核电厂厂址选择基本程序》（NB/T 20293—2014）规定，核电厂厂址选择应按初步可行性研究和可行性研究两阶段进行。

《核安全法》第二章第二十三条规定：核设施营运单位应当对地质、地震、气象、水文、环境和人口分布等因素进行科学评估，在满足核安全技术评价要求的前提下，向国务院核安全监督管理部门提交核设施选址安全分析报告，经审查符合核安全要求后，取得核设施场址选择审查意见书。

（2）核电厂厂址安全评价

从核安全观点考虑，核电厂厂址评价的主要目的是保护公众和环境免受放射性事故释放所引起的危害，同时对于核设施正常运行状态下的放射性物质释放也应加以考虑。在核设施厂址适宜性评价中，必须考虑以下几方面的因素：在特定厂址所在区域内所发生外部事件（包括外部自然事件和外部人为事件）对核电厂的影响；可能影响释放出的放射性物质向人体和环境转移的厂址特征及其环境特征；与实施应急措施的能力及个人和群体风险评价有关的外围地带的人口密度、人口分布及其他特征。

3. 核电厂厂址安全评价的阶段划分

（1）厂址选择阶段

厂址选择阶段是在对一个大的区域勘察后，剔除不适合的厂址，筛选和比较保留厂址，最后选出一个或多个优先候选厂址。其评价内容包括在核电厂可行性研究报告中。

（2）厂址评定阶段

厂址评定阶段进一步划分成以下两个阶段。

①验证：在这一阶段主要根据预先明确的厂址排除准则来验证核电厂厂址的适宜性；

②确认：在这一阶段为分析和详细设计确定所需的厂址特征。

（3）运行前阶段

在核电厂建造开始之后到运行开始之前这一阶段，继续进行前阶段就已开始的研究和勘察，以便完成和完善厂址特征的评价。获得的厂址数据可用于最终设计中所用假设模型的最终评价。

（4）运行阶段

在核电厂整个运行期间，应按设计的厂址监测项目，定期并规范地对项目进行监测，以便获取详尽、准确、可靠的资料和数据，定期进行厂址安全评价。

4. 核电厂厂址安全评价中考虑的主要问题

核电厂厂址安全评价中必须考虑如下主要问题。

（1）核电厂厂址必须满足《核电厂厂址选择基本程序》中所规定的基本准则、与外部自然事件和外部人为事件有关的危险性评价准则、确定核设施对区域潜在影响的准则和考虑人口与应急计划的准则。

（2）所评价的外部事件包括外部自然事件和外部人为事件。外部自然事件包括地震和地表断裂、气象、洪水、土工及其他重要事件。外部人为事件包括飞机坠落、化学品爆炸及其他重要事件。

（3）必须考虑和评价核电厂对区域的潜在影响及相关的厂址特征，包括放射性物质的大气弥散、放射性物质的地表水弥散、放射性物质的地下水弥散、人口分布、厂址所在地区内土地和水体的利用、环境的放射性本底。

（4）危险性监测。必须在核电厂寿期内，对可能危害设施的外部自然事件和外部人为事件，以及与核设施有关的人口统计、气象和水文条件进行监测。

（5）质量保证。为保证工作所要求的质量，必须制定适用的质量保证大纲，以控制核设施厂址评价各不同阶段中所进行的厂址调查、评价以及工程活动实施的有效性。

3.2.2 核电厂厂址地震危险性评价

地质灾害、地震是影响核电厂安全的最重要外部事件之一。2011 年 3 月 11 日日本东北太平洋地区发生里氏 9.0 级地震，继发生海啸，造成福岛核电厂的 10 台机组不同程度的破坏，导致大量的放射性物质释放到大气和水体中，事故造成 20 km 范围内的人员撤离，按国际核事故分级（INES）这次事故为 7 级（特大事故）。由此可以看出地质、地震在核设施的安全中所占的重要位置。

1. 地震危险性评价的目的

核电厂地震危险性评价的目的是为某一特定厂址的核电厂如何确定地震动危险性，如何评价可能影响该厂址可接受性的潜在地表断层活动提供建议。

2. 地震危险性评价的基本要求

对每个核电厂厂址，都必须进行与地震和地质构造活动相关的地震动与断层活动危险性调查。调查区域范围的大小、收集资料的类型以及调查的内容与详细程度，应根据地震构造环境的特征和复杂程度确定。地震动危险性的下限值应根据不同区域地震活动的背景水平确定,无论评价的地震危险性水平如何低,当采用某一加速度值标定 SL-2 级地震反应谱时,所采用的水平峰值地面加速度不得低于 0.15 g。在进行地震危险性评价过程的各阶段都应尽可能地减少不确定性。在地震震源的识别和描述以及地震动危险性估计的诸多方面,都可能包含有大量的专家主观解释。为了避免片面,专家的主观解释不应过分强调某一种假设或模型,而应充分利用所有的资料、假定和模型,给出基于认知和不确定性分析的综合评价。

3.2.3 核电厂厂址安全评价中的气象事件

气象问题是我们日常生活最为关心的问题之一,也是对核安全至关重要的问题之一。核电厂设计需要有关气象参数的设计基准,同时在评价滑坡、泥石流、崩塌,确定设计基准洪水和评价核电厂向环境释放出的放射性核素在大气中弥散等时也需要气象资料。

气象危险性评价的基本要求包括:必须对气象变量的极端值(极端气象现象)和罕见气象现象(极端气象事件)进行调查;调查区域的大小、收集资料的类型以及调查的范围与详细程度,应根据厂址所在区域气象和地理环境的特性和复杂性来确定;应对全球变暖带来的可能的气象灾害后果加以关注,并应描述其在核电厂寿期内的可能影响;在任何情况下,收集资料的范围和详细程度以及所进行的调查,对确定防范气象危险的设计基准应是充分的;在核电厂寿期内应连续进行数据收集,包括退役和安全封存期间;应在那些影响安全的各项调查及相关环节中制定质量保证大纲。

核电厂厂址所在地区过去发生过的气象灾害在核电厂寿期内有可能发生,甚至比历史上的气象灾害更严重,为进行危险性分析必须进行气象资料的收集与调查。气象变量极端值数据库包括核电厂厂址外气象数据和核电厂厂址现场气象观测数据两部分。

1. 核电厂厂址外气象数据

在收集核电厂厂址外气象数据时应考虑的问题包括以下内容。

(1)所选择的核电厂厂址区域范围内的气象台站应最能代表核电厂厂址条件或者是属于相同气候区的邻近气象台站。

(2)数据分析的时间间隔为一年,开始日期最好避开一年之中相关气象变量循环周期的极大值或极小值。这样一个循环周期被称为"气象年"。在考虑极端最高温度时,气象年的起点最好在冬季;相反,考虑极端最低温度时,气象年应从夏季开始。

(3)每年应确定一个该年的极端事件并列入表中,进行极端值统计的计算。长期数据应最好覆盖至少 30 年的时间。

(4)应当注意,不同台站可能采用不同的观测方法。例如,通常风速标准测量高度为地面上 10 m,但有的气象站不标准,需要对数据进行评价和修正。

(5)应对每个气象台站具体情况(仪器设备类型、刻度情况、记录的质量和连续性)以及气象台站的地理位置和地理环境进行描述。

2. 核电厂厂址现场气象观测计划

现场气象观测计划应包括以下用途。

(1)核电厂厂址确定后,应建立气象塔并设置仪器实行垂直向的风速、温度观测等,为评价核电厂放射性物质在大气中的弥散提供基础数据。

(2)利用一年以上的观测资料获得气象变量的极端值,以便用这一数据与邻近的场外记录数据做比较并验证场外数据的使用价值。

（3）在核电厂运行阶段一直进行气象观测,按长期记录数据来确认设计基准参数。

3.2.4 滨海和滨河核电厂厂址的洪水灾害

洪涝灾害是我国自然灾害中损失最严重的灾害。由于核电厂运行需要大量的冷却水,所以核电厂厂址都濒临大海和江河,核电厂的防洪问题就成为重点考虑的安全问题之一。

洪水是与频发事件或稀有事件相关联的。灾害评价中收集资料和采用方法的程序很大程度上取决于洪水的本质。设计基准洪水是从核电厂厂址处的洪水灾害中推导出来的,这是从核电厂厂址处所有可能洪水事件的分析中推导出来的一个概率结果。在某些情况下,设计基准洪水是通过确定论方法得出的,它并没有一个对应的概率值。在这些情况下,应进行概率评价。设计基准洪水是核电厂可能遭受的最大洪水的一组参数,例如,这组参数可能与最高水位、对防护的最大动态影响或水位的最大增长率相关联。

洪水对核电厂的主要有以下几方面影响:

（1）由于洪水的原因,一旦失去外部电源,其有关的应急供电系统或电子调控台、最终热阱系统和其他致命系统将受到严重影响;

（2）由于地下水位上升造成的高水位渗透到厂房内部,对安全相关构筑物、系统和部件可能造成的破坏;地下水位上升,水压力可能影响有关结构的承载能力;在核电厂厂址排水系统和非防水构筑物方面的缺陷可能导致核电厂厂址水淹;

（3）水对岸边的动态影响造成核电厂构筑物、基础以及核电厂外的许多系统和部件的破坏;

（4）洪水可以运移寒冷天气下的浮冰或者各种各样的碎片,这可能对核电厂构筑物造成实体破坏,堵塞取水口和破坏排水系统;

（5）洪水也可能影响核电厂厂址周围的通信和交通网络;

（6）在事故情况下,洪水也利于放射性物质在环境中的扩散。

3.2.5 核电厂厂址评价中地基和岩土工程问题

地基是承受结构物荷载的岩体、土体。地基有天然地基和人工地基两类。天然地基是不需要人为加固的天然土层。人工地基是需要人为加固处理的,常见有石屑垫层、砂垫层、混合灰土回填再夯实等。核电厂厂址位置的地基强度、变形、稳定性、土和结构的相互作用等直接关系到与安全相关的构筑物、系统和部件的安全。

核电厂厂址多选在人烟稀少的地区,也是地质和地基资料较少、自然地质灾害发生较多的地区,因此做好工程地质测绘和勘察工作显得尤为重要。在核电厂厂址的安全评价中,地基的评价所占的工作量最大,开展工作耗时长并且耗资大,在安全评价中的四个阶段表现最明确。

3.2.6 核电厂厂址评价的外部人为事件

随着我国改革开放后40多年来的发展,我国的发展走向了快速之路,随之而来的,化工厂、化工贮存设施的爆炸、运输毒性物质的车辆和船只泄漏、飞机坠毁等事件时有发生,并且发生的频率在上升。核电厂所在区域内的设施和人类活动在某些情况下可能会影响其安全。为了得出适当的核电厂设计基准,应确定核电厂外部人为事件的潜在源,并评价其可能导致危害现象的严重性。在核电厂使用期内,应对这些潜在源进行监测和定期评价,以确保这些外部事件源与设计假定保持一致。

外部人为事件的潜在源可以分为以下两类。

(1)固定源:这类源的初始位置(爆炸中心,爆炸或毒性气体释放点)是固定的,如化工厂、炼油厂、仓库以及同一厂址上的其他核设施。

(2)移动源:这类源初始位置是不固定的,如危险品或潜在爆炸物以任何方式运输(包括公路、铁路、水路、空运、管线)。

在这种情况下,事故爆炸或危险物质的释放可能在道路或其他路径或管线的任何一处发生。

3.2.7 核电厂厂址评价中放射性物质流出物的弥散和人口分布问题

用天然铀烧结加工成的铀元件,在反应堆中经裂变反应,产生大量的放射性裂变产物,这些裂变产物绝大部分集中在元件的包壳内,少量在一回路的水中;核电厂运行和事故工况下厂房内受污染的放射性气体在向环境排放的过程中,放射性核素和气溶胶绝大部分被过滤器截留,存在于过滤器中。在核电厂中有专门的废液处理系统,将一回路的水净化、将渗漏的放射性废水收集起来并浓缩,放在专设贮存罐中。低中放废水和使用过的过滤器等进行水泥固化,弱放废水在贮罐中经过一定时间的衰变,达到低于放射性核素排放的国家标准后排入水体。核电厂排放的放射性物质可能通过直接和间接的方式对公众、社会和环境产生影响,这就构成了核电厂厂址安全评价的重要课题。

核电厂放射性物质流出物排放的自然受体是大气、水体(地表水和地下水)、地面土壤。因此,核电厂对其所在区域产生影响的厂址特征包括放射性物质的大气弥散、放射性物质的地表水弥散、放射性物质的地下水弥散、人口分布、土地和水的利用、环境的放射性本底。

3.2.8 放射性废物处置场所选址

放射性废物的管理目标是保护现在和将来人类的健康与环境,不给后代造成过度的负担。放射性废物处置是放射性废物管理中非常重要的一个环节,评价处置设施的长期性能,应当考虑可能被容纳的放射性废物的放射性核素含量,物理和化学性质,以及处置系统所提供的屏障的有效性。

放射性废物分为极短寿命放射性废物、极低水平放射性废物、低水平放射性废物、中水平放射性废物和高水平放射性废物等五类,其中极短寿命放射性废物和极低水平放射性废物属于低水平放射性废物范畴。

原则上,极短寿命放射性废物、极低水平放射性废物、低水平放射性废物、中水平放射性废物和高水平放射性废物对应的处置方式分别为贮存衰变后解控、填埋处置、近地表处置、中等深度处置和深地质处置。

3.3 核动力厂的设计安全要求

3.3.1 核动力厂安全目标

1. 基本安全目标

基本安全目标是在核动力厂中建立并保持对放射性危害的有效防御,以保护人与环境免受放射性危害。基本安全目标适用于核动力厂的所有活动,包括规划、选址、设计、制造、建造、调试、运行和退役,以及有关放射性物质的运输、乏燃料和放射性废物的管理等。

安全目标要求核动力厂的设计和运行使得所有辐射照射的来源都处在严格的技术和管理措施控制之下。核动力厂安全目标不是消除风险,而是控制风险。应该控制核动力厂的风险与国家发电行业其他技术的风险相当或更低,以对社会不产生明显的附加风险。

典型的定量安全目标是美国核管理委员会在美国核管理委员会的政策声明"Safety Goals for Operation of Nuclear Power Plants; Policy Statement, republication"(51FR30028,1996)中所提出的两个定性目标是:

(1)对紧邻核动力厂的正常个体来说,由于反应堆事故所导致立即死亡的风险不应该超过美国社会成员所面对的其他事故所导致的立即死亡的风险总和的千分之一;

(2)对核动力厂邻近区域的人口来说,由于核动力厂运行所导致癌症死亡风险不应该超过其他原因所导致的癌症死亡风险总和的千分之一。

2. 基本安全目标的实现

为了实现基本安全目标,必须采取下列措施:

(1)控制在运行状态下对人员的辐射照射和放射性物质向环境的释放;

(2)限制导致核动力厂反应堆堆芯、乏燃料、放射性废物或任何其他辐射源失控事件发生的可能性;

(3)如果上述事件发生,则减轻这些事件产生的后果。

为了实现基本安全目标,辐射防护设计必须保证在所有运行状态下核动力厂内的辐射照射或由于该核动力厂任何计划排放放射性物质引起的辐射照射低于规定限值,且可合理达到的尽量低。同时,还应采取措施减轻任何事故的放射性后果。

为了实现基本安全目标,辐射防护设计必须做到在核动力厂内所有辐射照射的来源都处在严格的技术和管理措施控制之下。但不排除人员受到有限的照射,也不排除在法规许可范围内从运行状态的核动力厂向环境排放一定数量的放射性物质。此种照射和排放必须受到严格控制,并符合运行限值和辐射防护标准,且可合理达到的尽量低。

3.3.2 纵深防御原则

防止核动力厂发生事故和减轻事故后果的主要手段是应用纵深防御原则。该概念贯彻于安全有关的全部活动,涉及核动力厂各种功率及停堆状态下有关的组织、人员行为或设计,以保证这些活动均置于各种独立的、不同层次措施的防御之下。即使有一种故障发生,它将由适当的措施探测、补偿或纠正。在整个设计和运行中贯彻纵深防御,以应对厂内设备故障或人为因素引起的各种预计运行事件和事故,以及外部事件引起的后果。

纵深防御原则的应用主要是通过一系列连续和独立的防御层次的结合,防止事故对人员和环境造成危害。如果某一层次的防护失效,则由后一层次提供保护。每一层次防御的独立有效性都是纵深防御的必要组成部分。

(1)第一层次防御的目的是防止偏离正常运行及防止安全重要物项的故障。

(2)第二层次防御的目的是检测和控制偏离正常运行状态,以防止预计运行事件升级为事故工况。

(3)设置第三层次防御是基于以下假定:尽管极不可能,某些预计运行事件或假设始发事件的升级仍有可能未被前一层次防御所制止,而演变成事故。

（4）第四层次防御的目的是减轻第三层次纵深防御失效所导致的事故后果。

（5）第五层次，即最后层次防御的目的是减轻可能由事故工况引起的潜在放射性释放造成的放射性后果。

3.3.3 安全管理要求和主要技术要求

1. 管理职责

营运单位对安全负全面责任。营运单位必须保证提交国务院核安全监管部门的设计符合所有适用的安全要求。所有从事与核动力厂安全设计重要活动相关的组织，包括设计单位，都有责任保证将安全事务放在最优先的位置。

2. 设计管理

设计必须保证核动力厂及其安全重要物项具有合适的性能，以保证其能可靠地执行安全功能；在设计使用期内核动力厂能够在运行限值和条件范围内安全运行，并能够安全退役；对环境的影响最小。设计必须保证满足营运单位的安全要求，满足向国务院核安全监管部门和相关法律法规提供充分的设计资料，保证核动力厂的安全运行和维修，并允许以后能对核动力厂进行修改。

3. 质量保证

必须制定和实施描述核动力厂设计的管理、执行和评价的总体安排的质量保证大纲。该大纲包括保证核动力厂每个构筑物、系统和部件以及总体设计的设计质量的措施，包括确定和纠正设计缺陷、检验设计的恰当性和控制设计变更的措施。

4. 实体保护

必须设置实物保护措施，即核安保措施，包括实物保护系统和相关管理措施，以防止、侦查和应对涉及核材料和核动力厂相关设施的偷窃、蓄意破坏、未经授权的接触、非法转让或其他恶意行为，以及防范恐怖分子获取材料、破坏核动力厂等。

5. 经验证的工程实践

必须鉴别和评价用于核动力厂安全重要物项设计准则的规范和标准，以保证设计质量与所需的安全功能相适应。核动力厂的安全重要物项必须是此前在相应使用条件下验证过的。当引入未经验证的设计或设施，或存在偏离已有工程实践的情况时，必须借助适当的支持性研究计划、特定验收准则的性能试验，或通过其他相关应用中获得的运行经验的检验，来证明其是具有合适的安全性的。新的设计、设施或实践必须在投入使用前经过充分的试验，并在使用中进行监测，以验证其达到了预期效果。

6. 安全评价

核动力厂必须在整个设计过程中进行全面的确定论安全评价和概率论安全评价，以保证在核动力厂寿期内的各个阶段满足全部设计安全要求，并确认在竣工、运行和修改时交付的设计满足制造和建造的要求。

核动力厂在设计过程中必须尽早开展安全评价。随着设计和确认性分析活动之间的不断迭代，安全评价的范围和详细程度随着设计计划的进展不断地扩大和提高。必须将安全评价形成文件以便于独立评估。在提交国务院核安全监管部门以前，营运单位必须保证由未参与相关设计的个人或团体对安全评价进行独立验证。

7. 辐射防护

核动力下的设计中必须保证工作人员和公众在整个使用期内受到的辐射剂量，在运行状态下不超过剂量限值,在事故工况下不超过可接受限值,并可合理达到的尽量低。设计必须实际消除可能导致高辐射剂量或大量放射性释放的核动力厂状态,并必须保证发生可能性较高的核动力厂状态没有或仅有微小的潜在放射性后果。

8. 放射性废物管理和退役

在核动力厂的设计阶段,必须专门考虑便于核动力厂放射性废物管理以及核动力厂退役和拆除的特性。在设计中必须适当考虑:

(1)材料的选取,以使放射性废物量尽实际可能地少,并便于去污;

(2)必要的可达性和可操作性;

(3)管理(如分离或分拣、表征、分类、预处理、处理和整备)和贮存核动力厂在运行过程中产生的放射性废物所需的设施,以及管理核动力厂在退役时所产生的放射性废物的措施。

3.3.4 安全分级、安全功能和设计规范

1. 基本安全功能

基本安全功能是指为了保证设施或活动能够预防和缓解核动力厂正常运行、预计运行瞬态和事故工况下的放射性后果,保证安全而必须达到的特定目的。

必须保证在核动力厂所有状态下实现以下基本安全功能:

(1)控制反应性;

(2)排出堆芯余热,导出乏燃料贮存设施所贮存燃料的热量;

(3)包容放射性物质、屏蔽辐射、控制放射性的计划排放,以及限制事故的放射性释放。

2. 安全功能的进一步划分

安全功能包括为预防事故工况以及为减轻事故工况后果所必需的安全功能。利用为正常运行、为防止预计运行事件发展、为事故工况或为减轻事故工况的后果而设置的构筑物、系统或部件,就能完成这些安全功能。

3. 安全分级

必须识别属于安全重要物项的所有构筑物、系统和部件,包括仪表和控制软件,并根据其功能和安全重要性对其进行分级。划分安全重要物项的安全重要性的方法,必须主要基于确定论方法,并适当辅以概率论方法。

(1)安全1级就是构成反应堆冷却剂压力边界的那些设备,如失效会引起失水事故(水堆)或失冷失压(高温堆)的物项。

(2)安全2级是属于反应堆冷却剂压力边界但不属于安全1级的那些小设备、小管道(具体定义是,其失效引起的反应堆冷却剂流失不超过正常补水系统提供的补水量)以及用于防止预计运行事件导致事故工况,或发生事故后用于减轻事故后果的物项,如专设安全设施。

(3)安全3级是冷却安全2级设备,或对安全级设备运行起支持保证作用(如冷却、润滑、密封等)的物项,如设备冷却水系统、重要厂用水系统等。

4. 设计规范

必须规定核动力厂安全重要物项的设计规范,并必须使其符合核安全法规和相关的监管要求,以及经验证的工程实践,同时适当考虑其与核动力厂技术的相关性。设计必须采用保证稳健性的设计方法,必须遵循经验证的工程实践,以保证在所有运行状态和事故工

况下执行的基本安全功能。

3.3.5 核动力厂总体设计

1. 核动力厂状态分类

核动力厂的状态主要按发生频率分成有限的几类。按《核动力厂设计安全规定》(HAF 102—2016)的规定,核动力厂状态包括运行状态和事故工况。运行状态系指正常运行和预计运行事件。事故工况系指偏离正常运行,比预计运行事件发生频率低但更严重的工况。事故工况包括设计基准事故和设计扩展工况(包括堆芯熔化事故)。

2. 假设始发事件

必须使用系统化的方法确定一套全面的假设始发事件,以在设计中考虑所有可预见的具有严重后果的事件和发生频率较高的事件。必须在工程判断、确定论和概率论评价相结合的基础上确定假设始发事件。必须论证确定论安全分析和概率论安全分析的应用范围,以表明已考虑所有可预见的事件

3. 内部危险和外部危险

必须识别所有可预见的内部和外部危险,包括潜在的可能直接或间接影响核动力厂安全的人为事件,并评价其影响。在核动力厂布置的设计和确定有关的安全重要物项的设计中使用的假设始发事件及其产生的荷载时,都必须考虑内部和外部危险的影响。

设计和布置安全重要物项,必须考虑其安全重要性,使其能够承受内部和外部危险的影响,或防御内部和外部危险及其产生的共因失效,同时适当考虑对安全的其他影响。对多机组厂址,设计必须适当考虑特定危险同时影响核动力厂厂址上若干或所有机组的可能性。

设计必须考虑的内部危险包括:火灾,爆炸,水淹,飞射物,结构坍塌和重物坠落,管道甩击,喷射流冲击,以及来自破损系统或现场其他设施的流体释放。必须提供适当的预防和缓解措施,以保证安全不受到损害。

设计必须适当考虑在核动力厂厂址评价过程中识别的自然和人为外部事件。在假定可能的危险时,必须考虑其发生的原因和可能性。在短期内,核动力厂的安全不能依赖于诸如电力供应和消防服务等厂外服务。设计必须适当考虑核动力厂厂址的特定情况,以确定厂外服务就位需要的最大延迟时间。

4. 设计基准事故

必须根据假设始发事件清单得出一套设计基准事故,用于设定核动力厂需承受的边界条件,以保证满足辐射防护限值。必须使用设计基准事故来确定控制设计基准事故所必需的安全系统和其他安全重要物项的设计基准,包括性能准则等,目的是使核动力厂返回到安全状态和减轻事故后果。

针对设计基准事故工况,设计必须使核动力厂关键参数不超出规定的设计限值。基本目标是控制所有的设计基准事故以使核动力厂厂内、外没有或仅有微小的放射性后果,并且无须采取任何场外防护行动。

必须用保守的方法来分析设计基准事故,该方法包括在分析中假定安全系统的某些故障模式,规定设计准则,采用保守的假设、模型和输入参数等。

5. 事件的组合

如果由工程判断、确定论安全分析和概率论安全分析的结果表明事件组合将可能导致

预计运行事件或事故工况,则必须主要根据其发生的可能性,将这些事件组合纳入设计基准事故或设计扩展工况。某些事件可能是其他事件的后果,如地震后的水淹。这种继发效应则应视为初始假设始发事件的一部分。

6. 设计限值和运行限值

针对运行状态和事故工况,必须为安全重要物项规定一套相应的设计限值。设计限值必须符合核安全法规和相关的监督要求。设计还必须为核动力厂安全运行确定一套运行限值和条件。核动力厂设计中确定的要求,以及运行限值和条件必须包括以下几方面:

(1)安全限值;

(2)安全系统整定值;

(3)正常运行限值和条件;

(4)工艺变量和其他重要参数的控制系统限制和规程限制;

(5)对核动力厂的监督、维修、试验和检查的要求,以保证各构筑物、系统和部件执行设计中预定的功能,并使辐射风险保持在可合理达到的尽量低的水平;

(6)规定的运行配置,包括在安全系统或安全相关系统不可用时的运行限制;

(7)行动说明,包括在响应偏离运行限值和条件时所采取行动的完成时间。

安全系统整定值是指为防止出现超过安全限值的状态,在发生预计运行事件或设计基准事故时启动有关自动保护装置的触发点。

7. 严重事故

严重事故是指事故的严重性超过设计基准事故并造成堆芯明显恶化的事故工况。它是概率很低的核动力厂状态,可能由安全系统多重故障而引起的事件序列,并导致堆芯明显恶化,它们可能危及多层或所有用于防止放射性物质释放的屏障的完整性。必须采用工程判断和概率论相结合的方法来考虑这些严重事故序列,针对这些序列确定合理可行的预防或缓解措施。

3.3.6　构筑物、系统和部件的可靠性设计

1. 安全重要物项的可靠性

安全重要物项的可靠性必须与其安全重要性相适应。安全重要物项的设计,必须保证设备可鉴定、采购、安装、调试、操作及维修,使其能够承受该物项设计基准中规定的所有工况,并具有足够的可靠性和有效性。构筑物、系统和部件的可靠性设计可以通过防止共因故障、应用单一故障准则和采用故障安全设计等来实现。

2. 共因故障

若干装置或部件的功能可能由于出现单一特定事件或原因而失效,这种失效可能同时影响到若干不同的安全重要物项。这种事件或原因可能是设计缺陷、制造缺陷、运行或维修差错、自然现象、人为事件或核动力厂内任何其他操作或故障所引起的意外的级联效应。

在核动力厂设计中必须考虑安全重要物项发生共因故障的可能性,以确定应该如何应用多样性、多重性、独立性原则来实现所需的可靠性,使共因故障的影响程度降到最低。

3. 单一故障

单一故障系指造成某一部件不能执行其预定安全功能的一种随机故障,以及由此引起的各种继发故障。必须对核动力厂设计中所包括的每个安全组合都应用单一故障准则。安全组合是用于完成某一特定假设始发事件下所必需的各种动作的设备组合,其使命是防

止预计运行事件和设计基准事故的后果超过设计基准中的规定限值。

4. 故障安全设计

必须恰当地考虑故障安全设计原则,并贯彻到核动力厂安全重要系统和部件的设计中。在适用时,应将安全重要系统和部件设计为故障安全,使其自身的故障或支持设施的故障不妨碍预定安全功能的执行。"故障安全"意味着朝着安全的方向失效,亦即安全设施的设计应做到其本身的故障都能触发加大安全性的动作。例如,断电时控制棒因重力下落导致快速停堆。又如,核动力厂的许多阀门是电动的,如果没有电,阀门就不会动作。

5. 多重性

为完成一项特定安全功能而采用多于最少套数的设备,即多重性,它是达到安全重要系统高可靠性和满足单一故障准则的重要的设计原则。在运用多重性原则的条件下,至少一套设备出现故障或失效是可承受的,不至于导致功能的丧失。例如,在某一特定功能可由任意两台泵完成之外,还可设置三台或四台泵。为满足多重性要求,可采用相同或不同的部件。

6. 多样性

采用多样性原则能减少某些共因故障的发生,从而提高某些系统的可靠性。多样性应用于执行同一功能的多重系统或部件,通过多重系统或部件中引入不同属性而实现。获得不同属性的方式有:采用不同的工作原理、不同的物理变量、不同的运行条件或使用不同制造厂的产品等。

7. 独立性

为提高系统的可靠性可在设计中保持下列独立性特征:

(1)多重系统部件之间的独立性;

(2)系统中各部件与假设始发事件效应之间的独立性,例如,假设始发事件不得引起为减轻该事故后果而设置的安全系统或安全功能的失效或丧失;

(3)不同安全等级的系统或部件之间适当的独立性;

(4)安全重要物项与非安全重要物项之间的独立性。

必须通过实体隔离、电气隔离、功能独立和通信(数据传输)等适当手段,防止安全系统之间或一个系统的冗余组成部分之间相互干扰。

8. 支持系统与辅助系统

支持系统和辅助系统用于保证构成安全重要系统部分的设备可运行性时,必须相应地分级。支持系统和辅助系统的可靠性、多重性、多样性和独立性,以及用于其隔离和功能试验的措施,必须与其所支持的系统的安全重要性相适应。不允许支持系统和辅助系统的任一失效,同时影响安全系统的多重部件或执行多样化安全功能的安全系统。

9. 设备停役

设计必须通过采用如增加多重性等措施,保证在无须核动力厂停堆的情况下,进行安全重要系统合理的在线维修和试验。必须考虑设备停役,包括系统或部件由于故障而不能使用,并且在这种考虑中必须包括预计的维护、试验和修理工作对各个安全系统的可靠性所产生的影响,以便保证仍能以所必需的可靠性实现该安全功能。

10. 安全重要物项的标定、试验、维护、修理或更换、检查和监测

为了保证安全重要物项在设计基准规定的所有条件下执行功能并保持功能的完整性,设计应保证安全重要物项能够在核动力厂整个寿期内进行标定、试验、维护、修理或更换、

检查和监测。

核动力厂布置必须便于执行标定、试验、维护、修理或更换、检查和监测等活动。这些活动能够按照相关的规范和标准执行，并必须与所执行的安全功能的重要性相一致，且工作人员不至于受到过量的照射。

11. 安全重要物项的鉴定

必须采用安全重要物项的鉴定程序来确认核动力厂安全重要物项，这些物项能够在其整个设计使用期内以及支配性环境条件下执行其必要的预期功能，这里考虑的环境条件包括核动力厂的维修和试验。在核动力厂安全重要物项的鉴定程序中，所考虑的环境条件必须包括核动力厂设计基准中所预期的周围环境条件的变化。

12. 老化管理

必须确定核动力厂安全重要物项的设计寿命。设计必须提供适当的裕度，以考虑有关老化、中子辐照脆化和磨损机理，以及与服役年限有关的性能劣化的可能性，从而保证安全重要物项在其整个设计寿期内执行所必需的安全功能的能力。

必须考虑到在所有正常运行状态，包括试验、维修和维修停役，以及在假设始发事件中及其未来的核动力厂状态下的老化和磨损效应。

13. 优化运行人员效能的设计

必须在核动力厂设计过程初期就系统地考虑人为因素(包括人机接口)，并贯彻于设计全过程。必须规定运行人员的最低配置，以满足核动力厂进入安全状态所需全部同步操作的要求。应尽可能地促使有类似核动力厂运行经验的运行人员积极参与设计过程，以保证在设计过程中尽早考虑未来的运行和设备维护的需求。人机接口的设计必须能按照决策所需时间和行动所需时间给操纵人员提供全面且易于管理的信息。向操纵人员提供的用于决策和行动所需的信息必须简洁明了且无歧义。

3.3.7 辐射防护设计安全要求

1. 辐射防护的基本要求

(1)设计目标

根据辐射防护基本原则，设计时必须采取相应措施以达到下列设计目标：

个人照射量不得超过由国务院核安全监管部门确定的相应规定限值。可以用年有效剂量当量、器官剂量、年吸入量、空气中的放射性物质浓度等单位给出照射量。

考虑了经济和社会因素，辐射防护措施必须使照射量保持在合理可行尽量低。为达到上述目标，设计必须提供必要的监测和控制措施。

(2)运行工况期间的剂量当量限值

核动力厂的设计，必须使运行工况期间的照射量不超过为厂区人员和公众规定的个人剂量当量限值，本节不提出个人剂量当量限值的推荐值，该值由相应的国家核安全监管部门来确定。为了符合各国家标准《电离辐射防护与辐射源安全基本标准》(GB18871—2002)的要求，规定限值不得高于该标准中所规定的剂量限值。在做出建造核动力厂的决定后，应在早期规定剂量当量的限值。但是，设计者必须使设计达到合理可行尽量低的水平。

(3)事故分析用的照射量准则

必须把计算的剂量与规定的设计目标值进行比较，以判断为厂区人员和公众提供的防护设计措施在假想事故工况下是否充分。假想事故工况和设计目标必须经国家核安全部门认可。一般说,事故工况的概率越大,则规定的参考剂量应越小。国家核安全监管部门可以通过对不同发生概率范围的事件设立不同的参考水平来认可这个原则。

2. 设计中的辐射防护

要求将所有照射都保持在规定限值以内,并且在考虑了经济和社会因素之后达到合理可行尽量降低。这意味着,应该采取辐射防护措施,将核动力厂运行工况和事故工况期间引起的照射量降低到这样一个值,使得进一步增加设计、建造及运行费用与所获得的照射量下降相比已不值得。

辐射防护最优化,即应用合理可行尽量低的原则,通常意味着从一系列防护措施中进行选择。为此,应确定可行的待选方案和确定比较有用的标准及相应的数值,最后,对这些方案进行评价和比较。在这种决策程序中,所考虑的某些准则和参数是不容易定量化的,因而,采取哪种防护措施往往是根据有资格的专家来判断选定的。

3. 辐射源

(1) 正常运行期间的主要辐射源

在功率运行期间,由于裂变过程和裂变产物的衰变,燃料元件发射中子和 γ 光子;由于堆芯和周围材料的中子俘获,也会发射 γ 光子。另外,在重水反应堆(慢化剂)的情况下,γ 射线与氘相互作用还发射光中子,在功率运行期间,从堆芯和容器区还有其他形式的辐射(如 β 粒子和质子),但由于这些带电粒子的穿透能力不强,因而在辐射防护中并不重要。在核动力厂停堆后,主要的辐射源是来自裂变产物和活化产物的 γ 辐射。

(2) 事故工况下的辐射源

在对核动力厂进行安全分析时,必须确定事故工况下辐射源的大小。事故工况下的主要辐射源是放射性裂变产物,对这种辐射源应采取预防性的设计措施。这些裂变产物,从正常包容它们的各种系统和设备中释放出来,或者由于失水事故或弹棒事故使燃料包壳部分破损而从燃料元件中释放出来。乏燃料装卸事故也属于这种情况。

3.4 民用核安全设备质量监管

3.4.1 民用核安全设备监管及相关法规文件

民用核安全设备是指在民用核设施中执行核安全功能的机械设备和电气设备,其质量和可靠性对民用核设施的安全稳定运行具有十分重要的意义,高质量和高可靠性是保证民用核设施安全稳定运行的一个重要的前提条件。

我国的核安全法规体系基本上源自国际原子能机构,但国际原子能机构对于核设备质量监管并没有相应的法规。我国之所以在核电发展之初就建立相应的核设备质量监管体系原因有二:一是因为实现核电设备国产化是国家"积极发展核电"方针和提高自主创新能力的重大举措;二是因为我国工业体系发展特殊的管理和体制环境,核安全设备制造质量是薄弱环节,一时还不太适应对核安全设备制造质量提出的更高要求。

《民用核安全设备监督管理条例》的出台,对核电迅速发展有着重要的意义。该条例旨在对民用核安全设备设计、制造、安装和无损检验等活动进行规范以及有效的监督管理,保障民用核安全设备的质量,从设备源头上消除核安全隐患。该条例赋予了国务院核安全监管部门在全面实施核安全设备监管方面的职能,明确监管范围从原来的核承压设备扩充至核安全设备,包括核安全机械设备和核安全电气设备,监管对象从原来的境内单位延伸至境外单位、从原来对实体单位的管理延伸到对个体人员的管理。

3.4.2　民用核安全设备及其资格许可制度

1. 核安全设备

《民用核安全设备监督管理员条例》第二条,民用核安全设备是指在民用核设施中使用的执行核安全功能的设备,包括核安全机械设备和核安全电气设备。民用核安全设备是民用核设施安全防护实体屏障的核心,其质量和可靠性直接关系到核设施的安全稳定运行。第六十一条,核安全机械设备包括执行核安全功能的压力容器、钢制安全壳(钢衬里)、储罐、热交换器、泵、风机和压缩机、阀门、闸门、管道(含热交换器传热管)和管配件、膨胀节、波纹管、法兰、堆内构件、控制棒驱动机构、支承件、机械贯穿件以及上述设备的铸锻件等。

鉴于民用核安全设备的种类繁多,其对核安全影响的重要程度不一,为提升监管效能,对监管范围的设备类别和品种实行目录管理,因此《民用核安全设备监督管理条例》第二条规定,民用核安全设备目录由国务院核安全监管部门会同国务院有关部门制定并发布。

2. 核安全设备活动的资格许可管理制度

对国内的设备厂家,若想从事为境内民用核设施提供目录范围内设备的设计、制造、安装活动的,须按照《民用核安全设备监督管理条例》的有关要求,取得国家核安全局颁发的许可证。对从事民用核设施役前检查和在役检查的单位需按照该条例取得无损检验许可证。国外的单位必须依据《进口民用核安全设备监督管理规定》(HAF604)的相关规定进行注册登记。

申请许可证的单位应具有符合国家核安全监管要求的技术水平和质量管理能力,取得许可证后方可从事与许可范围相适应的活动,这是确保核安全设备质量的前提和基础。国内民用核安全设备单位许可证分为设计许可证、制造许可证、安装许可证和无损检验许可证四类。

3. 单位资格许可的申请和审查

(1)概述

国内目前从事民用核安全设备设计、制造、安装和无损检验的单位,即便是从事同一类型设备活动的单位,在管理和技术水平上也有较大差别。同时,由于国内核电市场需求巨大,希望涉足核电行业的单位较多,所以我国需要以取得活动资格许可的方式对进入核安全设备市场的单位提高准入门槛。

鉴于以上原因,为规范民用核安全设备的资格管理工作,国务院核安全监管部门不断优化许可的审批工作。国务院核安全监管部门修订发布了《民用核安全设备设计制造安装无损检验许可证取证申请审批程序》《民用核安全设备设计制造安装无损检验许可证扩证申请审批程序》和《民用核安全设备设计制造安装无损检验许可证延续申请审批程序》,并进行了多次修订和改版,规定了单位资格许可程序,进一步完善资格许可证审查和行政审批制度。

在许可证审查方面,国务院核安全监管部门委托技术审查单位对许可证申请单位的技术和管理能力进行全面的审查,审查的主要内容包括:审查申请单位的核质量保证体系是否满足核安全法规要求,重点审查其质量保证体系的完整性、有效性和可操作性等,另外还要审查其以往质量管理体系运行的情况;审查申请单位的人力状况、装备情况和关键技术储备等是否满足其申请许可的设备活动的要求;审查申请单位的模拟件试制情况,重点审查其在模拟所申请的产品活动中是否遵守核安全法规和满足相关规范标准的要求,核质量保证体系是否得到有效的运转等。

(2)单位、人员及技术能力要求

根据《民用核安全设备监督管理条例》的相关要求,拟申请从事民用核安全设备设计、制造、安装或者无损检验许可证的单位需具有独立的法人资格,尚不支持无独立法人资格单位或多法人单位获取资格许可证,其主要目的是保证持有资格许可证的单位能够切实有能力履行核安全责任。

申请单位同时要有与拟从事活动相适应的、经考核合格的专业技术人员,其中从事民用核安全设备焊接和无损检验活动的专业技术人员应当取得相应的资格证书;除焊接和无损检验外人员,若国家有相应的资格要求,也需取得资格后方可从事相应的工作。申请单位的人员总量、人员专业配置、装备条件及数量、活动场地条件也是申请单位取得许可资质的必要条件。

(3)质量保证能力要求

申请单位要求有健全的管理制度和完善的质量保证体系,以及符合核安全监督管理规定的质量保证大纲。对于申请民用核安全设备活动的单位来说,仅仅具有国际或国家通用要求的质量管理体系是不够的。由于核安全的高度敏感性,国家核安全局颁布了《核电厂质量保证安全规定》及其配套的 10 个核电厂质量保证安全导则。申请单位应该根据这些法规的要求,并结合自身所从事工作的具体内容,编制文件化的质量保证大纲概述和管理程序,并在从事核安全设备活动中得到有效的实施。

(4)单位资格许可的业绩要求

在核安全设备活动单位的资格许可中,申请单位的业绩是一个重要的审核内容。关于申请单位的业绩要求,列举相关管理文件《关于进一步明确〈民用核安全设备监督管理条例〉及其配套规章有关要求的通知》(国核安发〔2010〕156 号文件)。

①民用核安全机械设备设计、制造许可证申请单位必须具有近五年内完整的核设施中非核级同种设备制造业绩,并提供合同、完工报告、采购方验收报告等证明文件。

②1E 级电缆设计、制造许可证申请单位应满足上款和《民用核安全电气设备 1E 级电缆设计制造单位资格条件》中关于业绩的相关要求,并提供合同、完工报告、采购方验收报告等证明文件。

③民用核安全设备安装许可证取证申请单位近五年内必须具有核设施常规岛安装业绩,延续及扩证申请单位必须具有原持证范围内安装业绩,并提供合同、完工报告、业主验收报告等证明文件。

④核电厂主变压器制造许可证申请单位应具有近五年内核电厂主变压器的供货业绩或正在执行核动力厂主变压器的供货合同,并提供合同、完工报告、采购方验收报告等证明文件。

(5)模拟件要求

《民用核安全设备监督管理条例》规定,申请领取民用核安全设备制造或安装许可证的单位,还应当制作有代表性的模拟件。

《关于执行〈民用核安全设备监督管理条例〉及其配套规章有关发求的通知》(国核安

函〔2008〕89号）文件对此提出了以下详细要求。

①针对所申请的设备类别，近五年内有良好的供货业绩或者正在执行供货合同的申请单位，在申请许可证时原则上可以不用进行模拟件的试制，但应提交其业绩及有关样机鉴定的详细资料。

②针对所申请的设备类别，已经通过省部级以上机构组织的样机鉴定，但近五年内没有供货业绩的申请单位，在申请许可证时原则上应按规定进行模拟件的试制，除非申请单位证明其完成的样机鉴定过程和结果完全满足核安全法规、标准规范和技术文件的要求。

③针对所申请的设备类别，没有供货业绩或者没有通过省部级以上机构组织的样机鉴定的申请单位，在申请许可证时必须按照要求进行模拟件的试制。

（6）关键工艺环节

任何一个民用核安全设备都是由诸多工艺环节组成，不同的工艺环节对设备的最终质量的影响存在较大差异，最终的质量形成影响较大的工艺环节称为关键工艺环节。考虑到我国装备产业的现状和核安全级设备对质量管理体系的特殊要求，为了加强民用核安全设备质量控制，保证民用核安全设备质量，《民用核安全设备监督管理条例》中规定关键工艺环节不能进行分包，须由持证单位独立完成。国家核安全局针对不同设备类别和品种，发布了关键工艺环节清单，并严禁这些工艺环节进行分包。

（7）资格许可的其他要求

民用核安全设备设计、制造、安装和无损检验单位变更单位名称、地址或者法定代表人的，应当自变更工商登记之日起20日内，向国务院核安全监管部门申请办理许可证变更手续。民用核安全设备设计、制造、安装和无损检验单位变更许可证规定的活动种类或者范围的，应当按照原申请程序向国务院核安全监管部门重新申请领取许可证。

许可资质的有效期为5年。许可证有效期届满，民用核安全设备设计、制造、安装和无损检验单位需要继续从事相关活动的，应当于许可证有效期届满6个月前，向国务院核安全监管部门提出延续申请。国务院核安全监管部门应当在许可证有效期届满前做出是否准予延续的决定；逾期未做决定的，视为准予延续。

为保证行政许可的严肃性，禁止无许可证擅自从事或者不按照许可证规定的活动种类和范围从事民用核安全设备设计、制造、安装和无损检验活动。禁止委托未取得相应许可证的单位进行民用核安全设备设计、制造、安装和无损检验活动。禁止伪造、变造、转让许可证。

3.4.3 特种工艺人员资格管理

1. 概述

如果一个工艺过程形成的质量不能通过最终的检查来确认，通常称为特种工艺过程。在核级产品的制造过程中，特种工艺一般指焊接、无损检验和热处理。这些特种工艺过程对实施工艺过程的人员技能的要求显得尤为重要。在民用核安全设备生产过程中，界定了两种特种工艺过程来进行规范管理，即焊接和无损检验。从事这两项工作的人员需取得国家核安全局颁发的资格证书。

2. 无损检验人员资格管理

民用核安全设备无损检验方法包括超声检验（UT）、射线检验（RT）、磁粉检验（MT）、渗透检验（PT）、涡流检验（ET）、目视检验（VT）、泄漏检验（LT）等。民用核安全设备无损检验人员的资格等级分为Ⅰ级(初级)、Ⅱ级(中级)和Ⅲ级(高级)。资格考核按照不同的等级、方法分别进行。

无损检验工作应当由民用核安全设备无损检验Ⅱ级或Ⅱ级以上人员为主操作,无损检验结果报告只能由Ⅱ级或Ⅱ级以上人员编制和审核。

身体条件满足一定要求的人员,需要向国家核安全局提出取证申请,并提交相应的证明材料。初审通过后,按照考试计划的要求,在国家核安全局认定的考核中心中进行考核。考试内容分为笔试和操作考试,考核合格后,由国家核安全局发放资格证书。资格证书的有效期为5年。

3.焊工、焊接操作工资格管理

满足一定身体条件的且需要从事民用核安全设备焊工、焊接操作工活动人员,按照国家核安全局颁布年度考核计划,可以向国家核安全局认可的考核中心提出考核申请。

焊工、焊接操作工考试包括理论知识考试和操作技能考试。考试合格后,由考试中心把考试结果上报国家核安全局,由国家核安全局批准发放证书。证书的有效期为3年,持证人员应每半年上报一次连续操作记录。持证人员应按照资格证中界定的范围进行焊接活动。

焊工、焊接操作工不得在两个及两个以上单位执业。取得国外相关资质的境外单位焊工、焊接操作工,经国务院核安全监管部门核准后,方可在中华人民共和国境内从事民用核安全设备焊接活动。

3.4.4 进口民用核安全设备监管要求

《民用核安全设备监督管理条例》建立的境外民用核安全设备活动单位的注册登记制度,首次把境外单位纳入核安全监管范围,从立法上解决了对境外核安全设备活动单位实施监督管理的问题。

《民用核安全设备监督管理条例》建立的进口民用核安全设备的安全检验制度,首次明确对进口民用核安全设备实施安全检验,只有安全检验合格的,出入境检验机构方可做出商品检验合格的结论,以确保进口设备的质量。

经注册登记的境外单位,为中华人民共和国境内民用核设施进行民用核安全设备设计、制造、安装和无损检验活动时,应当遵守中华人民共和国相关的法律、行政法规和核安全监督管理规定,并对其从事的相应活动质量负责。

注册登记确认书有效期限为5年。注册登记确认书有效期届满,境外单位需要继续从事相关活动的,应当于注册登记确认书有效期届满6个月前,重新向国务院核安全监管部门提出注册登记申请。

经注册登记的境外单位,变更单位的名称、所在国家(地区)、住所或者法定代表人的,应当自其在所在国家(地区)变更登记之日起30日内,向国务院核安全监管部门申请办理注册登记确认书变更手续。

3.4.5 民用核安全设备活动监管要求

《民用核安全设备监督管理条例》明确了国务院核安全监管部门、核设施营运单位和核设备活动单位在民用核安全设备活动中必须履行的职责,通过层层把关,实施严格的过程控制。目前,核安全设备质量监管的监督方式与核设施安全监管是基本一致的。

1. 民用核安全设备的质量管理和过程控制

民用核设施营运单位对民用核安全设备的使用和运行安全负全面责任。在民用核安全设备设计、制造、安装和无损检验活动前,民用核设施营运单位应当对民用核安全设备设计、制造、安装和无损检验单位编制的项目质量保证分大纲和质量计划进行审查认可,并采取驻厂监造或见证等方式对相关活动过程进行监督。

2. 工艺管理

民用核安全设备设计、制造、安装和无损检验单位,不得将国务院核安全监管部门确定的关键工艺环节分包给其他单位。从这个意义上讲,从事某类设备活动的单位必须能够独立完成国务院核安全监管部门确定的所有关键工艺环节,并且在许可证中界定的其他由持证单位独立完成的工艺环节也不得分包完成。

3. 分包管理

目前,在核电快速发展的形势下,大部分项目的建设都采用了工程总承包的建造管理模式,由工程总承包单位承担对核动力厂建造阶段包括设计、采购、监造和施工等活动的管理,与核安全法规中传统的针对营运单位的监管模式不一致。针对这种情况,国务院核安全监管部门开展了对核岛工程总承包单位的调研,并提出了相应的管理要求,在现有的法规框架下把工程总承包单位也纳入核安全监管体系。

4. 报告制度

根据《民用核安全设备设计制造安装和无损检验监督管理规定》(HAF601),民用核安全设备持证单位应当在每年4月1日前向国务院核安全监管部门提交上一年度评估报告。正在从事民用核安全设备相关活动的持证单位还应在活动开始30日前(无损检验活动开始15日前)向国务院核安全监管部门备案。设计、制造和安装持证单位在每季度开始7个工作日前提交上一季度的活动报告。民用核安全设备持证单位在发生重大质量问题时,应当立即采取纠正措施,并向国务院核安全监管部门报告。

5. 标准要求

《民用核安全设备监督管理条例》规定,核安全设备使用的标准应经国务院核安全监管部门认可。在核安全设备标准未经认可之前,对于核安全设备活动使用的规范应采用安全分析报告中,国务院核安全监管部门针对具体核设施认可的标准(也称适用标准)。应该注意的是,适用标准只适用于对应安全分析报告所适用的核设施。

3.5 核燃料循环设施核安全监管

核燃料循环设施核安全监管包括:铀矿勘探开采和加工的辐射安全监管;核燃料加工、处理设施(铀化合物转化、铀浓缩、铀燃料元件加工、乏燃料离堆贮存和后处理设施)的辐射防护、核临界安全和化学安全的安全监管。

核燃料循环设施根据放射性物质总量、形态和潜在事故风险或后果进行分类,按照合理、简化方法,核燃料循环设施分为以下四类:

第一类,具有潜在厂外显著辐射风险或后果,如后处理设施、高放废液集中处理、贮存设施等;

第二类,具有潜在厂内显著辐射风险或后果,并具有高度临界危害,如乏燃料离堆贮存设施和混合氧化物(MOX)元件制造设施等;

第三类,具有潜在厂内显著辐射风险或后果,或具有临界危害,如铀浓缩设施、铀燃料元件制造设施、中低放废液集中处理、贮存设施等;

第四类,仅具有厂房内辐射风险或后果,或具有常规工业风险,如天然铀纯化/转化设施、天然铀重水堆元件制造设施等。

3.5.1 铀矿勘探开采和加工的辐射安全监管

1. 铀矿勘探开采和加工的主要危害因素

铀矿勘探开采和加工是核燃料循环的前端,是从事天然铀矿物生产的开放性作业。其主要接触的是天然放射性核素铀、钍、镭、氡及氡子体、钋等,以及非放射性有害物质酸、碱、各类化学试剂、重金属毒物以及生产过程产生的"三废"等,虽然放射性水平不高,但是数量相当庞大。在"中国核工业 30 年辐射环境质量评价"中:"铀矿工集体受照剂量可占整个核燃料循环总集体剂量的 67.8%;铀矿冶工业环境公众的集体照射剂量可占整个核燃料循环造成对公众总集体剂量的 91.5%。其中,受照剂量贡献最大是氡及氡子体,在矿工职业照射中占 96%,公众照射中占 89.8%。"此外,铀矿勘探开采和加工过程产生的废气、废水会对环境造成污染,产生的废石、尾矿压占大量土地还会对周围生态环境造成一定影响。

铀矿地质勘探开采和加工存在的主要危害因素包括氡及氡子体、放射性铀矿尘等。

(1)氡及氡子体

①氡,元素符号 Rn、原子序数 86、相对原子质量 222.017 6。氡是一种无色、无味、无臭的放射性惰性气体,易溶于水和有机溶剂。氡具有放射性,可衰变成一系列子体(8 代),最后一代是稳定核素铅^{206}Pb,氡及氡子体在衰变过程中向外辐射能量。氡的同位素能以不同的速度溶解于不同的液体中,其中尤为显著的是溶解于各种油脂和煤油中。井下采场氡的来源主要有从含铀矿壁表面析出的氡、含氡矿井水中析出氡和从崩落矿石等松散矿岩堆析出的氡,以及老洞中积累扩散出的氡。

②氡子体,指的是氡的短寿命子体:RaA、RaB、RaC、RaC。大多数氡子体吸附在空气中悬浮的细小微粒上。当吸入氡的短寿命子体后,其不断沉积在呼吸道表面,在局部区域内不断积累,释放出 α 粒子,同时也能释放出 β 粒子和 γ 射线,会导致肺癌及呼吸道等疾病。氡子体造成的危害远远大于氡造成的危害。直接从空气中吸入体内的氡,有 90% 在其衰变之前已被呼出;而氡衰变生成的短寿命子体只有 40% 被呼出,60% 被滞留在体内。1988 年氡被国际癌症机构正式定为具有确定性致癌效应的 A 类物质,世界卫生组织(WHO)也公布了氡是 19 种人类重要致癌物质之一,并认为氡是引发肺癌的第二大因素。在人类所受照射剂量中,氡占 56%,所以引起各国研究部门的高度关注,并千方百计地采取措施降低氡的照射。

(2)放射性铀矿尘和长寿命放射性气溶胶

在凿岩、爆破、搬运、破碎等矿石准备和选矿过程中均会产生大量的铀矿尘,铀矿尘含有全部铀系放射性子体核素。铀矿尘以分散性或凝聚性气溶胶的形态进入工作场所空气中,工作人员吸入后形成内照射。

放射性冷溶胶是悬浮在空气或其他气体中含有放射性核素的固体或液体微粒。铀矿石的开采过程中产生的矿石粉尘游离二氧化硅的含量在 10% 以上,属于矽尘,所以存在矽尘的危害。

（3）γ外照射

在铀矿的勘探开采和加工过程，工作人员会受到γ外照射（在平衡铀系中，镭组造成的γ辐射占平衡铀系γ射线总能量的94.89%，钢铀系和铀组的各占2.7%和2.5%，其中属于氡短寿命子体的占89.19%）。

（4）表面放射性污染

工作人员在工作中大量接触铀矿石、矿粉和各类铀化合物，以及被污染的设备等，他们的体表和工作服均会受到 a、β放射性污染。又由于污染表面的铀矿尘等会逸散于空气中，同样还会使放射性物质进入体内形成内照射。

（5）共生和伴生元素危害

由于铀的各代子体均具有各自的毒性，再加上铀矿石多与其他有毒有害元素共、伴生，所以在勘探开采和加工过程中还存在大量非放有毒、有害因素。

（6）三废环境污染

地质勘探开采和加工过程产生大量"三废"（工业污染源产生的废水、废气和固体废弃物），它们在环境中可以通过各种途径，向环境大气、土壤、水体及生物进行迁移和扩散，造成环境污染，还会形成一定的辐射问题。

2. 铀矿勘探开采和加工的安全监督管理

由于铀矿勘探开采和加工的建设、生产和退役全过程，将产生大量"三废"，对工作场所产生辐射照射和危害，对环境造成污染，特别是对大气、水体、土壤、生物造成长期辐射危害，尤其是铀废石和尾矿（渣）时刻析出和释放放射性气体氡及氡子体，对工作人员和环境公众造成一定的辐射照射。因此必须加强对铀矿勘探开采和加工企业的辐射监督管理。

3.5.2　铀矿勘探开采的辐射防护

在整个铀矿地质勘探、矿石开采和选矿、水冶加工过程中无时无刻不在析出和释放氡，并衰变成一系列的氡子体，产生大量的铀矿尘及长寿命 α放射性气溶胶，同时还有γ辐射照射和 α、β放射性表面污染，这些都是对工作人员造成危害的重要因素。因此必须在铀矿地质勘探、开采和选冶加工过程，采取综合辐射安全防护措施，保障其工作人员安全和健康。

1. 铀矿勘探开采的辐射防护

我国在铀矿勘探开采初期，矿井主要采用通风的方式以稀释、控制氡的析出和释放量。到了20世纪70年代以后，由于氡及氡子体 α潜能浓度控制标准更加严格，只靠加强通风稀释不能满足要求，所以，人们又从控制氡来源减少氡的析出和释放量。于是采取了综合降氡方法，主要有通风降氡，根据氡及氡子体的总析出量和浓度设计通风量；密闭氡源，密闭废旧巷道和采空区；喷涂防氡保护层；控制入风流污染；排除矿坑水；正压通风；分区通风；清除堆积的铀矿石。

在整个铀矿开采过程中，无时无刻不在析出和释放氡。因此，分析采矿过程氡的析出和释放规律，对采取的措施控制矿井高浓度氡十分重要。

20世纪50年代，矿井主要以通风稀释控制氡。20世纪70年代以后，由于氡及氡子体浓度控制标准更加严格，只靠加强通风稀释不能满足要求，所以，必然根据铀矿通风特点和要求，采取综合防护措施降低矿井氡及氡子体浓度。

（1）铀矿通风防护的特点。

①常规铀矿开采的通风量设计必须按排除矿井氡及氡子体进行计算，用排除炮烟、粉尘所需风量进行校核。

②氡析出量和氡子体浓度增长与矿井通风状况密切相关，正压时氡析出量少，负压时氡析出量高（负压通风可比正压通风的百米污染率高2~10倍），即达到1.12 Bq/100 m。特别是岩矿体裂隙多的矿山、开采多年的老矿山，风压状态和风压分布对氡析出的影响非常大。因此，密闭废旧巷道和采空区是降低氡及氡子体浓度的重要手段。

③氡子体是氡的衰变产物，因为氡子体浓度既取决于氡浓度，又取决于氡在井下的停留时间，并且与通风空间体积有关。因此，提高矿井换气次数，是降低氡子体浓度的有效措施。

④铀矿山氡及氡子体的产生是连续自发进行的，所以铀矿通风必须连续进行，一旦停风，氡及氡子体浓度会急剧增长。因此，当矿井通风重新启动时，必须提前2~3 h，以排除高浓度氡及氡子体的危害。

⑤减少入风流污染是铀矿通风的重要措施。应当特别注意矿体、采空区和废旧巷道对入风流的污染。

（2）铀矿通风降氡防护的原则。

①铀矿通风防护在全面考虑采矿方法、井巷布置和降氡要求的条件下，应遵守辐射防护最优化原则，即千方百计采取现实可行的工程技术措施和管理手段，尽可能减少工作人员受照剂量水平。因铀矿通风成本占总铀矿生产成本的约15%，所以在保证个人剂量限值尽可能低的条件下，要最大限度地减少通风动力消耗。

②不但要使矿井氡析出量最小，而且要使氡在井下通风空间的停留时间最短，以减少矿井氡子体浓度。

（3）铀矿通风防护要求。

①必须建立完善的通风系统：

A.有进、出风井和坑口，其间距应满足相关行业标准的要求，且保证通风条件不受气象条件变化的干扰；

B.通风机工作方式，即压入式或抽出式的选择要合理，使通风空间氡析出量最小；

C.有完整的通风网络，保证入风流不被污染；

D.抽出式通风系统的有组织进风量不应小于总风量的80%；

E.合理的局部通风；

F.有科学的通风构筑物，如主扇风硐、主扇扩散器、排风扩散塔、风桥、导风墙、风门、风幕、风窗等。

②通风设计：包括风量计算、风压分布、通风建（构）筑物设计，满足矿井防尘降氡要求。

③选用科学合理的采矿工艺，使其与防氡措施相匹配，满足标准要求。

④根据生产发展和实际情况，及时调整矿井通风系统和网络。

（4）铀矿通风降氡方法。

①根据矿井总氡析出量及氡子体浓度设计矿井通风量，并留有20%的余量。

②建立完善的通风系统，并尽可能采用压入式通风，以减少矿房氡的析出。

③千方百计密闭矿井内的氡源：如喷涂防氡保护层、密闭废旧巷道和采空区减少氡的析出和释放，减少对矿井大气的污染。

④进风井和出风井要保持具有足够的距离,防止出风的污风污染进风井的风流的污染。

⑤控制和排除矿井含氡矿坑水,减少矿坑释放氡对矿井大气的污染。

⑥矿井通风样采取分区通风系统,避免通风网络过大,防止通风网络混乱,造成井下控制失调。

⑦及时清运堆积在采场和坑道中的铀矿石,减少井下氡源。

⑧加强矿井通风系统的风流风量测定和矿井空气中氡及其他有害气体的监测,实时指导矿山通风。

2. 铀矿勘探开采的综合防护

在铀矿勘探开采过程中除了搞好通风降氡以外,还应做好如下综合防护措施。

(1)铀矿尘防护措施

铀矿勘探、开采、采矿的凿岩爆破、出渣、搬运、破碎等过程产生大量铀矿尘、矽尘。铀尘中既含铀,又含镭-226、钋-210、铅-210等核素,所以铀矿尘既具有放射性危害,又具有化学毒性危害和矽尘危害,必须对产生铀矿尘等作业场所采取防尘措施。主要有以下措施:

①凿岩设备装设水雾;

②爆破炮孔采用水封爆破;

③出渣、搬运过程喷雾洒水,巷道重要部位安设水幕;

④定期清扫巷道;

⑤工作人员佩戴高效过滤口罩。

(2)γ外照射防护措施

铀矿石中γ辐射主要来自铀Z和镭的短寿命子体镭B、镭C,其γ辐射能量占铀系总γ辐射能量的98.2%。铀矿γ射线谱相当复杂,能量范围在$(0.2\sim2.45)\times10^6$eV。

铀品位不高时的γ射线外照射剂量一般不会超过国家标准,当铀品位在20%时,γ射线外照射剂量可达20 mGy/h。一般在开采铀品位大于1.0%的过程中要加强对γ射线外照射防护。

根据外照射防护原则在铀矿开采时应做到以下方面:

①穿戴好劳保用品,防止矿石矿粉对皮肤的污染,同时尽量避免与高品位铀矿石直接接触;

②在高品位矿石开采时,尽可能减少作业时间;

③除直接操作人员外,无关人员应远离高品位铀矿体。

(3)表面污染防护措施

工作人员在上岗前必须在卫生闸门更换便服,穿戴好工作服、安全帽、水靴、手套、口罩和眼镜等劳保用品,尽可能在工作时使人体少接触铀矿粉尘、矿泥,以减少污染。工作人员下班后,在卫生闸门淋浴间,认真清洗去污,一般淋浴去污效率可达85%,表面污染监测合格后,方可更换便服离开工作区。更换下来的工作服等劳保用品,需在专门洗衣房进行清洗去污,工作服的清洗去污效率可达70%,经检查合格后,方可再次使用。

3.5.3　铀矿选冶加工的辐射防护

铀矿选矿、破碎、磨矿、浸出、离子交换或萃取、沉淀等加工过程均是在铀矿选冶厂进行加工的,因此必须对上述过程采取系统、全面的防护措施。

1. 选冶加工的总体防护

铀矿选冶厂生产过程的前一段的主要危害是铀矿尘、氡气、γ外照射;后一段主要危害是铀化合物,放射性表面污染和各种酸、碱蒸气。根据水冶厂不同工作岗位的特点,分别采取各自有效的防护技术措施。

在选冶前一段的矿石准备阶段,如矿石仓库和给料机岗位、选矿岗位,要加强密闭抽风,防止氡、尘、α放射性气溶胶泄漏到车间,保证车间内空气质量符合作业要求。

在矿石破碎、振动筛分、选矿、磨矿岗位,要做好密闭抽风,除尘净化工作,并注意减振和防噪声工作。

在水冶后一段的浸出部分,如浸出、固液分离岗位,要做好局部通风和整体通风,控制和降低氡、α放射性气溶胶,酸碱气对车间的污染。同时应做好表面污染的去污工作。

在水冶后一段的纯化部分,如离子交换、淋洗、萃取、反萃取、过滤、压滤岗位要注意车间通风,控制α放射性气溶胶、酸碱气及有机物对空气的污染。同时应做好表面污染去污工作。

在纯化的煅烧、冷却、产品包装岗位,要进行严格密闭净化,防止高活性铀氧化物微尘和α放射性气溶胶外泄,污染作业环境。严格做好表面污染去污工作。

2. 选冶加工的防尘措施

(1)密闭铀矿尘的发生源。

(2)密闭设备内部的通风。

(3)湿式作业。

(4)加强对排尘的净化。

选冶加工的防尘措施非常重要,它不仅对车间环境有好处,还是环境保护的需要,并最大限度地控制向外界环境排放有毒有害物质,减少对环境的污染,保护公众安全。

3. 选冶厂的降氡和防α放射性气溶胶措施

(1)通风排氡

在选冶厂的矿仓、给矿、输送、破碎、筛分、磨矿、浸出等岗位都是氡析出和释放较高的地方。主要采取通风排氡措施选冶厂主要岗位排氡前后氡浓度变化如表3-3所示。

表3-3　选冶厂主要岗位排氡前后氡浓度变化　　　　　单位:kBq/m³

岗位	通风前	通风后
给料机出口	11.84	0.19
球磨机出料口	4.81	0.27
浸出塔	3.59	0.48

(2)α放射性气溶胶防护措施

铀纯化系统的煅烧、冷却、称量、包装岗位是产生高活性氧化铀微尘的干法作业场所。因此,必须对煅烧、冷却炉进行密封,特别是对进出口部位进行严格密封,并应在每次投料前进行气密性检查,防止炉内铀微尘外逸。

（3）铀选冶车间全面换气

由于各种条件的限制，不可能对所有的设备和设施进行完全妥善的密闭。为了保证作业人员的安全和健康，改善整个车间的操作环境，必须对车间进行全面换气。

（4）工作人员及工作服的去污处理

铀矿冶工作人员在工作前必须更换便衣，穿戴好工作服和劳动保护用品。工作结束后应在卫生闸门淋浴间进行清洗。一般清洗后体表放射性污染的去污率可达85%以上。污染的工作服应在专门洗衣房进行清洗去污。

（5）厂房放射性表面污染的去污处理

放射性表面污染去污处理的难易与材料的种类、结构、性质有关。在铀选冶厂中，应根据放射性污染的种类、性质和水平，采用不同建筑材料。如在浸出、纯化等岗位应选用去污性能较好的建筑材料，如瓷砖等，以利于表面污染的去污处理。

4. 铀选冶厂的 β、γ 辐射防护

（1）铀选冶厂的 β、γ 辐射来源及水平

① β 辐射。铀矿石中 β 辐射危害主要存在于铀水冶加工的后半段工序，此时，加工过程将镭等杂质基本被除掉了，但是因为有铀 X1 和铀 X2 的存在，将会产生能量为（0.45～2.32）×10^6 eV 的 β 射线。在无屏蔽情况下，如在各种工艺槽、塔、罐内部检修时，β 粒子通量可高达 4 800 β/（cm^2·s），可对眼晶体造成危害。

② γ 辐射。加工过程中的铀品位不高时，其 γ 射线外照射剂量一般不会超过国家标准。只有在铀品位大于 1.0% 时才应考虑 γ 射线外照射问题。例如，在铀选矿后铀品位达到 20% 时，铀精矿的 γ 辐射剂量可达 25 mR/h（1R = 2.58×10^{-4} C/kg）以上。铀选矿车间 γ 辐射水平见表 3-4。

表 3-4　铀选矿车间 γ 辐射水平

岗位	γ 剂量率/[10^{-8} C/（kg·h）]	测量距离/cm
操作区空间	2～3	0
设备区空间	26～46	0
设备区球磨	110	15
设备区浮选	49	30
设备区浓泥斗	140	100
设备区泵池	735	0
设备区过滤机	168	0
产品桶1	774	0
产品桶2	400	0
产品桶防护套外侧	43	0
产品桶防护套外侧1	15	30
产品桶防护套外侧2	9	50
产品桶防护套外侧3	6	100

（2）铀选冶厂对 β、γ 辐射的防护措施

① 对 β 辐射防护措施。铀矿石加工过程中，矿石基本是在设备中进行加工处理，β 辐射的危害可以不必过多考虑，但是在进行各种工艺槽、塔、罐进行内部检修时，应注意对 β 辐射防护问题，尤其应戴防护眼镜，防止 β 射线对眼晶体的损伤。

② 对 γ 防护措施。在加工处理极高品位的铀矿石时，必须注意对 γ 辐射防护问题。如应加强和提高工艺过程的机械化、自动化水平，减少工作人员的直接接触。

3.5.4　铀矿勘探、开采和加工的环境保护

由于铀矿勘探、开采和加工企业数量多、分布广，"三废"产生量庞大，且与公众生活环境接触密切，现实辐射环境问题突出。如铀矿流出物废气、废水的排放，铀废石场、尾矿（渣）库等对环境的影响等，都必须采取有效措施，加大控制和治理力度。

1. 大气环境保护

（1）矿井大气控制

控制矿井氡浓度的主要措施：一是采矿工艺的选择，二是矿井通风防护。采矿工艺选择是选取合适的采矿方法、合理的井巷布置与开采顺序的确定，达到减少矿岩面暴露面积，并实施废旧巷道和采场的密闭，抑制井下矿岩的氡析出，从源头上控制氡的释放。矿井通风防护是铀矿通风降氡的最主要手段，将井下的氡及氡子体排至地表、稀释井下空气中的氡及氡子体浓度。

① 利用通风压力控制氡析出。通风方式的选择对控制氡的析出具有一定的作用，根据相关研究及实践证明，压入式通风是控制铀矿氡析出较有效的通风方式。

② 防氡密闭。防氡密闭应能严密阻塞污染空气的运移通道，控制和减少高浓度氡向矿井大旗门的扩散和迁移。密闭材料有很多，如轻型混凝土沥青抹面材料、木墙喷涂聚氨基甲酸酯泡沫塑料、木墙喷涂聚乙烯或硫酸氧镁水泥等。

③ 防氡保护层。在矿体的暴露表面上覆盖上一层不透气的防氡保护层，以减少矿体表面氡析出量，这就是防氡覆盖层。国内外曾经试验了多种材料，如沥青、水泥砂浆、硫酸木质素、有机材料等。国内使用规模较大的有：防水水泥砂浆和偏氯乙烯共聚乳液。

④ 洒水、洗壁加湿矿石。洒水和洗壁是减少矿山粉尘的重要措施，加湿矿石的含水量达 10% 时，还可以降低氡析出量的 70%，洒水、洗壁不仅在岩石和巷道表面上形成一层水膜，阻挡氡的析出，而且水可能会沿着孔隙和裂隙向岩石内部浸润，堵塞氡的运移通道。

（2）铀选冶厂废气的治理

① 总体要求。铀选冶厂废气进行密闭、通风和净化处理，其目的是尽可能地减少排风中铀矿尘、氡气、放射性气溶胶、铀氧化物微尘、酸碱气等有害物的含量，最大限度地控制有毒、有害物质向外环境的排放。

② 技术措施。

a. 设备密闭。铀选冶厂对产生大量铀矿粉尘的设备可以采取密闭措施，如对颚式破碎机（进料口、溜槽）、对辊破碎机、筛分设备、球磨球、皮带运输机、螺旋输送机、给料机等进行密闭。

b. 风净化。除了设备密闭外，对于产生粉尘、氡气和氡子体的关键工序，铀选冶厂应采取通风除尘措施。各种除尘器除尘性能比较见表 3-5。

表 3-5 各种除尘器除尘性能比较

除尘器类型	除尘器类别	粒度范围/μm	浓度范围/(mg/m³)	除尘效率/%
机械除尘器	沉降室	50~100	—	40~60
	百叶式	50~100	—	50~70
	旋风式	0.1~5.0	—	90~99
湿式除尘器	水膜	5.0	3 000	95
	泡沫	5.0		90
	文氏	1.0	40 000	95~99
袋式除尘器	袋式除尘器	0.1~5.0	—	90~99(氡子体)
电除尘器	普通电压	0.05		97~99
	高电压	0.01~5.0		99.7(氡子体)

超高压静电装置对现场中电晕线施加负静电超高压(>100 kV),电晕线将激发出大量的电子,并以很高的速度碰撞空气分子,使其电离成正负离子即电晕放电,当含尘气体从静电场通过时,电离后的空气使粉尘荷电,荷电后的尘粒在电场库仑力和强大电风的作用下抵达集尘板。对选矿和水冶破碎系统,岗位初始的最高粉尘浓度达 1 073 mg/m³,经超高压静电除尘后,粉尘浓度降到 2.0 mg/m³ 以下,除氡子体效率最高可达 99.7%。

③滤材净化氡子体。滤材可以有效地净化氡子体,其过滤效率可达 60% 以上(表 3-6)。

表 3-6 滤材过滤尘及氡子体的净化效率

滤材	尺寸/m	风量/(m/min)	风速/(m/min)	除尘/%	除氡子体/%
1 号滤材	1.93	14.1	39.39	88	97
2 号滤材	0.65	20.25	56.66	64	47
3 号滤材	2.86	6.07	5.75	80	88
4 号滤材	2.20	8.10	7.57	50	60

④湿法作业。湿法作业是一种简单、方便、经济有效的防尘措施。金宏公司采取湿法破碎作业,矿石破碎、筛分等工序,在破碎机入口、振动筛筛面加水,基本上可以控制工作场所空气中粉尘浓度≤2.0 mg/m³。

(1)铀纯化过程废气治理

投料过程废气治理方面,如衡阳铀厂使用的物料主要是 U_3O_8 粉状物料,该物料的含水率<1%,所以在投料翻转过程中产生较大的冲击力,极易导致下料漏斗处产生铀氧化物扬尘。在溶解时也因物料粒度小,比表面积大,由于反应剧烈,在溶解过程中还会产生大量氮氧化物(6.83 kg/h)和大量铀氧化物微尘(0.36 kg/h),致使该岗位 α 放射性气溶胶超标,造成环境污染。

（2）溶解过程废气治理

铀纯化的溶解岗位会产生大量氮氧化物气体（NO）造成环境污染，对于氮氧化物气体可先用水吸附，然后再用尿素吸收装置对氮氧化物气体（NO）进行多级吸收，可以减少和消除氮氧化物气体的排放，减少氮氧化物气体对环境的污染。

（3）煅烧过程废气治理

铀纯化运行过程中，会产生极细的 UO_2，容易以气溶胶形式逸出，在工作场所形成扬尘，其煅烧尾气中铀尘产生量为 0.61 kg/h，排入大气后，形成对环境大气的污染。在煅烧岗位气溶胶平均超标达到 10 倍以上，过滤岗位超标达到 8 倍以上。

因此，必须加强对煅烧大厅采取密闭隔离和加强通风过滤措施，保持设备内部呈负压运行。煅烧尾气中的铀尘，首先经旋风分离器除去其所携带的大部分粉尘后进入水幕除尘塔进一步除尘，之后经分配器进入收尘箱收尘，经过收尘后的煅烧尾气依次进入除尘洗涤塔、酸吸收塔，通过气相和水相的逆流接触进一步除去煅烧尾气中所携带的粉尘。

2. 水体环境保护

铀矿勘探开采和加工产生的液态废物包括：矿井水、水冶工艺废水、尾矿库废水、废石场和尾渣库的渗漏水。最主要的液态流出物有矿井水、尾矿库水和水冶工艺废水。水体保护主要有以下几种方法。

（1）清污分流减少废水量

对工业场地建造地表水清污分流系统，对分流出来的污水进行集中处理。将收集的污染水进行沉淀澄清后，集中泵入废水处理系统进行处理，处理后的废水进行再利用，既节约了宝贵的水资源，又减少了废水的外排量。

（2）废水处理技术

铀矿冶废水处理主要有以下方法。

①物理法：自然沉降、过滤、蒸发浓缩、稀释、反渗透等。

②化学或物理化学法：化学沉淀、离子交换、电渗析等。

③生物法：细菌或微生物净化废水，如生物滤池、曝气池等。

目前我国铀矿冶工业主要是用化学沉淀、离子交换、电渗析等方法进行废水处理，其中以离子交换应用最普遍。

3. 堆浸、地浸废水对环境安全的影响及治理技术

（1）堆浸（地表、井下）废水对环境安全的影响及治理技术

尽管地表堆浸产生的堆浸废水仅为常规水冶的 7%~20%，但由于废水中含有大量铀、镭、砷、镉等重金属有害物质及化学有害物质，这些废水流入地表、地下水体及农田，也会造成环境污染。

堆浸废水是浸出—吸附循环工艺产生的废水和淋洗—萃取—沉淀循环工艺产生的废水。废水中主要污染物是铀、镭、^{210}Po、^{210}Pb，它们的半衰期长，潜在危害时间长；此外，矿石浸出液含有重金属元素将严重污染环境。废水处理的主要方法有：

①采用石灰中和法，去除水中铀等杂质（沉淀）；

②二氧化锰吸附法、高锰酸钾活化锯末吸附法、重晶石吸附法、硫化钡共沉淀法除废水中镭；

③污渣循环法可以通过沉淀除去铀、镭、重金属元素、砷等有害物质。

（2）地浸对水环境安全的影响及治理技术

①对地表废水的影响及治理措施。地表废水主要产生于多余的吸附尾液,部分沉淀母液,以及水冶车间清洗设备的污水。减少废水对环境影响的主要措施有:提高循环利用率,减少废水排放量。

提高循环利用率的办法:吸附尾液有99%返回,重新配制溶浸液注入井下;少部分沉淀母液,用于配制淋浸液,重新返回使用;地下水复原过程前期抽出的1~2个含水层孔隙体积水返回注入待开采的新采区。除循环部分外,地表所有排放废水,都汇集到中和池,用石灰乳中和,使废水中铀含量低于1 mg/L,然后送入废水蒸发池处理。

②对地下水的影响及控制措施。在地浸采铀中,采区的地下水不可避免地受到污染。采区应加强监测,严格控制地下水的污染范围,并采取地下水复原的有效措施。

③严格控制地下水污染的措施。地下水污染范围与溶浸范围密切相关,控制了溶浸范围,就相当于控制了地下水的污染范围,其控制方法包括:严格控制抽、注平衡,抽应略大于注约1%,使矿层中的溶浸液始终处于向生产井(抽出井)方向流动的状态,防止溶液渗出开采区以外;建立地浸区域及地下水污染区域的计算机分析模型和数学模型。根据模型提供的信息,调整各孔的抽注量,使地下水污染区得到控制,缩小溶浸液扩散范围;安排抽注工作,应把周边孔安排为抽孔,或在矿体周围钻一些保护井,当溶浸液流散时,向这些孔注水施压,将溶浸液驱赶回矿体;为防止溶浸液向垂直方向串,应根据矿体在含水层的位置不同采取相应措施。

④地下水的复原技术措施。当采区的矿层浸出终止后,虽然停止了向矿层注入溶浸液,但留在含水层中的化学物质却污染了原始的含水层。因此,采区必须对被污染的地下水层中残留的溶浸液及污染元素进行清除,使地下水水质恢复接近原本的水平,主要方法有:

a. 地下水清除法;

b. 反渗透法;

c. 自然净化法;

d. 还原沉淀法。

铀矿勘探、开采和加工废水处理要想取得更好的效果,一般是将上述某几种方法联合运用。

4. 固体废物(铀废石及尾矿)安全监督管理

铀矿勘探、开采和加工产生的固体废物主要有采矿废石、选冶尾矿、废水中和沉淀物及其他沉积物、污染废旧设备及管线、废树脂等,其中影响面广、危害最大的是铀废石和尾矿。通常情况下,每生产1 t铀矿,产生0.8~2 t废石,如果采用露天开采,其剥离废石量更大,约是采矿量的7~8倍。每水冶加工生产1 t铀金属,将排放1 100~1 200 t铀尾矿(渣),特别是常规水冶搅拌浸出产生的铀尾矿粒度细小。常规搅拌浸出尾矿粒级和比重见表3-7。

表3-7　常规搅拌浸出尾矿粒级和比重

粒级/目	+40	−40+80	−80+120	−120+200	−200+400	−400
比例/%	7.05	18.8	9.65	12.1	14.1	38.3
真比重/(kg/m^2)	2.67	2.63	2.63	2.63	2.59	2.65
堆比重/(kg/m^2)	1.41	1.39	1.37	1.29	1.12	0.93

铀提取后的尾矿(渣)中镭、钍含量可分别占原矿中镭的95%~99.5%、86%~90%,其总放射性保留了原矿总放射性的70%~80%,且含有多种放射性子体核素。常规搅拌浸出尾矿的放射性特征值见表3-8。

表3-8　常规搅拌浸出尾矿的放射性特征值

项目	铀/ (10^{-4}g/g)	镭/ (kBq/kg)	总 α 活度浓度/ (kBq/kg)	氡析出率/ [Bq/($m^2 \cdot$ s)]	γ 辐射剂量率/(10^{-8}Gy/h)
尾矿	0.8~2.0	2.0~12.1	74~380	0.5~3.3	100~30
天然本底	0.05~0.21	0.048~0.02	2~10	0.018~0.036	20~38

铀废石、尾矿(渣)中的放射性子体及其他有毒有害物质,可通过多种渠道进入环境造成环境污染,并形成潜在的辐射环境问题。因此必须将采矿产生的废石储存在废石场中,将水冶加工产生的铀尾矿储存在专门建造的铀尾矿库中。同时采取各种综合防护措施,加强安全监管和长期监护,确保铀废石场、铀尾矿库长期安全稳定,保护生态环境。

(1)铀废石场及铀尾矿库辐射安全事故特点

铀尾矿库事故具有较大的危害性,在世界100种重大灾害中被列为第18位。铀废石和铀尾矿中含有铀镭系、钍铀系的大量放射性核素,铀尾矿中同时还含有大量非放射性有毒、有害元素。此外,铀废石场和铀尾矿库占地面积大、影响范围广,且易受自然因素及人为侵扰因素的破坏和影响。

铀尾矿库是人造的高势能泥石流形成区,特别是当铀尾矿浆浓度在10%~25%时,粗沙及细泥极易离析,离析后尾矿细泥的容重非常小,体积比很大,并且难以沉降,导致铀尾矿库的稳定性及安全性变差,极易发生铀尾矿库事故。所以铀废石场和铀尾矿库对环境造成的潜在影响和危害是不可忽视的,特别是铀尾矿库的安全、稳定问题引起了产铀国和有关国际组织的高度重视。

铀尾矿库辐射事故产生的主要有以下原因。

①铀尾矿库的初期建坝多为土坝。据有关资料分析,一般的土坝发生事故概率较高。

②如果坝体内部隐蔽的排水构筑物结构断裂、破损,那么将会引起局部坝体裂缝,造成泄洪不畅,使库内水位升高,坝体安全系数降低,引发垮坝。

③由于采用上游法堆坝本身的问题,加上维护管理不善,特别是如果堆坝的边坡坡度过陡,那么将会发生径流冲刷下游坡面,形成事故隐患,甚至造成边坡坍塌,酿成严重后果。

④发生地震或大爆破震动情况,会破坏过陡尾矿坝而引发铀尾矿库事故产生。

(2)铀废石场及铀尾矿库的选址、建造和运行安全管理

因为铀废石、尾矿具有较高的氡析出率,所以铀废石场和铀尾矿库是最大的氡发生源,每时每刻都在析出氡并不断释放到大气,同时还有较高的 γ 辐射,长期对环境造成影响,所以相关人员应重视铀废石场及铀尾矿库的选址和建造,并加强运行的安全管理。

3.5.5　铀矿冶设施退役(关闭)治理(处置)及长期监护

1. 铀矿冶设施的环境特点

由于我国铀矿床工业类型多,规模小而分散,矿体形态复杂,矿化不均匀,品位低,埋藏

条件多变,造成了矿山开拓工程量大,采矿贫化率高,且水冶加工流程类型多而复杂的情况。由于矿石处理量大,"三废"产生率高,造成铀废石和铀尾矿数量庞大,影响面广。我国铀矿勘探开采和加工设施的退役(关闭)治理任务十分艰巨。我国铀矿勘探开采和加工工业具有如下特点。

(1)影响范围广

我国铀矿山和水冶厂分布在全国14个省30多个市县,产出废物数量庞大,其中铀废石场和铀尾矿库等固体废物堆存场地约180处。矿点多,规模小,布局分散,所以铀冶企业退役工作涉及地区多,影响范围广。

(2)铀矿冶废物辐射潜在危害大时间长

铀废石含铀及铀系全部衰变子体;铀尾矿含矿石中铀系全部衰变子体和水冶后残余的铀,几乎99%以上的^{230}Th及^{226}Ra均集中在铀尾矿中。

铀废石、铀尾矿中的母体核素半衰期都相当长。如^{238}U为$4.47×10^9$a,^{230}Th为$7.7×10^4$a,^{226}Ra为1 602 a。它们长期衰变释放氡及短寿命氡子体RaA、RaB、RaC、RaC^1,以及长寿命氡子体^{210}Pb、^{210}Bi、^{210}Po。这些核素对环境构成长期的潜在危害。

(3)放射性危害与非放射性危害同时并存

在铀矿冶"三废"中除了存在放射性危害外,还存在非放射性危害。如废水、废渣含有锰、铁、氟、氯、硫酸根、硝酸根等有害物质。

(4)铀废石场、铀尾矿库关闭处置受自然和社会影响因素多

由于铀矿冶产出废物量庞大,不能用其他核燃料循环设施处理废物的方法进行处理、处置,所以只能采取就地整形覆盖隔离和稳定化的处置方案。在我国的江南地区,由于受雨水淋浸和冲刷严重,且人烟稠密,农田池塘多,因此治理(处置)要求严格,标准高。所处地区,自然的和社会的因素十分复杂,所以环境治理方案的确定,必须因地制宜加以处置,不能完全照搬照套国外或某一工程的做法。

2.退役治理基本原则和退役治理技术政策

铀矿勘探开采和加工退役治理应与土地复垦紧密结合,通过对退役治理,达到保护国土和广大公众健康及环境安全的目的,并不给后代造成不适当负担。因此,退役治理有以下具体原则。

(1)以人为本,生态文明原则。确保劳动者和公众的安全与健康,环境防护和生态文明,实现铀矿绿色发展。

(2)废物最小化原则。尽可能将铀废石和铀尾矿及其他污染物作为充填料回填到废矿井、露天废墟和塌陷区,减少地面堆存量,将分散的铀废石和铀尾矿,采取适当集中的治理措施,减少地表堆存面积,获取环境效益最大化。

(3)科学态度、实事求是原则。对出露地表的各种坑井口进行封闭,杜绝井下废气和污水扩散和迁移至地表,减少废气、废水再次污染环境的概率。

(4)百年大计、质量第一原则。增强铀废石场、铀尾矿库坝体安全性,防止铀废石、铀尾矿及废水流失污染农田和水体,破坏生态环境。

(5)清洗去污、物尽其用原则。对工业厂房、设施和设备经清洗去污后再利用,对污染的废金属进行熔炼去污,进行循环再利用。对无法利用的工业厂房、设施和设备应拆除回填。

3.5.6 核燃料加工、处理设施的辐射防护

1. 辐射防护大纲基本要求

(1)所有核燃料加工、处理设施在建造、运行和退役期间,都要制订一个完善的辐射防护大纲。

(2)核燃料加工、处理设施的辐射防护要遵循辐射防护实践的正当化、辐射防护的最优化和个人剂量限值这三项基本原则。

(3)核燃料加工、处理设施在正常运行、检修,以及可能发生的事故期间,要采取合理、有效的辐射防护措施,以保证工作人员所受到的剂量照射低于《电离辐射防护与辐射源安全基本标准》(GB 18871—2002)规定的剂量限值。

(4)工作人员要对设施所产生的放射性废气、废液和固体废物进行有效的处理,以确保公众所受的剂量达到规定的要求。

(5)要建立辐射防护组织机构,对设施的设计、建造、运行和退役期间的辐射防护进行全面的安全监督和管理。

2. 辐射防护大纲的主要内容

核燃料加工、处理设施的辐射防护大纲应包括辐射安全设计、辐射安全监测、辐射安全措施等主要内容。

(1)辐射安全设计

①设施的分区布置按照《电离辐射防护与辐射源安全基本标准》(GB 18871—2002)规定,从保护环境和避免工作人员接受不必要的辐照剂量的角度考虑,将设施的工作场所分为放射性工作场所和非放射性工作场所。放射性工作场所分为控制区和监督区。根据分区原则,控制工作人员在污染区域的停留时间和采取相应的防护措施。

②设施的密封原则。为了有效控制厂房的放射性污染,避免物料的损失、减少工作人员的个人吸收剂量,放射性厂房应设置密闭系统,以达到对放射性物料密封和隔离的效果。在厂房内对易造成放射性物料泄漏的部位设置单独的房间,从而防止放射性污染的扩散。

③气流组织。操作放射性物料的厂房应设有全面排风系统,不同的操作场所根据不同的污染状况保持一定的负压,以保证气流从放射性污染水平低的区域流向污染水平高的区域。在易产生放射性气溶胶的部位应设置局部排风系统。

④人流控制。厂房设置卫生通过间,放射性工作人员必须经过卫生通过间进出放射性厂房,并一律佩戴个人防护用具。进厂房要更换工作服,出厂房要进行淋浴,接受手脚表面污染监测。物流和人流通道应分开设置,以避免交叉污染。

⑤辐射屏蔽和污染控制。工作人员应采取必要的防护措施,避免或减少外照射、放射性污染与内照射。对于检修、清洗操作过程中产生的废物和待处置废物,应及时清理、收集或装桶,对污染的工作场所应及时清扫、擦洗。

⑥防火防爆措施。对放射性工作区、非放射性工作区及生活间应有足够的防火防爆器材,并摆放得当。严格执行建筑物设计防火规范,防止火灾事故发生。

⑦事故应急措施。设备运行前,要制定事故处理规程,并编入全厂的应急预案中。对各个岗位的工作人员均要进行培训,并掌握安全操作规程。在事故发生时,相关人员能够及时进行应对和处理。

（2）辐射安全监测

必须设置专门的机构进行剂量监测和辐射安全监测。剂量监测应主要考虑以下几个方面。

①放射性工作场所应对放射性气溶胶,表面污染,β、γ辐射场进行监测。

②应对放射性工作人员进行个人剂量监测。

③应对工作人员进行手脚表面污染监测。

④对厂区、居民区及对照点的监测,应包括:定期对空气中的放射性物质气溶胶和其他有害物质的含量进行监测,定期监测液态、气态排出流中放射性物质的浓度和流量等。

（3）辐射安全措施

核燃料加工、处理设施的辐射安全措施主要应包括以下几个方面的内容。

①对厂房进行分区设计,合理安排厂房的排风气流和控制负压。对各区的人流和物流实行控制并进行剂量监测。凡有可能被污染的空气,均需要经过净化再排入大气。

②各工序产生的废气要经过各工序单独的净化系统净化后,再经过排风净化后排入大气。

③整个生产系统在密闭状态下进行,操作、输送放射性、液态废物的设备和管道,在不违背其他安全要求或特殊工艺要求下,一般采用负压。

④在污染程度不同的工作场所之间要保持适当的负压,防止污染空气泄漏,保障气流的合理走向,厂房排风一律要经过净化后再排入大气。

⑤对参加操作的所有工作人员进行培训,确保工作人员持证上岗。有关人员必须掌握相关的系统运行特点,增强防范意识,在事故发生时能够及时应对和处理。

⑥工作人员进入工作场所前必须穿工作服、工作鞋、戴工作帽、特殊口罩。离开时要经过淋浴,经表面放射性污染检测合格后,再更换自己的衣服。

⑦应预先分析运行过程中可能出现的各种事故及其后果,包括辐射事故和一般工业事故(如着火、爆炸等)。根据事故分析制定出事故处理规程,编写应急预案。

⑧对周围环境的大气、地下水、地面水、土壤进行定期监测。根据监测结果,采取相应的环保措施。

3. 铀浓缩生产的辐射安全监督管理

铀浓缩厂主要工作物质是六氟化铀(UF_6),主要污染物是铀及其氟化物。

UF_6的化学性质较活泼,可与水和有机物等发生反应,具有较强的化学毒性。UF_6落到皮肤上会起泡发痒,能刺激眼睛,腐蚀上呼吸道,大量吸入可引起肺水肿。UF_6在空气中遇水分能形成氢氟酸微滴而发烟。氟化氢对人体的呼吸系统和黏膜有较强的刺激和腐蚀作用。

UF_6除对人体有化学毒性以外,还具有辐射危害,主要为α辐射并伴有铀衰变系列的β辐射和少量的γ辐射,对UF_6的辐射防护应主要防止将其吸入体内,造成内照射危害。

UF_6一旦泄漏,将对工作现场和周围环境造成一定的污染和危害。必须采取有效的防护措施和净化控制措施,以保证工作人员和周围广大公众的安全与健康。

4. 燃料元件制造过程中的辐射安全

燃料元件加工厂曾多次发生UF_6泄漏事件或事故,主要发生在UF_6的气化岗位。常见泄漏的主要原因是:阀门或法兰的密封圈磨损,管道腐蚀,操作人员误操作等。为了防止UF_6泄漏,通常的措施有:严格控制UF_6气化的温度;设有电导率或pH的连续监测,一旦出现气化罐泄漏能及时发出警报,提醒操作人员采取相关措施;加强操作人员的业务和安全文化的培训,减少误操作;采用可靠的系统部件,并定期进行维修保养等。

5. 后处理厂的辐射防护

由于后处理厂加工处理的对象是经过解体的强放射性物料,它们是含未裂变的铀-235、新产生的裂变材料钚-239、未被转换的核材料铀-238,以及放射性同位素锶-90、铯-137、锋-237 等,它们产生极强的 β、γ 射线和中子辐射,含有碘-131、氪-85 等放射性核素的废气,以及产生的高、中放废液等。这些均是需要严加控制的对象,因此,做好辐射防护是后处理厂的重点工作之一。

3.5.7 核燃料加工、处理设施的临界安全

1. 核临界安全基础知识

(1)中子链式反应及临界

在核燃料(含乏燃料)加工、处理、贮存、运输过程中,会出现组成和形状各异的各种易裂变物质系统。在这些系统中,当中子与易裂变物质(以 ^{235}U 为例)的原子核发生作用时,^{235}U 即以一定的概率产生裂变反应。当一个中子使 ^{235}U 产生核裂变时,后者通常分裂成两个碎片,同时释放出能量,还伴随平均放出 2.5 个中子。由裂变放出的中子又会与 ^{235}U 核发生作用,引起新的裂变。如此持续下去,遂形成中子链式反应。

裂变时放出的中子,只有一部分引发新的裂变,其余部分或在系统中被吸收掉,或从系统泄漏走。如果创造条件,使每次裂变平均放出的中子至少有一个继续与 ^{235}U 起裂变反应,则只要有第一批"点火"中子引发,此裂变反应就能在一定程度上自己持续地进行下去,形成自持链式反应。所创造的这个条件即临界条件。所谓"达到临界"就是指某易裂变物质系统满足临界条件,能维持自持链式反应。

第二代被 ^{235}U 核吸收的中子数与前一代被 ^{235}U 核吸收的中子数之比,叫作增殖因子。考虑中子泄漏的增殖因子,称为有效增殖因子(k_{eff})。当其值等于 1 时,系统就能维持自持链式反应,达到临界。因此,临界条件就是 k_{eff} 等于 1。

对于一个系统,假如 ^{235}U 每次裂变平均放出的中子数中,平均有一个中子可引发另一个 ^{235}U 核裂变,则系统达到临界,若只有少于 1 个中子可引发另一个 ^{235}U 裂变,则系统为次临界。

对核临界安全而言,其内容就是防止临界条件的出现,使工艺过程能安全地进行。临界安全是设施安全的重要组成部分。为此,要研究造成临界的各种因素和条件,掌握其规律,严防超临界事故的发生。

(2)影响核临界安全的因素与临界控制手段

在分析临界安全时,有以下需要考虑的主要因素:

①易裂变核素和可转换核素各自所占的份额;

②易裂变核素的质量;

③装易裂变材料的容器的几何条件(形状和尺寸)和容积;

④易裂变材料在溶液中的浓度;

⑤慢化剂的性质和浓度;

⑥易裂变材料周围反射层的性质和厚度;

⑦中子毒物的性质和浓度;

⑧燃料–慢化剂–中子毒物的混合物的均匀性;

⑨两个或多个含易裂变材料容器之间的相互作用。

对组分已确定的燃料,保证次临界的最简单和最严格的条件是控制上述②、③和④三项因素的极限值,即分别施行易裂变核素的质量控制、盛装易裂变材料的容器的几何控制和易裂变材料在溶液中的浓度控制。这种控制称为易裂变核素单参数临界安全极限法。固定的或可溶性的中子毒物(如硼、镉、钆)的存在,可进一步增加次临界系统的尺寸或浓度。

除了上述核临界安全控制的技术手段以外,还必须从管理上采取以下措施:

①主要是思想上重视,贯彻"安全第一,预防为主"的方针;

②管理上有科学严格的管理制度;

③配备专业技术人员;

④核临界安全设计规范和运行规程应以通用的临界控制专业技术标准为基础;

⑤编制切实可行的核临界安全规程并严格监督执行;

⑥确定安全限值时留有较大余量,临界安全分析的假设必须偏安全,某些工艺设计中采用双偶然原则,以保证工艺条件中有两个不大可能发生的独立的条件一并或相继发生变化时仍不可能导致临界事故;

⑦应尽可能采用几何控制,对于不能采用几何控制的大型设备,则应采用可溶的或固定的中子毒物控制;

⑧临界控制所依赖的次临界限值,应建立在实验数据或由经验证明可靠而有效的计算方法所得出的计算数据的基础之上。

(3)燃耗信用制

通常分析乏燃料运输、贮存与后处理的临界问题时,均以新燃料的最高富集度为依据,这样做的结果是安全裕度过大。若考虑核燃料在辐照后其反应性因易裂变核素的净减少和中子吸收剂的存在而有所降低,即采用燃耗信用制,则可使过大的安全裕度适当变小。这一做法能在保证安全的前提下提高经济效益,具有很大的实用价值。

然而,采用燃耗信用制在技术上和管理上都必须达到相当高的水平。例如,核动力厂要提供可靠的燃耗数据;每盒组件的燃耗须经核实,而且测量装置的精度须用实验验证;还应开发精度高、适应性强的临界计算程序并对其验证。其中,燃耗测量是采用燃耗信用制的一个关键步骤,其测量方法有中子发射法、γ 射线能谱法和 γ 射线法。

2. 铀富集厂的核临界安全

(1)核临界安全的特点

铀富集厂的核临界安全问题有以下特点。

①易裂变材料是单一的 ^{235}U,其富集度范围在 0.2%~90%。当富集度大于 1% 时,就存在核临界安全问题。

②工艺主机(扩散机或离心机)级联中大量的气相 UF_6 本身不存在核临界问题。但在异常情况下,若机器内部沉积的铀水混合物达到一定条件时,则有可能发生核临界事故。铀积累可因水解反应、局部冷凝、金属腐蚀和氟油溶解等引起。

③主机级联厂房及其检修厂房和供取料厂房的产品取料装置等均无辐射屏蔽层;回收再生厂房虽有部分间隔,但屏蔽效果不大。

（2）核临界控制的手段

参照参数临界限值数据，工厂采用以下临界控制手段。

①几何控制——限制工艺设备的几何尺寸和形状。如用容积小于 5 L 的容器盛取高富集度的产品。

②质量控制——限制设备和系统内的易裂变材料的质量。如在考虑双批投料的可能下，清洗槽和扬液器中溶液的^{235}U 含量不大于 350 g。

③浓度控制——限制溶液中易裂变材料的质量浓度。如混合澄清槽、清洗槽和扬液器中溶液的^{235}U 浓度不大于 5 g/L。

④富集度控制——按富集度的不同分别制定核临界安全限额。对各种含铀物料，按富集度范围分成若干品级组。在物料贮存、运输和回收再生中，不同组别的物料不得相混。

⑤富集度小于 1% 的含铀物料无临界危险。

⑥慢化控制——限制可能进入含铀物料的含氢慢化剂的质量。如在扩散级联的取料容器外套一个限量的铜制保护杯，以限制取料容器内冷却剂的泄漏量。近年来，离心机精料取料系统由原来的水冷改为风冷，以消除核临界的隐患。

⑦间距控制——限制容器之间的距离不得小于一定值，以防产生临界。

⑧毒物控制——使用中子吸收材料，如在处理接近或超过临界量的含^{235}U 的溶液反应器中设置镉片。

3. 核燃料元（组）件制造厂的核临界安全

（1）临界安全控制的一般考虑

在燃料制造过程中，由于有各种物理和化学变化，易裂变物质会出现液、气、固三种形态及其不均匀性现象。在进行临界安全计算和确定临界控制方法时，必须考虑这些问题。通常的做法是，先建立能在正常和异常条件下包容这些状态的偏保守模型，再由此模型得到安全限值和适用的控制方法。

（2）工艺流程中各工序的临界控制方法

本书以采用重铀酸铵（ammonium diuranate，ADU）法制造低富集度 UO_2 组件为例，来说明燃料制造各工序的核临界安全控制方法。

①UF_6 接收、称重、贮存——此处的主要措施是控制容器之间的最小贮存间距并防止水进入 UF_6 容器。

②UF_6 转化为 ADU——本工序因涉及水溶液且可能出现铀化合物的多种形态，须特别予以重视。考虑在最佳慢化或最大反应性条件下各种正常和异常的工况，建立偏保守的单体和多体模型，然后计算出单体的安全尺寸和多体的布置要求。

③ADU 转化为 UO_2 粉末——用于过滤、洗涤、干燥的单体设备通常设计为直径受限的几何良好圆柱体；还可限制沉淀物容器的高度和容积；控制易裂变物质的量；且其在煅烧炉内排列成安全平板型阵列。若本工序的设备布置在同一厂房内，还需考虑多体的相互作用。

④UO_2 粉末转运和贮存——用几何控制、质量控制及慢化控制方法确保次临界。

⑤配料——控制 UO_2、添加剂和慢化剂的质量，并让混料操作在几何良好的容器中进行。

⑥干燥——UO_2 粉末置于几何安全的装置中。

⑦制粒——用安全容积的容器盛装 UO_2 粉末；用限制操作量的方法转运和提升 UO_2 粉

末;以安全面密度方法贮存 UO_2 粉末。

⑧除气和烧结——限制钼舟的高度;使其排列成安全平板型阵列;控制钼舟周围的慢化剂。

⑨研磨——限制磨削时的 UO_2 质量;UO_2 芯块以安全平板型阵列存放。

⑩芯块转运和贮存——UO_2 芯块以安全平板状运输;贮存在三维阵列中时,用间距控制和慢化剂控制。

⑪包壳管装料——装料后的元件棒以安全平板状放置于台面,并控制慢化剂的引入。

⑫元件棒除气、封焊、检查、富集度测量、目检——控制慢化条件,并限制元件棒数。

⑬元件棒贮存——在控制慢化条件下,元件棒以安全阵列贮存。

⑭组件组装——每个工作台只组装一盒组件,并控制慢化。

⑮组件清洗和检查——限制组件数。通常,一次只操作一盒组件。

⑯组件贮存和运输——装运容器在正常和事故条件下均能保持组件有安全间距。

⑰废物处理——优先选用几何控制的工艺设备。

（3）铀转化工序的一次典型临界事故

日本东海村 JCO 铀转化工厂在生产快堆燃料时发生过一次临界事故。在沉淀槽中,向由 U_3O_8 溶解得到的 $UO_2(NO_3)_2$ 溶液中加入氨水,生成 $(NH_4)_2U_2O_7$ 沉淀。对于富集度为 16%~20% 的铀,此槽的操作限量为 2.4 kg。1996 年该厂未经主管部门同意,擅改操作方式,将 U_3O_8 先在不锈钢小槽中溶解,再直接倒入沉淀槽中。1999 年 9 月 29 日已倒入 4 批溶解液(含铀 9.2 kg);同月 30 日又倒入 3 批溶解液(含铀 6.9 kg)。至此,共倒进富集度为 18.8% 的铀 16.1 kg。当日上午 10 时 35 分突然发生核临界事故,此事故持续了 17 h 以上,总裂变数范围估计为 $5×10^{17}$~$5×10^{18}$。事发时见到蓝白色闪光、γ 监测器报警。事故中共有上百人受照,3 人受照严重(辐照剂量分别为 10~20、6~10、1.5~5Gy),其中 2 人分别于事发后 82 d 和 210 d 死亡。

4. 乏燃料贮存设施的核临界安全控制

（1）乏燃料贮存密集化

为了增加乏燃料湿法设施的贮存容量,现已开发出几种高密度的贮存方式。水池的贮存容量密度已从原来的 4.2 tHM/m² (HM——重金属,指燃料中辐照前铀和钍的量)提高到 12 tHM/m²。其密集化措施有:

①将燃料组(元)件在水下由单层排列改为双层排列;

②将组件拆解成元件单棒排列;

③向水中加入可溶性中子毒物;

④水池或格架中设置固态中子毒物。

（2）临界安全控制参数与条件

乏燃料贮存时须做临界分析,应采取措施使之在正常和可信的异常条件下都处于次临界状态。临界分析时应在双偶然事件原则的基础上,考虑会使贮存阵列的反应性达到最大的各项参数和条件。

（3）k_{eff} 操作限值的选取

乏燃料贮存阵列的 k_{eff} 须来自实验或有效的计算方法,且要考虑实验或计算中的不确定度和计算模型与实际阵列的偏差,以及实际阵列的各种误差,同时要留有足够的裕量来补偿操作中可能出现的意外事件。通常乏燃料贮存阵列的 k_{eff} 操作限值取 0.90;有时为提高贮存容量，k_{eff} 也可限定为 0.95，但此时各种不确定度、偏差、毒物和应付意外事件的裕量都要降低。

5.乏燃料后处理厂的核临界安全控制

乏燃料后处理厂是核燃料循环中典型的堆外操作、加工、处理易裂变材料的核设施，在其设计、运行和管理中核临界安全控制占有特殊又重要的地位。后处理厂操作的物料不仅含有 ^{235}U，而且有相当含量的钚。该类设施的核临界安全控制应尽可能采用几何控制；对于不能采用几何控制的大型设备，则应采用可溶的或固定的中子毒物控制。应加强易裂变材料的衡算，了解其分布、积存和转移情况。对可能发生核临界事故的场所，须编制事故应急响应规程；对于万一发生临界事故可能造成严重后果的核设施，则必须制定周密的事故应急计划。

（1）临界控制的特点

与生产堆辐照燃料后处理相比，轻水反应堆（light water reactor，LWR）乏燃料后处理在临界控制方面另有一些特点：LWR 的核燃料在辐照前，其 ^{235}U 的富集度一般为 3.5%，最高不超过 5%；而从堆内卸出的乏燃料中 ^{235}U 的富集度小于 1%，钚的质量分数大于 0.5%。然而，也有可能某些乏燃料的 ^{235}U 富集度大于 3%；钚的质量分数大于 1%。因此，对其后处理厂工艺过程必须从头到尾都进行临界控制。

由于此类工厂具有商用性质，所以在安全性与经济性上做通盘考虑显得尤为重要。在临界控制的设计和实施方面技术难度较大。

（2）主要工艺步骤的临界控制

①燃料剪切——通过控制剪切组件数量来防止临界。

②燃料溶解——乏燃料溶解时会遇到双重（固相—液相和溶液中的浓度二者）不均匀性问题，其临界反应性在溶解过程中达到峰值。此不均匀性使溶解器的临界计算、设计和控制大为复杂。其临界可用几何控制、固定中子毒物控制和浓度控制共同实现。

③料液制备——通常用可溶毒物、浓度、几何控制或其适当的组合来实现临界安全。此过程要严防易裂变物质的局部浓集（如沉淀）。

④共去污和铀、钚分离循环——萃取设备可用几何、浓度—几何、毒物—浓度—几何等方法控制临界。后者一般只在大型厂中使用。可溶性中子毒物仅在共去污部分使用，以防产品液被污染。

⑤铀纯化循环——若料液中的 ^{235}U 富集度有可能超过规定的临界富集限值，则须采取浓度、几何、浓度-几何、固定毒物等控制措施。

⑥钚纯化循环——一般均用几何（环形或平板形设备）或几何-固定毒物（设备内装有含硼玻璃拉西环）方式来控制临界。此处应注意预防不溶性钚聚合物的生成。

⑦铀、钚尾端——钚产品转化设备是几何安全的，并希望能自动化连续操作。对易裂变物质的贮存，其临界控制较为容易。

3.6 放射性同位素和射线装置的安全监管

放射性同位素和射线装置的安全需要依法监管,依据的法律主要由国家法律、行政法规和部门规章几个层次构成。

3.6.1 放射性同位素和射线装置安全监管的相关规定和要求

《放射性污染防治法》第四章(第二十八条至第三十三条)是放射性同位素和射线装置项目或防止放射性污染必须遵守的法律规定。主要规定概括如下。

(1)对核技术利用活动实行许可证和登记制度的规定。

(2)对核技术利用单位进行环境影响评价,国家建立放射性同位素备案制度的规定。

(3)对核技术利用中辐射工作场所及有关防护设施的环境保护"三同时"要求和验收的规定。

(4)对放射性同位素存放要求的规定。

(5)对生产、使用放射性同位素和射线装置的单位产生的放射性废物和废旧放射源的处理规定。

(6)对生产、销售、使用、贮存放射源的单位的责任,以及发生辐射事故后相关政府部门的义务的规定。

3.6.2 放射性同位素和射线装置的许可管理

核技术利用范围非常广泛,包括除在核能开发领域(在此领域称为核设施)之外的所有领域中的应用。具体说来则是指密封放射源、非密封放射源和射线装置在医疗、工业、农业、地质调查、科学研究和教学等领域中的使用。

至2016年年底,我国国家监管的核技术利用单位6万多家,在用放射源12万余枚,在用射线装置近15万余台。辐射技术在给人类社会文明带来进步的同时,辐射事故的发生,也给环境、工作人员以及社会公众的健康与安全造成了严重的影响。

国家对核技术利用活动实施严格的许可证管理制度。为实施《放射性同位素与射线装置安全和防护条例》规定的辐射安全许可制度,在我国境内生产、销售、使用放射性同位素与射线装置的单位(简称"辐射工作单位"),应当依照《放射性同位素与射线装置安全许可管理办法》的规定,取得辐射安全许可证(简称"许可证")。

1.许可证的审批与颁发

国家对放射源和射线装置实行分类管理。根据放射源与射线装置对人体健康和环境的潜在危害程度,从高到低,将放射源分为Ⅰ类、Ⅱ类、Ⅲ类、Ⅳ类、Ⅴ类,将射线装置分为Ⅰ类、Ⅱ类、Ⅲ类。

(1)除医疗使用Ⅰ类放射源、制备正电子发射计算机断层扫描用放射性药物自用的单位外,生产放射性同位素、销售和使用Ⅰ类放射源、销售和使用Ⅰ类射线装置的辐射工作单位的许可证,由国务院环境保护主管部门审批颁发。

(2)除国务院环境保护主管部门审批颁发的许可证外,其他辐射工作单位的许可证,由省、自治区、直辖市人民政府环境保护主管部门审批颁发。

(3)一个辐射工作单位生产、销售、使用多类放射源、射线装置或者非密封放射性物质的,只需要申请一个许可证。

(4)辐射工作单位需要同时分别向国务院环境保护主管部门和省级环境保护主管部门申请许可证的,其许可证由国务院环境保护主管部门审批颁发。

(5)环境保护主管部门应当将审批颁发许可证的情况通报同级公安部门、卫生主管部门。

(6)省级以上人民政府环境保护主管部门可以委托下一级人民政府环境保护主管部门审批颁发许可证。

2. 放射源和射线装置的分类

我国参照国际原子能机构的有关规定,按照放射源对人体健康和环境的潜在危害程度,从高到低将放射源分为Ⅰ、Ⅱ、Ⅲ、Ⅳ、Ⅴ类,Ⅴ类放射源的下限活度值为该种核素的豁免活度。

(1)Ⅰ类放射源为极高危险源。在没有防护情况下,接触这类放射源几分钟到1小时就可致人死亡;

(2)Ⅱ类放射源为高危险源。在没有防护情况下,接触这类放射源几小时至几天可致人死亡;

(3)Ⅲ类放射源为危险源。在没有防护情况下,接触这类放射源几小时就可对人造成永久性损伤,接触几天至几周也可致人死亡;

(4)Ⅳ类放射源为低危险源。基本不会对人造成永久性损伤,但对长时间、近距离接触这些放射源的人可能造成可恢复的临时性损伤;

(5)Ⅴ类放射源为极低危险源。不会对人造成永久性损伤。

常用的射线装置按照用途可分为医用射线装置和非医用射线装置,根据射线装置对人体健康和环境的潜在危害程度,从高到低将射线装置分为Ⅰ类、Ⅱ类、Ⅲ类。

(1)Ⅰ类射线装置。事故时短时间照射可以使受到照射的人员产生严重放射损伤,其安全与防护要求高。

(2)Ⅱ类射线装置。事故时可以使受到照射的人员产生较严重放射损伤,其安全与防护要求较高。

(3)Ⅲ类射线装置。事故时一般不会使受到照射的人员产生放射损伤,其安全与防护要求相对简单。

3. 许可证的申请

《放射性同位素与射线装置安全许可管理办法》对辐射安全许可证的申请与颁发等相关内容做出了规定,许可中活动的种类分为"生产、销售和使用"三类,以下以"使用"为例介绍许可证申请中对环境影响评价文件的要求和许可证条件的相关内容。

(1)对环境影响评价文件的要求

辐射工作单位在申请领取许可证前,应当组织编制或者填报环境影响评价文件,并依照国家规定程序报环境保护主管部门审批。环境影响评价文件中的环境影响报告书或者环境影响报告表,应当由具有相应环境影响评价资质的机构编制。

根据放射性同位素与射线装置的安全和防护要求及其对环境的影响程度,对环境影响评价文件实行分类管理。

申请领取许可证的辐射工作单位从事使用Ⅰ类放射源(医疗使用的除外)和使用Ⅰ类射线装置活动的,应当组织编制环境影响报告书。

申请领取许可证的辐射工作单位从事医疗使用Ⅰ类、Ⅱ类、Ⅲ类放射源和使用Ⅱ类射线装置活动的,应当组织编制环境影响报告表。

申请领取许可证的辐射工作单位从事使用Ⅳ、Ⅴ类放射源和使用Ⅲ类射线装置活动的,应当填报环境影响登记表。

辐射工作单位组织编制或者填报环境影响评价文件时,应当按照其规划设计的放射性同位素与射线装置的使用规模进行评价。

（2）许可证条件

使用放射性同位素、射线装置的单位申请领取许可证,应当具备下列条件。

①使用Ⅰ类、Ⅱ类、Ⅲ类放射源,使用Ⅰ类、Ⅱ类射线装置的,应当设有专门的辐射安全与环境保护管理机构,或者至少有1名具有本科以上学历的技术人员专职负责辐射安全与环境保护管理工作;其他辐射工作单位应当有1名具有大专以上学历的技术人员专职或者兼职负责辐射安全与环境保护管理工作;依据辐射安全关键岗位名录,应当设立辐射安全关键岗位的,该岗位应当由注册核安全工程师担任。

②从事辐射工作的人员必须通过辐射安全和防护专业知识及相关法律法规的培训和考核。使用放射性同位素的单位应当有满足辐射防护和实体保卫要求的放射源暂存库或设备。放射性同位素与射线装置使用场所有防止误操作、防止工作人员和公众受到意外照射的安全措施。

③配备与辐射类型和辐射水平相适应的防护用品和监测仪器,包括个人剂量测量报警、辐射监测等仪器。使用非密封放射性物质的单位还应当有表面污染监测仪。有健全的操作规程、岗位职责、辐射防护和安全保卫制度、设备检修维护制度、放射性同位素使用登记制度、人员培训计划、监测方案等。有完善的辐射事故应急措施。

④产生放射性废气、废液、固体废物的,还应具有确保放射性废气、废液、固体废物达标排放的处理能力或者可行的处理方案。

（3）许可证申领

申请领取许可证的辐射工作单位应当向有审批权的环境保护主管部门提交下列材料:辐射安全许可证申请表;企业法人营业执照正、副本或者事业单位法人证书正、副本及法定代表人身份证原件及其复印件,审验后留存复印件;经审批的环境影响评价文件;满足上述条件规定的相应证明材料;单位现存的和拟新增加的放射源和射线装置明细表。

4.许可证的审查

（1）环境保护主管部门在受理申请时,应当告知申请单位按照环境影响评价文件中描述的放射性同位素与射线装置的生产、销售、使用的规划设计规模申请许可证。

环境保护主管部门应当自受理申请之日起20个工作日内完成审查,符合条件的,颁发许可证,并予以公告;不符合条件的,书面通知申请单位并说明理由。

（2）许可证包括下列主要内容:

①单位的名称、地址、法定代表人;

②所从事活动的种类和范围;

③有效期限;

④发证日期和证书编号。

许可证中活动的种类分为生产、销售和使用三类,活动的范围是指辐射工作单位生产、销售、使用的所有放射性同位素的类别、总活度和射线装置的类别、数量。

（3）取得生产、销售、使用高类别放射性同位素与射线装置的许可证的辐射工作单位，从事低类别的放射性同位素与射线装置的生产、销售、使用活动，无须另行申请低类别的放射性同位素与射线装置的许可证。

5. 许可证的安全监督管理

（1）辐射工作单位应当按照许可证的规定从事放射性同位素和射线装置的生产、销售、使用活动。禁止无许可证或者不按照许可证规定的种类和范围从事放射性同位素和射线装置的生产、销售、使用活动。

（2）生产、进口放射源的单位在销售Ⅰ类、Ⅱ类、Ⅲ类放射源时，应当与使用放射源的单位签订废旧放射源返回合同。

（3）辐射工作单位应当建立放射性同位素与射线装置台账，记载放射性同位素的核素名称、出厂时间和活度、标号、编码、来源与去向，以及射线装置的名称、型号、射线种类、类别、用途、来源与去向等事项。放射性同位素与射线装置台账、个人剂量档案和职业健康监护档案应当保存至年满75岁或者停止辐射工作30年。

（4）辐射工作单位应当编写放射性同位素与射线装置安全和防护状况年度评估报告，于每年1月31日前报原发证机关。年度评估报告应当包括放射性同位素与射线装置台账、辐射安全和防护设施的运行与维护、辐射安全和防护制度及措施的建立和落实、事故和应急，以及档案管理等方面的内容。

（5）县级以上人民政府环境保护主管部门应当对辐射工作单位进行监督检查，对存在的问题，应当提出书面的现场检查意见和整改要求，由检查人员签字或检查单位盖章后交被检查单位，并由被检查单位存档备案。

（6）省级环境保护主管部门应当编写辐射工作单位监督管理年度总结报告，于每年3月1日前报国务院环境保护主管部门。

3.6.3 放射性同位素应用中的辐射防护

1. 放射性同位素在医学应用中的辐射防护

（1）放射源和辐照剂量的选择与控制

在使用放射性同位素和放射源进行医学诊断和治疗时，要选择合适的放射源，制定合理的照射方案，仔细计算所需的照射剂量，防止病人接受过量照射。由于照射剂量的变化可引起生物效应的明显改变。所以，必须准确地控制剂量，除精确计算外，还要加强对辐照剂量的监测。

（2）对注射放射性药物的病人的管理

设立注射放射性药物后的病人专用候诊室，病人必须在专用候诊室候诊，不得随意走动。病人家属和慰问者尽量远离患者，避免不必要的照射。还应避免病人之间相互影响。对接受了^{131}I（碘-131）治疗的患者，其体内的放射性活度降至低于400 MBq之前不得出院。

（3）放射源使用和贮存的安全

使用β放射源做敷贴器时，当源的活度较高时，必须考虑对β粒子产生的韧致辐射的防护。

使用后装机进行治疗时，要经常检查控制机构和接管的可靠性，防止卡源、掉源或送源不到位。治疗结束后，要用辐射监测仪检查源是否回到安全贮存位置。

腔内治疗用的密封源很小，特别要防止在使用和贮存时放射源的丢失。治疗期间，要检查病人身上植入放射源的数量和位置;治疗完毕,要仔细清点放射源,防止病人将放射源带走。

(4)放射性废物的处理处置

在进行放射性药物影像诊断、^{131}I 治疗和放射免疫分析时,会产生放射性废水、废气和固体废物。放射性废水一般采用衰变池或容器贮存衰变方法,经检测达标后排放。

放射性药物的制备、分装等,在密闭的手套箱或通风柜中进行操作。通风柜操作口的风速和通风管道的高度等应满足规定要求,必要时通风系统加高效过滤器。

固体废物等放射性废物应分类存放在放射性废物暂存间,定期送至城市放射性废物库。

(5)对工作人员、患者和公众的防护

使用敷贴器时,尽量缩短操作时间。戴防护手套和有机玻璃面罩,以减少 β 射线对工作人员的照射。敷贴时应避免正常皮肤受到过量照射。

使用密封源治疗的病人、病床和病房应有明显的标记,最好将这些病床和病房单独隔开,防止其他人员受到不必要的照射。

γ 射线远距治疗机对病人进行照射时,除接受治疗的患者外,治疗室内不应有其他人员。治疗室必须与控制室分开。设计屏蔽厚度时应使相邻及附近地区的工作人员和居民所受的照射低于国家规定的限值。

(6)辐射监测

β 敷贴器的窗很薄,容易受腐蚀或机械损伤而破裂。为预防万一,治疗完毕后最好用表面污染仪对病人及其衣服进行检测。使用后装机进行治疗时,治疗结束后,要用剂量仪检查源是否回到安全贮存位置。

为准确控制照射剂量,应加强对照射剂量的测量检查。定期测量(如每月一次)有用线束的比释动能率。对放射性工作人员应进行个人剂量监测并建立个人剂量档案。每次照射完后,应用剂量仪检查治疗室内的辐射水平,以判断放射源是否回到安全贮存位置,以免发生意外。

2.放射性同位素在工业应用中的辐射防护

(1)辐射防护容器的设计和防护性能检验

核仪表和 γ 射线探伤机等不使用时,放射源都位于防护容器内并锁在安全位置,此时防护容器外表面的比释动能率应符合国家规定的要求。

设计防护容器时,保护和操纵机构要灵活、可靠,要保证在使用过程中放射源不会松脱,更不能掉出来。既要使放射源便于安装、更换,又要使无关人员无法打开。

对辐射源防护容器,要在设计的最大装源量条件下,对防护容器的防护性能进行检验,确保符合国家标准。不符合安全性能要求的不应出厂。

(2)生产线核仪表安装、使用、维修和储存中的辐射安全

生产线上用的核仪表一般没有专用工作场所,应选择合适的安装地点,使射线束避开人员停留和经常经过的区域。放射源与工作人员的距离应大于 0.5 m 并便于安装、拆卸和检修。安装工作完成后,要检测放射源周围的辐射剂量情况,如剂量过高,则采取必要的防护措施。

仪表要经常维护,检查放射源的密封性,检查控制和安全保护系统的可靠性等。需在放射源附近长时间检修时,应将放射源锁在安全位置,必要时,可将放射源移至其他防护容

器内暂时贮存。

放射源不再使用时,要存放在放射源库中,加强安全保卫,防止丢失被盗,并及时返回生产厂家或送至城市放射性废物库。

(3)野外和施工现场作业时的辐射安全

在野外和施工现场使用辐射仪表时,特别是辐射剂量较大的仪表(如γ射线探伤机等),要根据射线的辐射范围,划出一定范围的控制区域,并设置警戒线和标识,必要时须有专人负责警戒,以防无关人员进入辐射现场。工作结束,放射源使用完毕后,一定要检查放射源是否已收回防护容器,经监测确认放射源已收回防护容器后,才能离开现场。

(4)废放射源的安全处置

对已不能满足使用要求或不再使用的闲置放射源,不得自行处理,特别是不能任意丢弃、掩埋和挪作他用,应妥善保管,及时返回厂家或送至城市放射性废物库。对关停并转的企业和单位,要有专人负责放射源的安全保卫工作,直至将放射源进行了安全处置。

3. 钴源辐照装置的辐射防护

(1)钴源辐照装置的辐射危害分析

γ辐照装置的装源量比较大,活度从 10^{12} Bq(10^2 Ci)量级至 10^{16} Bq(10^6 Ci)量级不等。农用钴圃 ^{60}Co 源的活度一般在 1.85 TBq(50Ci)~370 TBq(10^4Ci)。所以,为了防止人员受到大剂量的射线照射,应该加强外照射的防护。

大型辐照装置多数采用 ^{60}Co 作为辐射源。^{60}Co 在其衰变过程中产生 γ 射线,能量为 1.17 MeV 和 1.33 MeV,平均能量为 1.25 MeV,半衰期为 5.27 a。距 $3.7×10^{10}$ Bq(1Ci) ^{60}Co 源 1 m 处的 γ 吸收剂量率为 $1.15×10^{-2}$Gy/h。γ 射线穿透能力强,穿过屏蔽墙进入环境中,可能会对辐照室周围环境和人员产生辐射影响。

(2)事故情况下钴源辐照装置对环境的影响

①钴源泄漏和贮源井水渗漏。由于源包壳密封性能欠佳或者长期浸泡在水中被腐蚀,造成钴源泄漏。微量放射性钴进入井水,使水中的放射性浓度逐渐升高。这种泄漏的发展过程是缓慢的,只要对井水按时监测,可以在源泄漏发生的初期立即发现并妥善处理,控制事故产生的影响。

②放射源架卡住事故。发生放射源架卡住的概率十分小,一旦发生这种事故,要根据实际情况采用迫降措施将放射源架降入贮源水井。放射源架卡住事故对辐照室周围环境几乎没有什么影响。但排除事故后要注意贮源井水的监测,以了解是否有异常状况出现。若有,说明放射源棒在排除事故时有破损,将按放射源棒破损事故处理。

③着火。辐照装置本身不会着火,如果辐照物中含有易燃、易爆物质,由于机械、电器产生的火花会引起着火。故辐照室着火一般情况下不可能造成钴源熔化而导致大面积污染环境的事故,但辐照室着火仍然是一种很危险的事故。要严加防范,杜绝发生着火的可能性。

④爆炸。辐照室发生爆炸的可能性很小,但如果辐照物中含有易爆物质或者辐照室长时间不运行、不通风,钴源在井水中使水分解产生氢气。当氢气浓度累积到安全浓度以上,再次启动辐照装置时,由于静电效应、机械摩擦或其他原因产生的火花有可能引起爆炸。

⑤人员误入辐照事故。钴源处于辐照位置时,人员误入辐照室造成人员辐照事故。这种事故对人员构成的危害较大,会严重的损害工作人员的身体健康。为防止此类事故的发生,辐照装置要设置人员安全联锁系统,确保辐照源处于工作状态时,人员通道门不能被打

开;当有人在辐照室时,辐照源不可能提升出贮源水井。

3.6.4 射线装置应用中的辐射防护

1. 加速器的辐射危害

在加速器中被加速的高能带电粒子与物质相互作用产生瞬发辐射,包括初级辐射(X射线、γ射线和中子等)。产生的这些辐射与周围物质相互作用产生感生放射性(发射β、γ等射线)。前者只有加速器开机时产生,停机后就消失;后者在加速器关机后仍然存在,而且随着加速器运行时间的增加而累积。加速器的主要危害因素如下。

(1)贯穿辐射

被加速的高能带电粒子与结构材料相互作用,会产生强度很高的贯穿辐射(中子和γ射线)。加速器运行时产生的中子和γ射线在设计上必须用足够厚的屏蔽材料才能将其减弱到较低水平。

①中子

在加速器里,中子是由多种核反应产生的,中子的发射率、能量和角分布与入射粒子种类和能量有关。中子具有很强的穿透能力,它们会穿过屏蔽层对人引起直接的辐射剂量,中子还会穿过建筑物屋顶进入天空,由于中子散射也对设施周围的人引起辐射照射。

②γ射线

在加速器里由多种核反应产生的中子辐射总是伴随着发射γ射线。这是因为产生中子的核反应一般要放出γ射线,而快中子和慢中子在各种材料上辐射俘获反应也放出γ射线。γ射线也会穿过屏蔽层对人引起直接的辐射照射。

(2)感生放射性

加速器感生放射性是由中子引起的,这是因为不管中子能量如何均会产生活化,感生放射性的辐射水平取决于加速粒子的能量、种类、流强和加速器的运行时间等因素。感生放射性主要产生在加速器的结构材料、冷却水、周围土壤以及加速器厅(治疗室)和束流传输隧道的空气中。

2. 加速器应用中的辐射防护

在这里仅讨论医用电子直线加速器和电子辐照加速器的辐射防护问题。

(1)辐射屏蔽

国内医用电子加速器大部分运行在 6~20 MeV。加速器运行时产生的辐射主要有电子轰击靶时产生的韧致辐射,当电子能量大于 10 MeV 时,还会产生光中子及感生放射性。所以在加速器屏蔽设计时,要考虑对 X 射线和中子的防护。在屏蔽设计中还要考虑 X 射线和中子的散射辐射及天空反射的辐射水平。

(2)感生放射性的防护

在低能加速器上,感生放射性主要是通过(γ, n)反应引起的,这种反应的阈能通常约为 10 MeV。如果产生了高注量的中子,则由中子活化引起的感生放射性也不可忽视。

(3)安全联锁装置和警告装置

安全联锁装置是指加速器存在某种危险状态(如超剂量照射)时能立即自动切断电源或束流的装置。加速器必须设置安全联锁装置,并且要有两套以上的安全装置。对放射治疗的加速器,安全联锁装置只有在满足下列条件时,才允许进行照射:射线类型、射线能量、吸收剂量预选值、照射方式和过滤器规格等参数选定后;控制台必须显示上述辐照参数预选值,并与治疗室的一致;治疗室迷宫的防护门关闭。

(4)剂量监测系统

加速器安装竣工后,必须按规定进行验收监测,经验收合格后才能正式投入运行。运行参数和屏蔽条件发生变化时,必须重新进行监测。在正常运行状况下,对工作场所和周围环境的辐射水平每年监测一次。对剂量监测仪器要定期刻度。

(5)对病人的防护

对病人防护的基本原则是保证治疗部位接受适宜剂量的同时,使非治疗部位接受的剂量低于规定的限值。另外,放射治疗应当符合正当化要求,只有当治疗带来的利益(疾病治愈或减轻)大于所付的代价(费用与健康机体损害)时,照射才允许进行。

①控制照射量,减少不必要的照射。对患者施行照射前,应认真选择并仔细核对治疗方案、准确定位,尽量使治疗部位所受到的照射量控制在临床实际需要的最小值,最大限度地减少不必要的照射。

②减少泄漏辐射。应严格控制有用束外的泄漏辐射,使在正常治疗距离上,距有用线束中心轴 2 m 处,泄漏剂量不得超过中心轴吸收剂量的 0.2%(最大)和 0.1%(平均),中子不得超过 0.05%(最大)和 0.02%(平均)。必须为有用束提供管状屏蔽体。

③治疗室设置监视装置及通话装置。治疗室内应设置监视装置(闭路电视)以及与患者的通话装置。照射时,操作人员应始终监视着控制台和患者,及时排除异常情况,除正在接受治疗的患者外,治疗室内不应有其他人员。

3. X 射线机应用中的辐射防护

此处 X 射线机包括医用和工业用 X 射线机。X 射线的基本防护原则是减少照射时间,远离 X 射线源及加以必要的屏蔽。

(1)放射诊断 X 射线机的辐射安全

①慎重使用放射诊断,做到放射诊断正当化。进行放射诊断时,首先要确定照射的正当性。对受检者而言,使疾病得到诊治的利益与放射损伤的危险体现于同一人。慎重考虑该次放射诊断可能提供的有用信息是否大于可能承受的危险,以此判断该次放射诊断是否应该进行。对放射工作人员、受检者及周围公众进行防护时,均应遵循最优化原则,以最小的集体剂量,取得最大的社会效益。

②控制工作人员和受检者的照射剂量,实现辐射防护最优化。

③进行必要的辐射屏蔽。有关放射诊断 X 射线机的防护设施要求可参照《医用 X 射线诊断放射防护要求》(GBZ130—2013)。标称 125 kV 以下的摄影机房有用线束朝向的墙壁应有 2 mm 铅当量的防护厚度。其他侧墙壁和顶棚(多层建筑)应有 1 mm 铅当量的防护厚度。透视机房的墙壁均应有 1 mm 铅当量的防护厚度。机房的门、窗必须合理设置,并有其所在墙壁相同的防护厚度。使用单位对每台 X 射线机,应为工作人员和受检者配备适量的符合防护要求的防护用品与辅助防护设施,如铅橡胶围裙、铅橡胶帽子、铅橡胶性腺防护围裙等。

④剂量监测。由于医用诊断 X 射线机的工作条件灵活多变,防护情况复杂。防护设施是否符合防护要求,工作人员的操作方式是否合理等,各种不安全因素都要靠严格的剂量监测来发现。

⑤制定辐射防护规章制度和操作规程并严格遵守执行。为了使各种防护措施得以实施,确保工作人员、受检者和公众的安全,各医院的放射科乃至每一台 X 射线机都要制定辐

射防护规章制度和操作规程,并张贴在墙上。工作人员必须严格遵守各项规章制度和操作规程,上岗前需经辐射安全和防护专业知识及相关法律法规培训并考试合格。

(2)放射治疗 X 射线机的辐射安全

①深部 X 射线治疗室的屏蔽。深部治疗 X 射线机设治疗室和控制室,为了对射线进行屏蔽,治疗室应有足够厚的屏蔽墙,使工作人员和公众所接受的年有效剂量低于规定的剂量限值。建成后,应对防护设施的防护效果进行验收监测,验收合格后才能正式投入运行。

②安全联锁装置。放射治疗所用的 X 射线的能量一般高于诊断 X 射线。治疗室内的漏射线和散射线的辐射水平较高,必须安装门和控制台之间的联锁装置,用于防止在机器运行时人员误入治疗室,万一门被打开,应能自动关机。必须对安全联锁装置的功能定期进行检查和维修,防止因联锁装置故障造成事故照射。

③制定照射方案,减少对患者的副作用。放射治疗对患者会造成一些辐射损伤,所以能用非放射方法治疗的疾患,尽可能用非放射方法代替。进行放射治疗时,要选择合适的照射条件,要特别注意对敏感、关键的正常组织的防护。如对眼晶体、甲状腺、性腺等器官和组织进行屏蔽,以减少放射治疗的副作用。

④剂量监测。为了得到较好的放射治疗效果,应定期测量治疗 X 射线的吸收剂量,测量结果的总不确定度应不大于±5%。任何放射治疗设备,均应设有双重测量系统,以便在其中任意一套发生故障时,另一套系统仍能正常工作。

(3)工业用 X 射线机的辐射安全

工业用 X 射线机主要用于工业 CT 和工业探伤。使用时一般有两种情况:室内固定点和现场检查。在室内进行检测时,设计的机房墙壁及门窗屏蔽厚度应符合防护要求,使工作人员和周围公众所接受的有效剂量低于国家规定的限值。

现场 X 射线探伤和安检等情况比较复杂,不仅要考虑职业工作人员的辐射安全,还要考虑邻近工作人员和附近居民的安全。

4. 中子发生器应用中的辐射防护

中子发生器通常用 $D(d,n)^3He$ 和 $T(d,n)^4He$ 反应得到能量分别为 2.5 MeV 和 14 MeV 的中子,其中利用 $T(d,n)^4He$ 反应得到的中子产额高。另外,中子发生器上氚靶的使用量较大,通常使用的氚靶每块含氚量约为 $3.7×10^{10} \sim 3.7×10^{11}Bq(1 \sim 10Ci)$。强中子发生器使用的旋转靶含氚量高达 $11.1×10^{13}Bq(3\ 000\ Ci)$。所以中子发生器的主要危害是中子和氚。另外,加速器运行而不产生中子期间,X 射线照射量率可高达 $1.2×10^{-4}C/(kg·h)$,在中子发生器的靶装置上,会由中子引起较强的感生放射性。以下内容重点讨论中子和氚的辐射安全问题。

(1)中子的辐射屏蔽

中子发生器产生快中子,屏蔽快中子的原理是将高能中子慢化到热能或接近热能,然后再被俘获吸收。通常先用重物质(如铁、铅等)通过非弹性散射将快中子慢化到低能中子,再用含氢材料(如聚乙烯、石蜡等)通过弹性散射将中子进一步慢化到热中子,最后用吸收截面很高的材料(如硼、镉等)吸收热中子。由于中子的非弹性散射、辐射俘获反应(n,γ)和活化的特性,在屏蔽中子时会产生 γ 射线,在屏蔽中子的同时还要考虑对 γ 射线的防护。

(2)氚的防护

中子发生器经常使用氚靶,靶受到氘核轰击时,氚就脱离靶子。从靶上损失的氚,有一部分通过油扩散泵排入大气,一部分被吸附在真空系统内表面,被真空泵油捕获。当换靶或检修而打开真空系统时,氚就会释放出来。在存放和使用氚靶时,由于氚的释放或靶粉末脱落,有可能造成设备(工具)表面、体表和工作场所的氚表面污染。

为有效地防止氚的污染,应采取以下必要的防护措施。

①在操作氚靶时,绝对禁止手直接接触靶面。

②氚靶应贮存在干燥器内,然后放在通风柜中。

③真空泵油中氚的浓度取决于氚的使用量和油的使用时间。

④检修真空泵时,对检修人员应采取相应的个人防护措施,并要避免油的洒漏。

⑤换靶或检修加速器需要打开真空系统时,要小心氚有可能进入空气。

⑥真空系统前级泵排出的废气中,含有相当量的氚。因此前级泵的排气口应安装到建筑物外面。对强中子发生器,氚排放量较高,应在前级泵的排气口安装氚处理系统。

3.6.5　放射源使用、贮存的监督管理

1. 放射源的使用和贮存

(1)放射源的正确使用

①设计 γ 辐照室、^{60}Co 治疗机和 γ 射线探伤仪时,要正确计算辐射防护屏蔽,保证放射源的转移或屏蔽的控制系统可靠,装置一旦发生故障应有备用设施。

②设备运行要有严格的操作规程。工作人员需经过训练,考核合格才能负责设备运行工作。

③辐照装置处于工作状态时,必须有明显的标识,进口处设有联锁装置,确保放射源不在安全位置工作人员进不去。

④辐照室要有固定式辐射监测仪表,在操作台就可知放射源是否处于工作位置。

⑤设备要定期检修。有规定使用寿命的部件,到期时必须更换。利用换放射源机会,对设备进行大修。

⑥意外事故处理得当。如发生放射源在转移时被卡住,放射源从夹具上脱落等事故时,必须冷静分析,经审管部门批准后,由经过训练的职业人员采取加大距离和缩短每人操作时间等办法进行处理。

⑦使用放射源的主要危害是外照射,因此在操作中必须充分利用时间、距离和屏蔽防护。装卸放射源时,尽量使用长柄钳等远距离操作器械,操作时要准确、迅速,必要时可提前进行模拟练习。

⑧在室外使用放射源,特别是射线探伤仪等时,要根据射线的辐射水平范围,划出一定范围的控制区域,并设置警戒线和标识,必要时须有专人负责警戒,以防无关人员进入辐射现场。

⑨安装、拆卸放射源和检修仪器时,应注意用辐射监测仪检查放射源是否收回防护容器中,辐射窗口是否关上,工作人员须检查确认安全后,才能进行工作。

⑩工作人员从事放射性工作时,应佩戴个人剂量计和个人剂量报警仪,对于辐射工作场所应定期进行辐射监测。

(2)放射源的正确贮存

①存放放射源应建立健全的安全管理制度,如放射源的领取、登记、审批、返回等制度,放射源在贮存时要有专人负责管理,落实岗位责任制度,防止因管理不善而发生辐射事故。

②辐射仪器仪表外及辐射工作场所要设有明显的辐射标识,提醒工作人员注意安全,

严禁无关人员进入工作场所和接近仪器,必要时可设置围栏、钢丝网等设施。

③经常到异地使用的放射性同位素仪器,运输时,运输车辆要符合防护和安全要求,运输途中要有专人押运,防止发生放射源丢失和其他意外事故。

④发现放射性同位素丢失、被盗,应立即向单位保卫部门和环保、公安部门报告,保护好现场,并组织有关人员尽快找回丢失的放射源。

⑤放射源的库存量和使用量要定期盘存,放射源的管理人员要确知每一个放射源在何处。

⑥要向有关人员宣传放射性知识,讲解放射性物质的储存和保管中应注意的问题。

⑦放射源应在安全的房间或源库贮存,其防护墙应有足够的厚度,并按使用最大辐照量进行防护计算,使工作人员和公众不会受到超限值的照射。

⑧放射源不使用时,应放在安全的防护容器中,并贮存在专门的库、室、柜内,不得任意放置在不符合安全要求的地点。库、室、柜的门、窗要牢固,防止丢失、被盗。

⑨对安装在仪器仪表上固定的放射源要加强管理,经常进行巡查,特别在使用前后要进行检查。

⑩在使用、贮存、运输和装卸放射源时,注意不要把辐射源防护容器和源外壳打破,以免造成辐射和污染事故。

⑪对于废旧不用的放射源不得自行处理,特别是不能任意丢弃、掩埋和挪作他用,应妥善保管,按环境保护部门规定处理。

⑫盛装放射源的防护容器要十分安全可靠。最好采用球形或近似球体的多边形防护罐,使各方位均有足够的防护层厚度。

2. 放射源安保

放射源的安保是指针对放射源的被盗、破坏、非法转移或其他恶意行为所采取的预防、探知以及响应等系统性措施。关于放射源的安全和安保问题,国际原子能机构也给予了高度关注,特别是"9·11"事件以后,召开了一系列国际会议,陆续出版了《放射源安全和安保行为准则》《放射源的安保问题》和《国际辐射防护和辐射源安全的基本安全标准》等一系列报告。

3.6.6　大型辐照装置辐射监督管理

1. 概述

大型辐照装置是指利用放射性同位素放射出的射线,对物质进行辐照加工的装置。工业和科研用的大型辐照装置大多采用 ^{60}Co 做辐射源,它辐射出的射线主要是 γ 射线,因而也称为 γ 辐照装置或简称为辐照装置。

γ 辐照装置分为固定源室湿法贮源 γ 辐照装置、固定源室干法贮源 γ 辐照装置、自屏蔽式辐照装置和水下辐照装置四类。

γ 辐照装置在工业、农业、医疗卫生、环境保护等许多领域得到广泛应用,其主要用于医疗用品和农副产品的消毒灭菌、高分子材料的化学合成与改性、食品的保鲜贮藏、培育优良农作物品种、工业"三废"的处理等方面,辐照技术逐步形成了一种专门产业。

大型 γ 辐照装置的装源量比较大,其放射源活度从 10^{12}Bq 量级(10^2Ci 量级)至 10^{16}Bq 量级(10^6Ci 量级)都有。辐射源的活度这样大,如果装置的安全措施不完善、不可靠,以及在工作中忽视安全管理,或安全管理制度和安全操作规程不健全,违章操作,机械失灵,安全装置发生故障,导致工作人员或其他人员误入正在辐照中的辐照室,就有可能受到大剂量的射线照射,出现急性外照射放射损伤,在短时间内酿成重大伤亡事故。所以必须加强 γ 辐照装置的安全监管。

2. 设计上的安全要求

γ 辐照装置主要由密封放射源(^{60}Co、^{137}Cs 等)、放射源的操作系统(源架、源升降机、长杆工具)、剂量测量系统(辐射安全监测、个人剂量测量、环境剂量监测、吸收剂量监测)、辐照室(屏蔽体、迷道、干法贮源室、湿法贮源水池、检修用副井或容器)、辐照物输送系统(过源机械系统、迷道输送系统、装卸料操作系统)、水处理系统、通风系统、安全联锁系统和控制系统几部分组成。

(1)厂址选择

①对厂址的要求。γ 辐照装置的厂址宜选择场地稳定、地质条件较好的地段;按国家相关规范要求避开高压输电走廊和易燃易爆场所;在抗震设防区应满足国家相关标准的要求。同时应考虑长远发展规划。

②厂址的确定。综合上述要求,收集水文、地质、气象、人口、地理环境、地震等资料,经环境影响评价后,由国家监管部门审批确定厂址。

(2)布局要求

对于辐照装置单位和场所的平面布置要尽量做到合理,应当把生产科研区、行政管理区和生活区明确分开。

较强辐射源的辐照装置(10^{15}Bq 量级),一般必须隔离在一个单独的建筑物内。中、低强度辐射源的辐照装置(10^{12}Bq 量级),可设在一般建筑物一端的底层或地下室,但与非辐照工作场所要隔离开,并有单独的人员出入口。

(3)建筑要求

辐照装置一般都设置在固定的地点和辐照室(图 3-1)内进行辐照。

辐照工作场所的安全设计,应按预定的辐射源活度进行屏蔽防护设计和计算。防护设计应按最大辐射源容量计算,在设计防护屏蔽厚度时,必须给予两倍以上的安全系数。

在安全设计中,除了要保证工作人员自身所受剂量不超过规定的标准以外,还必须保证相邻地区人员所受的剂量也不超过相应的规定,特别是辐照装置的上下左右前后均有人员居住或工作时,必须满足相应的辐射安全标准。

①辐照室。辐照室一般为圆形或方形,内设有辐射装置,是辐照工作的中心场所。辐照室的防护墙两面一般是用砖砌成的,中间夹有混凝土。为提高混凝土屏蔽 γ 射线的效能,可在混凝土中加以适当的填料,如铁矿石、铁块、重晶石等,做成不同密度的重混凝土。防护墙的厚度应根据可使用的防护材料和辐射源的最大容量而定,并给予足够的安全系数,以保证安全。

辐照室一般都采用迷宫作为进出通道。迷宫是减少辐照室入口处照射量率的回转道路。迷宫一般可分为两种:一种是短迷宫,一次转折,称为 L 形迷宫;另一种是长迷宫,两次或多次转折,称为 Z 形迷宫。迷宫减弱辐射强度的效果取决于壁的散射,它与迷宫的截面大小、形状、结构、材料,辐射源的位置,辐射能量等有关。一般说来,迷宫越窄,转折次数越多,减弱辐射强度的效果就越有效。通常迷宫每节长 2~5 m,迷宫拐弯次数和墙厚度要根据辐射源活度大小而确定,一般有 2~3 个拐弯就够了。

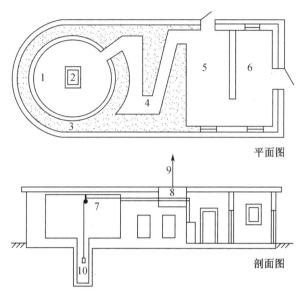

1—照射室;2—水井;3—防护墙;4—迷宫;5—操纵室;
6—准备室;7—钢丝绳;8—通风机房;9—排风管;10—辐射源。

图3-1 辐照室示意图

②贮源室。一般工业和科研用辐照装置的照射室中央设一水池,利用水吸收射线较好的特点,把辐射源放在水池中,用以贮存或装配辐射源,称为湿法贮源水池。

水池贮源结构简单、装卸方便、安全可靠,不会溶解的固体放射源和封装严密的其他放射源都可用水池存放。照射不怕水泡的样品,也可直接在水中操作辐照。

水池的水深要根据辐射源活度的大小而定,一般水深在3~5 m以上即能满足中等活度辐射源的要求。池壁要能防止渗水,并有较好的去污性质。

(4)辐射源的要求

辐射源是辐照装置的核心,源体装置通常设计为圆筒状与板状两种,活度小些的辐射源也可用棒状,源体装置有一定的余地以便增补新源。源体吸收辐射能量可导致本身甚至附近被照样品的温度升高,必要时应考虑冷却措施。工农业和科研用的γ辐射源平时置于井下贮存,使用时提升到地面以裸体源的方式进行照射。

(5)安全设施

①安全设施的设置。为实施以上述安全原则γ辐照装置,应设置下列安全设施:

a. 钥匙控制:源升降装置、辐照室人员通道门和货物通道门必须由一把独立多用途钥匙或多把串在一起的钥匙控制,这一把或一串钥匙还应与一台有效的便携式辐射检测报警仪相连;

b. 辐照室门口醒目的地点设灯光音响信号装置;

c. 在辐照室内应设置无人检查按钮,并与控制台联锁;

d. 在辐照室内设紧急降源和开门按钮;

e. 在控制台上应安装紧急停止按钮,可在任何时刻终止辐照装置的运行并将辐射源降至安全位置;

f. 设钴源升降机构与出入口门、光电、固定式辐射监测仪等联锁系统;

g. 在辐照室人员入口处必须设校验源,操作人员进入辐照室之前用校验源检查剂量仪表是否正常;

h. 设停电自动降源系统,避免因停电导致各监控仪表失灵而引发照射事故;

i. 设源架迫降系统,以便在升降源发生故障时,使源架得以解脱;

j. 设贮源池水位监测报警与补给水系统;

k. 辐照室应设置通风系统,并与控制系统联锁,通风系统故障时,不能升源;

l. 辐照室应设置烟雾报警装置并与控制系统联锁,遇有火险时,源能自动降至安全位;

m. 辐照室各可拆式屏蔽塞必须与中心控制系统联锁,以便在防护塞被拆下的情况下不能进行升源操作。

②对安全设施的要求

a. 观察设施。观察设施是操作人员直接或间接观察照射室内辐射源位置及设备、被照样品运转情况的设施,一般有反射镜、潜望镜、窥视窗和闭路电视等。

b. 联锁装置。安全联锁装置是保证人员不受照射的重要保护系统。它的作用是使安全防护门关上并锁住,全部安全系统投入运行并显示正常,整个装置才能接通电路,辐射源才能从贮源室中提升出来;而辐射源被提升起来在辐照位置时,安全防护门则无法开启。这样,在照射时,人员无法进入辐照室。

c. 报警装置。报警装置是指示辐射源处于辐照位置或即将处于辐照位置时的声、光报警信号。报警装置可设在辐照室门口、操纵室、操纵台和辐照室内等处,还有随身携带的便携式报警仪。

d. 迫降装置。迫降装置是指在任何情况下,都可把辐射源收回到安全位置的装置。辐照装置的升降系统应该设有强迫降源的装置。迫降装置的操纵开关应设置在操纵台和辐照室内以及其他有必要设置的地点,如果有人员误入辐照室或发生机械故障等情况,可在任何地点操纵迫降开关,使辐射源回到安全位置。

e. 通风装置。辐照室应有良好的通风装置。通风装置可以排出辐照室内因辐射产生的臭氧(O_3)、一氧化二氮(N_2O)以及其他有害气体。

3. 辐照工作的安全监督管理

工业、农业、科研和医疗上应用的辐照装置其共同的特点是辐射源活度较强,如果忽视安全管理,麻痹大意,违章操作,不执行安全管理制度,就有可能酿成重大辐射事故,甚至危及工作人员和公众的生命安全。

做好辐照装置的安全管理工作,必须加强对辐照装置安全管理的领导工作,要有专职或兼职的组织机构和人员来管理,建立健全各项安全管理规章制度和安全操作规程,按照"谁主管,谁负责"的原则,落实各岗位责任制度,实行自主管理。

3.6.7 放射性废源返回生产厂家或送贮的政策

《放射性污染防治法》明确规定:生产放射源的单位,应当按照国务院环境保护行政主管部门的规定回收和利用废旧放射源;使用放射源的单位,应当按照国务院环境保护行政主管部门的规定将废旧放射源交回生产放射源的单位或者送交专门从事放射性固体废物贮存、处置的单位。

《放射性同位素与射线装置安全与防护条例》对废源返回生产厂家和送贮做了详细规

定:生产、进口放射源的单位销售Ⅰ类、Ⅱ类、Ⅲ类放射源给其他单位使用的,应当与使用放射源的单位签订废旧放射源返回协议;使用放射源的单位应当按照废旧放射源返回协议规定将废旧放射源交回生产单位或者返回原出口方。确实无法交回生产单位或者返回原出口方的,送交有相应资质的放射性废物集中贮存单位贮存。

3.7　放射性物品运输安全监管

放射性物品运输是核能与核技术开发应用过程中一个必不可少的重要环节,它直接关系到核能与核技术利用事业的公众可接受性,对核能与核技术利用事业的发展产生重要影响。放射性物品运输活动是一项移动的核与辐射实践活动,在核与辐射安全风险防范和管控方面均具有其自身的特殊性。放射性物品运输的方式,包括道路运输、铁路运输、水路运输、航空运输等。

IAEA 一直对放射性物品的运输安全给予高度重视,制定了一系列严格的技术标准和管理文件并随着技术发展不断修订。我国等效采用了相应版本的 IAEA 技术标准和管理文件制定了我国的放射性物质安全运输规程。为了建立法规保障,我国出台了《放射性物品运输安全管理条例》,环境保护部(国家核安全局)、交通运输部等有关部门分别颁布了部门规章,对我国放射性物品安全运输起着重要的规范作用。《放射性污染防治法》和《核安全法》也对放射性物品运输的有关方面做出原则规定,为放射性物品运输安全管理奠定了法律基础。

3.7.1　放射性物品运输概述

1.放射性物品运输的危害和风险

放射性物品运输的危险主要包括交通危害、辐射危害和非辐射危害。辐射危害是放射性物品运输相比其他物品运输所特有的危害,它可能给运输人员、公众和环境带来放射性物品污染、超过标准规定的辐照剂量、易裂变材料的临界反应以及衰变热等危害。放射性物品运输应该重点对以下四个方面予以关注:

①包容放射性内容物;

②控制运输货物外部的辐射水平;

③防止易裂变材料发生临界;

④防止衰变热导致的损害。

对应于放射性物品运输的危害,放射性物品运输风险主要包括交通风险、辐射风险和非辐射风险,其中辐射风险是放射性物品运输特有的风险。辐射风险具有以下特征:

①难以发现;

②无法消除;

③应急处置技术要求高。

2.放射性物品运输方式

根据运载工具和运输途径的不同,放射性物品运输的方式主要包括道路、铁路、水路和航空等四种。道路运输具有机动灵活、无须倒运即可运达目的地等特点,在危险货物运输中占据重要地位。据相关文献统计,近年来我国每年通过道路运输的包括放射性物品在内的危险货物达约3亿t,且呈逐年上升趋势。我国使用铁路运输的放射性物品主要有核电厂的新燃料组件、铀钍矿石、UF_6、UO_2 芯块等。可以预见,铁路和道路联运的方式,将会在我国未来的放射性物品运输中起到愈加重要的作用。

水路运输包括内河运输、沿海近海运输、远洋运输等类别。水路是运输危险货物的主要方式。据国际原子能机构的统计,放射性物品的海上运输每年约发生 1 000 万次,其中绝大部分运输是核技术利用领域的产品,主要包括工业和医用放射源、放射性药品、烟雾报警器等,其余少量运输为核材料,包括天然铀、贫化铀及其制品、新燃料、乏燃料等。在我国,水路运输的放射性物品较少,主要是远洋跨界运输,如新燃料组件的进口、放射源的进出口等。

航空运输具有速度快、成本高、运量小的特点,适合对时间要求较高的货物运输,航空货运量在全国货物运输量中占比较小。受到运载工具的限制,民用航空危险货物运输量很小,种类也十分有限。我国航空运输放射性的物品主要是放射源、放射性药品等,且主要涉及进出口业务,国内航线运输放射性物品非常少。

3.7.2 放射性物品运输法规标准

1. 国际放射性物品运输安全管理规则规章

放射性物品具有辐射危害的特性,属于危险物品中的一类。放射性物品运输除满足放射性物品安全管理的专门要求外,也应遵守有关危险货物运输安全管理的通用要求。放射性物品的核与辐射安全问题具有独特性。IAEA 针对放射性物品安全运输制定了专门规则。IAEA 制定的一系列有关放射性物品运输方面的技术标准和管理文件,对全球放射性物品安全运输管理起到重要作用,其中最为核心的是《放射性物质安全运输条例》。

IAEA 制定的《放射性物质安全运输条例》对放射性物品运输安全提出了技术指标和管理要求,为了方便各方使用,IAEA 制定了配套导则,并将其纳入其安全标准丛书。

此外,国际标准化组织(International Organization for Standardization, ISO)也发布了一些关于放射性物品运输的相关标准,如《放射性物品安全运输包装的泄露检验》(ISO 12807—1996)和《核能六氟化铀(UF_6)的运输包装》(BSISO 7195—2020)等。

2. 国内放射性物品运输安全管理法规标准

我国对危险货物的分类方法与国际上保持一致。在我国的法律法规和标准体系中,涉及放射性物品运输安全管理的法规标准共有两类,一类是针对危险货物运输或其他领域但包含放射性物品运输在内的,另一类是专门针对放射性物品运输的。

(1)针对危险货物运输或其他相关法规标准

①道路运输。法律层面有《中华人民共和国道路交通安全法》,行政法规层面有《中华人民共和国道路运输条例》和《中华人民共和国道路交通安全法实施条例》。

②铁路运输。法律层面有《中华人民共和国铁路法》,行政法规层面有《铁路安全管理条例》,部门规章层面有《铁路危险货物运输安全监督管理规定》(交通运输部令 2015 年第 1 号)。

③水路运输。法律层面有《中华人民共和国海上交通安全法》和《中华人民共和国港口法》,行政法规层面有《国内水路运输管理条例》《防治船舶污染海洋环境管理条例》以及《中华人民共和国内河交通安全管理条例》,部门规章层面主要有《中华人民共和国船舶载运危险货物安全监督管理规定》(交通运输部令 2018 年第 11 号)、《港口危险货物安全管理规定》(交通运输部令 2019 年第 34 号修订新发布)、《水路危险货物运输规则》(原交通部

1996年第10号发布)等。

④航空运输。法律层面有《中华人民共和国民用航空法》,行政法规层面有《中华人民共和国民用航空安全保卫条例》,部门规章层面有《民用航空危险品运输管理规定》(交通运输部令2016年第42号)。

(2)专门针对放射性物品运输的法规标准

①法律层面。《放射性污染防治法》规定运输放射性物质和含放射源的射线装置,应当采取有效措施,防止放射性污染,具体办法由国务院规定。《核安全法》从监督管理体制、核安全标准、核安全保卫、乏燃料运输安全、运输分类管理制度、运输保障、运输管理、托运人核安全责任及核安全分析报告提交、承运人运输资质、应急响应等多个方面对放射性物品运输安全管理做出整体性安排。

②行政法规层面。《放射性物品运输安全管理条例》明确了各行政部门在放射性物品运输安全管理方面的职责和权限,有效解决了条例发布之前国内放射性物品运输监管存在交叉、重复、真空等一系列问题。

③部门规章层面。有关放射性物品运输的主要部门规章有环境保护部发布的《放射性物品运输安全许可管理办法》(环境保护部令第11号)、《放射性物品运输安全监督管理办法》(环境保护部令第38号),环境保护部(国家核安全局)、公安部、卫生部、海关总署、交通运输部、铁道部、中国民用航空局、国家国防科工局等8部委联合发布的《放射性物品分类和名录(试行)》(环境保护部公告2010年第31号),交通运输部发布的《放射性物品道路运输管理规定》(交通运输部令2010年第6号发布,2016年第71号修改)。

④国家标准及核安全导则层面。与放射性物品运输有关的国家标准主要有《放射性物品安全运输规程》(GB 11806—2019)、《放射性物质运输包装质量保证》(GB 15219—2009)、《放射性物质安全运输 货包的泄露检验》(GB/T 17230—1998)、《放射性物质包装的内容物和辐射的泄露检验》(GB/T 9229—88)、《反应堆外易裂变材料的核临界安全第8部分:堆外操作、贮存、运输轻水堆燃料的核临界安全准则》(GB 15146.8—2008)、《密封放射源的泄漏检验方法》(GB 15849—1995)等。其中最核心最为重要的是《放射性物品安全运输规程》(GB 11806—2004)。

3.7.3 放射性物品运输安全许可和监督管理

1. 放射性物品运输安全管理体制

《放射性污染防治法》第八条规定,国务院环境保护主管部门对全国放射性污染防治工作依法实施统一监督管理。国务院卫生行政部门和其他有关部门依据国务院规定的职责,对有关的放射性污染防治工作依法实施监督管理。

《核安全法》第六条规定,国务院核安全监督管理部门负责核安全的监督管理。国务院核工业主管部门、能源主管部门和其他有关部门在各自职责范围内负责有关的核安全管理工作。该法第五十一条规定,国务院核安全监督管理部门负责批准核材料、放射性废物运输包装容器的许可申请。该法还明确了托运人的责任,第五十二条规定核材料、放射性废物的托运人应当在运输中采取有效的辐射防护和安全保卫措施,对运输中的核安全负责。

核与辐射安全领域两部顶层法律对整个核与辐射安全管理体制做出了明确的原则安排,《放射性物品运输安全管理条例》则对放射性物品运输安全管理体制做出更加具体的规定。根据条例规定,国务院核安全监管部门对放射性物品运输的核与辐射安全实施监督管理。国务院公安、交通运输、铁路、民航等有关主管部门依照本条例规定和各自的职责,负责放射性物品运输安全的有关监督管理工作。县级以上地方人民政府环境保护主管部门和公安、交通运输等有关主管部门,依照本条例规定和各自的职责,负责本行政区域放射性物品运输安全的有关监督管理工作。

2. 放射性物品运输安全实行分类管理

不同放射性物品的特性和潜在环境风险不同,差别很大,只有通过分类管理,才能实现科学、高效的监管。《放射性物品运输安全管理条例》规定,根据放射性物品的特性及其对人体健康和环境的潜在危害程度,将放射性物品分为一类、二类和三类。

①一类放射性物品,是指 I 类放射源、高水平放射性废物、乏燃料等释放到环境后对人体健康和环境产生重大辐射影响的放射性物品。

②二类放射性物品,是指 II 类和 III 类放射源、中等水平放射性废物等释放到环境后对人体健康和环境产生一般辐射影响的放射性物品。

③三类放射性物品,是指 IV 类和 V 类放射源、低水平放射性废物、放射性药品等释放到环境后对人体健康和环境产生较小辐射影响的放射性物品。

2017 年颁布的《核安全法》明确规定,国家对核材料、放射性废物的运输实行分类管理,采取有效措施,保障运输安全。这是首次将对放射性物品运输安全实行分类管理的原则以法律条文明确下来。

虽然我国对放射性物品的分类办法与《放射性物质运输安全规程》所采用的国际通用的对放射性物质货包的分类有所不同,但是二者有一定的对应关系。根据《放射性物品运输安全管理条例》释义,二者具有以下对应关系:一类放射性物品主要是指 C 型、B(U) 型、B(M) 型货包的放射性内容物以及易裂变材料、UF_6 等;二类放射性物品主要是指 A 型、3 型工业货包的放射性内容物;三类放射性物品主要是指 2 型工业货包、1 型工业货包和例外货包的放射性内容物。

3. 加强放射性物品运输容器的设计、制造与使用环节的管理

放射性物品具有辐射的潜在危险,运输容器的包容、屏蔽、散热和防止临界的性能是其运输安全重要保障。放射性物品运输容器的质量是运输安全的根本保证,而其设计的安全可靠性又是运输容器质量保证的源头,运输容器的制造质量是放射性物品运输安全保障的关键环节。所以必须从源头抓起,抓住关键环节,将运输容器安全管理作为放射性物品运输安全监管的重要环节。《放射性物品运输安全管理条例》明确规定,运输放射性物品应当使用专用的放射性物品运输容器,并对放射性物品运输容器的设计和制造分别做了规定。

4. 加强放射性物品运输环节的管理

(1)条例规定

①明确对放射性物品托运人的要求。

②建立表面污染和辐射水平监测制度。

③明确放射性物品承运人的资质要求。

④建立一类放射性物品运输的核与辐射安全分析报告书制度。

⑤明确不同运输方式的具体管理要求。

(2)部门规章规定

《放射性物品运输安全许可管理办法》明确了托运人应当委托持有甲级环境影响评价资格证书的单位编制放射性物品运输的核与辐射安全分析报告书。《放射性物品运输安全

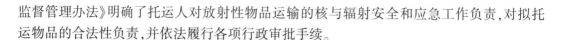

监督管理办法》明确了托运人对放射性物品运输的核与辐射安全和应急工作负责,对拟托运物品的合法性负责,并依法履行各项行政审批手续。

3.7.4 放射性物质安全运输规程

《放射性物品安全运输规程》(GB 11806—2019)是我国现行有效的国家标准,它等同采用了 IAEA 制定的《放射性物质安全运输条例》[1996 年版 IAEATS－R－1(2003 年修订版)]。

《放射性物品安全运输规程》(GB 11806—2019)适用于放射性物质(包括伴随使用的放射性物质)的陆地、水上和空中任何运输方式,但不适用于以下情况:

①已成为运输手段的一个组成部分的放射性物质;

②在单位内进行不涉及公用道路或铁路运输而搬运的放射性物质;

③为诊断或治疗而植入或注入人体或活的动物体内的放射性物质;

④已获得主管部门的批准并已销售给最终用户的消废品中的放射性物质;

⑤含天然存在的放射性核素的天然物质和矿石,处于天然状态或者仅为非提取放射性核素的目的而进行了处理,也不准备经处理后使用这些放射性核素,且这类物质的活度浓度不超过豁免水平的 10 倍;

⑥任一表面存在的放射性物质均不超过表面污染规定限值的非放射性固体物体。

1. 安全目标

保护工作人员、公众与环境免遭放射性物质运输可能引起的辐射危害;确保即使在运输事故条件下,也能提供足够的放射性物质包容和辐射屏蔽,并防止易裂变材料意外临界,从而避免对工作人员、公众及环境造成不可接受的辐射危害。

2. 潜在危险及其控制

放射性物质运输对工作人员、公众及环境的核与辐射危险可归结为:辐射照射、核临界和释热。并不是每一种放射性物质都同时具有这三方面的潜在危险,如核临界危险只来自易裂变材料。释热危险主要来自裂变产物的衰变热,如乏燃料和高放废物的释热。辐射照射危险与放射性物质的数量、放射性毒性水平及物理、化学形态等密切相关。

对这些危险的控制和防御,按照《放射性物品安全运输规程》(GB 11806—2019)的规定,可以通过以下要求实现:

①包容运输中的放射性物质;

②控制放射性物质货包及运输工具外部的辐射水平;

③防止核临界;

④防止由释热引起损害。

3. 安全准则的分类、分级架构

所谓分类,是指将货包分类,并对应于货包的类型来规定货包内放射性物质的限制与活度限值。而分级是指:根据不同类别货包内装物潜在危险的大小,将货包的性能要求相应于运输的例行(无偶然事件)、正常(小事件)和事故条件分为三种严格等级,并对货包的设计与装运操作、包装物的维护、货包性质与辐射水平的警示与信息传递,以及行政管理等规定相应的安全准则与要求。

4. 安全运输限值

（1）活度限值

《放射性物品安全运输规程》（GB 11806—2019）涉及的活度限值 [在《放射性物品安全运输规程》（GB 11806—2019）中称之为放射性核素的基本限值] 包括：豁免水平、A_1 和 A_2 限值等。《放射性物品安全运输规程》（GB 11806—2019）的表 1 中未列出的放射性核素的基本限值的确定应经主管部门批准，对于国际运输则应经多方批准。

①豁免水平。《放射性物品安全运输规程》（GB 18871—2019）规定的放射性物质的豁免水平，是放射源和实践的通用豁免水平。《放射性物品安全运输规程》（GB 11806—2019）关于放射性物质运输的豁免，不是考虑源本身的豁免，而是考虑放射性物质运输实践的豁免。

②A_1 和 A_2。《放射性物品安全运输规程》（GB 11806—2019）规定的旨在控制放射性物品运输货包放射性活度的各种限值均基于 A 型货包放射性内容物的活度限值。A 型货包内容物活度限值是假定由于某种事故造成货包损坏，可能会产生辐射防护原则框架内属于可接受的辐射后果的情景而导出的。在《放射性物品安全运输规程》（GB 11806—2019）中，A 型货包放射性内容物的活度限值包括 A_1 和 A_2。A_1 是针对不弥散的固体放射性物质或装有放射性物质的密封件等特殊形式放射性物质的放射性活度值。A_2 是针对特殊形式放射性物质以外的放射性物质的放射性活度值。

（2）辐射水平限值

为了防止或降低放射性物质运输过程中工作人员和公众可能受到的辐射危害，《放射性物品安全运输规程》（GB 11806—2019）规定了放射性物质运输过程中的辐射水平限值，主要包括：非独家使用方式运输情况下，货包或外包装的外表面任一点的最高辐射水平应小于 2 mSv/h，距运输工具外表面 2 m 处的辐射水平应小于 0.1 mSv/h；独家使用方式运输情况下，货包或外包装的外表面任一点的最高辐射水平应小于 2 mSv/h（通常情况下）或 10 mSv/h（特定条件下），车辆外表面任一点的最高辐射水平应小于 2 mSv/h，距运输工具外表面 2 m 处的辐射水平应小于 0.1 mSv/h。

（3）表面污染水平限值

对本身不具有放射性，但在其表面分布着超过一定限量的放射性物质的固态物体称为表面污染物体。《放射性物品安全运输规程》（GB 11806—2019）规定，对于 β、γ 和低毒性 α 发射体为 4 Bq/cm²；对于所有其他 α 发射体为 0.4 Bq/cm²，污染导致的表面辐射水平不超过 5 μSvh。

（4）运输指数

运输指数（TI）是货包、外包装、罐、货运集装箱、运输工具、无包装 I 类低比活度物品（LSA-I）或无包装 I 类表面污染物质（SCO-I）1 m 处的辐射水平的指示数。运输指数是辐射水平的另一种表示方式，包括货包运输指数和运输工具运输指数。货包运输指数主要用于货包分级和运输容器装载量的限定；运输工具运输指数主要用于确定运输工具上货包的具体装载方案。每个外包装、货物集装箱或运输工具的运输指数应以所装的全部货物的运输指数之和来确定。对于刚性外包装也可通过直接测量辐射水平来确定。

（5）临界安全指数

临界安全指数是用于控制易裂变材料运输临界安全的数字，其主要用于运输工具、货物集装箱和外包装以及中间贮存时对含易裂变材料的货包装载和堆积进行控制，避免临界。《放射性物品安全运输规程》(GB 11806—2019)规定,装有易裂变材料货包的临界安全指数(criticality safety index,CSI)由 50 除以正常条件和事故条件工况下导出的两种货包件数 N 值中的较小者得到(即 CSI＝50/N)。若无限多个货包是次临界的(即 N 在这两种情况下实际上是无限大),临界安全指数可以为零。每件外包装或货物集装箱的临界安全指数应以所装的全部货物的临界安全指数之和来确定。确定一批货物或一件运输工具的临界安全指数之和应遵守同样的程序。

5. 货包类型及放射性物质限制

《放射性物品安全运输规程》(GB 11806—2019)中的货包,指提交运输的包装与其放射性内容物的统称。《放射性物品安全运输规程》(GB 11806—2019)对Ⅲ类低比活度(LSA-Ⅲ)物质、特殊形式放射性物质、低弥散放射性物质分别做出明确的试验要求,并将货包分为例外货包、1 型工业货包(IP-1)、2 型工业货包(IP-2)、3 型工业货包(IP-3)、A 型货包、B(U)型货包、B(M)型货包、C 型货包,装有易裂变材料或 UF₆ 的货包,除满足所使用货包类型的各项要求外,还应满足相应的附加要求。

(1)对Ⅲ类低比活度(LSA-Ⅲ)物质的要求

低比活度物质是比活度有限的放射性物质,或是估计的平均比活度低于限值的放射性物质。低比活度物质分为三类:Ⅰ类低比活度物质(LSA-Ⅰ)、Ⅱ类低比活度物质(LSA-Ⅱ)和Ⅲ类低比活度物质(LSA-Ⅲ)。

(2)对特殊形式放射性物质的要求

特殊形式放射性物质是不弥散的固体放射性物质或是装有放射性物质的密封件。《放射性物品安全运输规程》(GB 11806—2019)规定,特殊形式放射性物质至少应有一维尺寸大于 5 mm,且经受规定的冲击、撞击和挠曲试验不会破碎或断裂,经受规定的耐热试验时不会融化或弥散,在规定的浸出试验里水中放射性活度不会超过 2 kBq,或对密封源在进行《密封放射源的泄漏检验方法》(GB 15849—1995)规定的体积泄露评估试验中泄漏率满足该标准要求或不超过主管部门认可的其他可适用的验收阈值。

(3)对低弥散放射性物质的要求

低弥散放射性物质是一种固体放射性物质或是一种装在密封件里的固体放射性物质,其弥散性已受到限制且不呈粉末状。低弥散放射性物质的固有安全性相对特殊形式放射性物品差了一些,但仍然具有一定的固有安全性。《放射性物品安全运输规程》(GB 11806—2019)规定的对低弥散放射性物质的要求为,在单个货包中的放射性物质的总量应满足以下内容。

①据无屏蔽的放射性物质 3 m 处的辐射水平不超过 10 mSv/h。

②在经受规定的强化耐热试验和撞击试验时,气态的和空气动力学当量直径不大于 100 μm 的微粒形态的气载放射性排放不超过 100 A₂。

③在经受规定的浸出试验时,水中放射性活度不超过 100 A₂。

④例外货包。例外货包用于放射性活度非常低的少量放射性物质的运输。由于例外货包可装运的放射性物质辐射危害非常小,因此对货包的安全要求相对较低。例外货包装运的放射性内容物有严格的放射性活度限值[《放射性物品安全运输规程》(GB 11806—2004)中有明确的规定],只能装运有限量的放射性物质。

⑤工业货包。工业货包允许装入较大量的放射性物质,但允许装入的放射性物质必须是较低比活度(LSA)放射性物质或表面污染物体(SCO)。工业货包又分为 IP-1、IP-2 和

IP-3 三种类型。虽然 LSA 物质的比活度和 SCO 的污染水平一般都很低,但一个运输工具内的总活度却可能相当大。

⑥A 型货包。A 型货包为装有放射性核素活度低于 A_1 值的特殊形式放射性物品或低于 A_2 值的非特殊形式放射性物品的包装、罐或集装箱。

⑦B 型货包。B 型货包允许装运放射性活度高于 A_1 值的特殊形式放射性物品或放射性活度高于 A_2 值的非特殊形式放射性物品。B 型货包通常用来装运辐射风险较高的放射性物品,如反应堆乏燃料组件、高水平放射性废物、Ⅰ类放射源和部分放射性活度较高的Ⅱ类放射源等。B 型货包包括 B(U) 型货包和 B(M) 型货包两类。只需单方批准的货包为 B(U) 型货包,需多方批准的为 B(M) 型货包。

⑧C 型货包。C 型货包用于空运放射性物品,其允许内容物的放射性活度限值较高,如后处理得到的钚、混合氧化物燃料、高水平的放射性废物等。C 型货包须考虑其严格的试验要求,其试验要求体现了空运事故下可能发生的潜在严重事故造成的冲击力。

⑨UF_6 货包。UF_6 具有很强的毒性,与水发生剧烈反应,能腐蚀大多数金属。由于 UF_6 的特殊化学性质,其包装和运输应满足国际标准《核能.六氧化铀(UF_6)的运输包装》(BS ISO 7195—2020)的要求,并应满足《放射性物品安全运输规程》(GB 11806—2019)所规定的特定要求。在工厂工艺系统接入货包时,当货包处于所规定的最高温度下货包中六氟化铀的装载量不得使货包容积的剩余空腔小于货包总容积的 5%,在交付运输时,UF_6 应该呈固态形式,而货包的内压应低于大气压。

⑩易裂变材料货包。易裂变材料货包是装有 ^{233}U、^{235}U、^{239}Pu、^{241}Pu 等易裂变材料的货包,通常在表示货包类型的英文大写字母后加上 F 来表示,如含有易裂变材料的 A 型货包用 AF 来表示。易裂变材料货包的类型包括易裂变工业货包、UF_6 货包、易裂变 A 型货包、易裂变 B 型货包、易裂变 C 型货包等。为确保运输过程的核临界安全,除了应满足上述各种货包的相应性能要求外,还必须满足下列针对易裂变材料核临界安全的各项要求:限制易裂变材料的量和几何构型;控制单一运载工具内的或运输过程中储存在一起的货包的个数及隔离要求。

6. 货包标志与标签、运输车辆标牌、运输文件

《放射性物品安全运输规程》(GB 11806—2019)对货包标识、标签及运输车辆标牌的式样、尺寸、颜色、应标明的信息等做了明确规定,对运输文件的内容提出了详细要求。

放射性物质运输是一种涉及托运人、承运人、收货人三者的核活动。一方面,运输过程中会有众多工作人员介入;另一方面,这种活动是在公共交通运输线上进行的,一旦发生意外,将直接对公众与环境造成影响。货包性质与辐射水平的警示、被运输放射性物质及其货包有关信息的准确传递,对于确保运输过程不出意外和安全顺利是非常重要的;一旦发生事故,这类信息对于事故现场的最初响应者了解事故性质,采取正确的响应行动也是十分有用的。相对于一般公众,货包的标志与标签、运输车辆的标牌是一种警示,也是一种信息沟通方式,可以起到防止无关人员受到无谓照射的作用。

7. 管理要求

此处的管理要求是指必须由核安全监管部门审批的要求,包括货包设计审批、装运审批和其他审批事项等三个方面。

按照《放射性物品安全运输规程》(GB 11806—2019)的规定,下列货包的设计必须经核安全监管部门审批:

（1）装有 0.1 kg 或更多 UF_6 的货包；

（2）装有易裂变材料的所有货包（例外货包除外）；

（3）B 型货包；

（4）C 型货包。

申请货包的设计批准时，申请者必须提供使监管部门相信其设计能满足所有有关设计性能准则的全部资料，并提供相应质量保证大纲的详细说明。

按照《放射性物品安全运输规程》（GB 11806—2019）的规定，涉及国际运输时，下列事项须经发运国和途径国批准：

①不符合包装物温度要求的或者需要间歇通风的 B(M) 型货包的装运；

②内装放射性物质的活度大于 3 000A$_1$ 或 3 000A$_2$ 或者大于 10 000 TBq 的 B(M) 型货包的装运；

③临界安全指数的总和大于 50 时，易裂变材料货包的装运。

根据国务院核安全监管部门的规定，申请装运批准时，申请者提交的资料一般应包括：

a. 与装运有关的期限；

b. 实际的放射性内装物、运输方式、运输工具、运输路线；

c. 运输过程的安全分析；

d. 货包设计批准证书中规定的预防措施与操作管理措施的实施细则。

3.8 流出物排放控制与监管

本节阐述流出物概念、流出物中的污染物种类、流出物的来源、流出物在环境中的转移和弥散途径、流出物排放控制的原则、流出物排放要求和排放准则、流出物监测的基本要求等相关的问题。

3.8.1 流出物概述

1. 概念

根据 IAEA 在 2016 版《国际原子能机构安全术语：核安全和辐射防护系列》的定义，对流出物的相关词条进行归纳得出流出物的概念如下："由实践中的某个源，在正常运行期间得到授权、有计划、有控制地释放到环境中的气体、气溶胶或液态放射性物质，通常目的是得到稀释和弥散。"按照《中国环境百科全书选编本：核与辐射安全》中的术语解释，流出物是指实践中的源向环境排放的满足国家相关的排放标准要求，并获得监管部门批准的含有极少量放射性物质的气态流和液态流。

流出物和其环境排放管理密切相关。流出物排放是指由实践或实践中源的正常运行所产生的放射性废气和废液，在经过废物处理系统和（或）控制设备处理到足以满足国家相关标准之后，按照预定的途径以气载流出物或液态流出物的形式向环境的排放。

2. 特点

（1）流出物的放射性水平极低

核设施或辐射设施的流出物是经过严格处理的，其所含放射性核素的浓度很低，远低于国家相关标准的要求，通常均低于清洁解控水平或审管部门所确定的豁免水平，已不属于放射性污染物，就其放射性水平而言与其他普通工业的排出流没有本质的差别，因而不属于"排污收费、超标罚款"的监管范围。

（2）流出物排放本身也是废物的一种处置方式

在一些国家，处置一词的使用包括向环境排放流出物。对于固体放射性废物，处置的方式是将其放置在处置场或处置库中，使之与人类的生活环境隔离。而流出物的处置方式则是在管理限值范围内，有控制地将流出物排放到人类的生活环境中，如向大气和地表水体的排放，通常具有稀释和弥散的目的。

（3）流出物排放必须经过批准

流出物排放必须得到监管部门的核准，得到排放批准的前提条件是：必须经过废物处理系统和（或）控制设备（包括就地贮存和衰变）处理，处理到足以满足国家排放标准的要求；必须以可控的方式排入大气或排入江、河、湖、海等地表水体，并预期在大气和水环境中可以得到进一步的稀释与弥散。

流出物可以通过核准排放而进入环境，对于已排放的物质失去了控制，但排放的过程是处于管理控制之下。也就是说，控制是在排放中实施的，监督是在环境中完成的，环境监测就可以验证这种排放所致的放射性后果始终是小到可以接受的水平。

（4）流出物是辐射影响分析的源项

对一个特定的核与辐射设施，评价其在运行期间对环境可能产生的辐射影响，其源项就是对流出物特征的完整描述。如果对流出物排放实施了可靠的控制，排入环境的放射性物质就可以得到有效的限制。

3. 管理要求

（1）按辐射安全管理

环境保护部（国家核安全局）负责核安全与辐射安全的监管工作。对于流出物排放的监督管理属于辐射安全管理范畴，要按辐射安全管理的要求进行管理。

（2）充分考虑环境容量

流出物排放是一种处置方式，且流出物排放到环境中就没办法回取。因此，对于流出物排放的管理必须充分考虑环境稀释和弥散的能力，对不同的环境容量，应执行有区别的管理要求。

（3）不能等同于气体或液体放射性废物

前面提到流出物是指核与辐射设施经气载及液态途径向环境排放的含有极少量放射性物质的气态流和液态流，但是不能将"流出物"与"气体或液体放射性废物"等同。对"气体或液体放射性废物"的安全管理包括净化、整备等许多措施，而对"流出物"的安全管理主要是控制排放。

（4）务必执行最优化原则

流出物向环境的排放是人们不希望的，但又是不得不做的事情。要想使核与辐射设施达到"零排放"是不可能的，目前可能做的是，控制核与辐射设施废物的产生量，必须执行可合理达到的最小化原则；流出物排放采用最佳可行技术（BAT），务必执行可合理达到的尽量低的最优化原则，实行可控排放。流出物排放采用"最佳可行技术"，已表明某种特定技术在满足排放管理限值基础上的适用性，用以防止或减少向环境的排放量和对环境的整体影响，切实保护环境达到可接受的水平。

3.8.2 流出物中的污染物种类

1. 放射性物质

关于流出物对环境带来的影响,因流出物来自核与辐射设施,人们自然首先关注放射性影响问题,如公众的个人剂量和集体剂量、关键核素、关键照射途径、关键居民组(或代表人)。

2. 化学物质

有一些核与辐射设施的流出物,不仅向环境排放放射性物质,还排放化学物质,如核动力厂冷却水中的氯化物,某些核燃料循环设施排放的酸、碱、HF 和盐类等。

3 热量

核电厂将核能转换为热能用以产生供汽轮机用的蒸汽,汽轮机再带动发电机产生电力,而余热通常由循环冷却水的载带进入环境。对于像核电厂这类设施,核裂变能约有 1/3 能够转变为电能,其余的以热能形式排出到环境。源源不断的温排水进入环境,一旦超过受纳环境水体的承载能力,从而产生对水生生物个体及生态系统的热影响,这种热影响称为热污染。

3.8.3 流出物的来源

1. 核燃料循环

(1)铀矿采冶

在铀矿开采和冶炼过程中,有放射性气溶胶和气体向环境释放。此外,铀矿开采和冶炼过程中产生的废石、水冶尾渣及堆浸渣等固体放射性废物也不断地向环境释放出氡气。天然存在的氡气有三种同位素,即 ^{222}Rn、^{220}Rn 和 ^{219}Rn。比较重要的两种同位素为源于铀系的 ^{226}Ra 的直接衰变产物 ^{222}Rn 及源于钍系的 ^{224}Ra 的直接衰变产物 ^{220}Rn,这两种同位素通常被称为氡和钍射气。在铀矿开采和冶炼过程中,特别是尾矿坝的安全评价中,氡气的释放是个重要的环境影响因素。

铀矿开采和冶炼过程中,除有放射性气溶胶和气体向环境释放外,矿坑水和处理后的工艺废水也含有一些放射性物质和酸、碱等非放射性污染物。

(2)核燃料生产

核燃料生产是核燃料循环各环节中最"干净"的环节。因为此时所操作的核素较为单一,主要是 ^{238}U、^{235}U 和 ^{234}U,经流出物排入环境中的放射性物质也较少。对于典型的核燃料生产设施,在运行生产中归一化集体有效剂量估计值为 0.003 人·Sv。其中,吸入是最主要的照射途径。液态流出物所致的集体剂量不到总剂量的 10%[详见联合国原子辐射效应科学委员会(United Nations Scientific Committee on the Effects of Atomic Radiatim, UNSCEAR)1993 年报告]。

(3)核动力厂运行

用于发电的核动力厂利用核能来发电。在核反应堆里,通过裂变反应释放的核能产生巨额热量,把热量引出生产蒸汽,用蒸汽驱动汽轮发电机发电。反应堆放射性核素归一化排放量见表3-9。

表 3-9　反应堆的放射性核素归一化排放量

释放类别	年度	归一化排放量/[TBq(GWa)$^{-1}$]						
		压水反应堆(PWR)	沸水反应堆(BWR)	气冷反应堆(GCR)	重水反应堆(HWR)	石墨水冷反应堆(LWGR)	快中子增殖反应堆(FBR)	总和[a]
惰性气体	1970—1974	530	44 000	580	4 800	5 000[b]	150[b]	13 000
	1975—1979	430	8 800	3 200	460	5 000	150[b]	3 300
	1980—1984	220	2 200	2 300	210	5 500	150[b]	1 200
	1985—1989	81	290	2 100	170	2 000	820	330
	1990—1994	27	350	1 600	3 100	1 700	380	330
	1995—1997	13	180	1 200	250	460	210	130
氚	1970—1974	5.4	1.8	9.9	680	26[b]	96[b]	48
	1975—1979	7.8	3.4	7.6[b]	540	26[b]	96[b]	38
	1980—1984	5.9	3.4	5.4	670	26[b]	96[b]	44
	1985—1989	2.7	2.1	8.1	690	26[b]	44	40
	1990—1994	2.3	0.4	407	650	26[b]	49	36
	1995—1997	2.4	0.86	3.9	330	26	49[b]	16
碳-14	1970—1974	0.22[b]	0.52[b]	0.226	6.3[b]	1.3[b]	0.12[b]	0.71
	1975—1979	0.22	0.52[c]	0.225	6.3[b]	1.3[b]	0.12[b]	0.70
	1980—1984	0.35	0.33	0.35[b]	6.3	1.3[b]	0.12[b]	0.74
	1985—1989	0.12	0.45	0.54	4.8	1.3	0.12[b]	0.53
	1990—1994	0.22	0.51	1.4	1.6	1.3[b]	0.12[b]	0.44
碘-131	1970—1974	0.003 3	0.15	0.001 4[b]	0.001 4	0.080[b]	0.003 3[b]	0.047
	1975—1979	0.005 0	0.41	0.001 4[b]	0.003 1	0.080[b]	0.005 0[b]	0.12
	1980—1984	0.001 8	0.093	0.001 4	0.000 2	0.080	0.001 8[b]	0.030
	1985—1989	0.000 9	0.001 8	0.001 4	0.000 2	0.014	0.000 9[b]	0.002
	1990—1994	0.000 3	0.000 8	0.001 4	0.000 4	0.007	0.000 3[b]	0.000 7
	1995—1997	0.000 2	0.000 3	0.000 4	0.000 1	0.007	0.000 2	0.000 4
气溶胶	1970—1974	0.018[b]	0.040[b]	0.001 0[b]	0.000 04[b]	0.015[b]	0.000 2[b]	0.019
	1975—1979	0.002 2	0.053	0.001 0	0.000 04	0.015[b]	0.000 2[b]	0.017
	1980—1984	0.004 5	0.043	0.001 4	0.000 04	0.016	0.000 2	0.014
	1985—1989	0.002	0.009 1	0.000 7	0.000 2	0.012	0.000 2	0.004
	1990—1994	0.000 2	0.18	0.000 3	0.000 05	0.014	0.012	0.040
	1995—1997	0.000 1	0.35	0.000 2	0.000 05	0.008	0.001	0.085

表 3-9(续)

释放类别	年度	归一化排放量/[TBq(GWa)$^{-1}$]						
		压水反应堆(PWR)	沸水反应堆(BWR)	气冷反应堆(GCR)	重水反应堆(HWR)	石墨水冷反应堆(LWGR)	快中子增殖反应堆(FBR)	总和
氚(液态)	1970—1974	11	3.9	9.9	180	11[b]	2.9[b]	19
	1975—1979	28	1.4	25	350	11[b]	2.9[b]	42
	1980—1984	27	2.1	96	290	11[b]	2.9[b]	38
	1985—1989	25	0.78	120	380	11[b]	0.4	41
	1990—1994	22	0.94	220	490	11[b]	1.8	48
	1995—1997	19	0.87	280	340	11[b]	1.7	38
其他核素(液态)	1970—1974	0.20[b]	2.0[c]	5.5[c]	0.60	0.2[b]	0.20[b]	2.1
	1975—1979	0.18	0.29	4.8	0.47	0.18[b]	0.18[b]	0.70
	1980—1984	0.13	0.12	4.5	0.026	0.13[b]	0.13[b]	0.38
	1985—1989	0.056	0.036	1.2	0.030	0.045[b]	0.004	0.095
	1990—1994	0.019	0.043	0.51	0.13	0.005	0.049	0.47
	1995—1997	0.008	0.011	0.70	0.044	0.006	0.023	0.040

注:a. 不同反应堆发电量的比例加权;b. 估计值;c. 只有一年的可用数据。

1 kg 裂变材料完全裂变将产生 $2.6×10^{24}$ 裂变,可生产核动力厂发电的同时会产生大量放射性物质。尽管 99% 以上的放射性物质被包容在反应堆内,但由于产生的放射性物质总量巨大,在正常运行期间经流出物向环境排放的放射性物质仍是不可忽略的。不论是从流出物排放控制,还是从环境监测考虑,对流出物的排放方式、排放数量以及流出物受纳环境的特征和容量都是应予以关注的。燃料后处理的归一化排放量和集体剂量见表 3-10。

(4)后处理

乏燃料后处理阶段涉及放射性物质的量非常大。在燃料溶解时,原来已包容在核燃料包壳中的放射性物质会释放出来。与核燃料循环的其他环节相比,放射性物质向环境排放的可能性更大。正常运行期间主要是通过流出物向环境排放。近些年来,由于环境保护压力的加大以及后处理厂的安全标准不断提高,后处理阶段经气、液流出物向环境的排放量在不断减少。

表 3-10　燃料后处理的归一化排放量和集体剂量

年度	燃料后处理量/(GWa)	归一化排放量[TBq/(GWa)]											
		气态流出物						液态流出物					
		^3H	^{14}C	^{85}Kr	^{129}I	^{131}I	^{137}Cs	^3H	^{14}C	^{90}Sr	^{106}Ru	^{129}I	^{137}Cs
1970—1979	29.2	93	7.3	13 920	0.006	0.12	0.09	399	0.4	131	264	0.04	1 020
1980—1984	36.3	48	3.5	11 690	0.007	0.03	0.04	376	0.3	45	112	0.04	252
1985—1989	62.5	24	2.1	7 263	0.003	0.000 3	0.002	378	0.8	7.5	33	0.03	7.4
1990—1994	131	24	0.4	6 300	0.001	0.000 09	0.000 08	270	0.8	230	2.1	0.03	1.0
1995—1997	160	9.6	0.3	3 900	0.001	0.000 05	0.000 1	255	0.4	0.5	0.5	0.04	0.2

单位排放量的集体剂量　　　　　　　　　　　　　　　　　　　　　　　　单位：人·Sv/TBq

年度	燃料后处理量/(GWa)	气态流出物						液态流出物					
		^3H	^{14}C	^{85}Kr	^{129}I	^{131}I	^{137}Cs	^3H	^{14}C	^{90}Sr	^{106}Ru	^{129}I	^{137}Cs
		0.002 1	0.27	0.000 007 4	44	0.3	7.4	0.000 001 4	1.0	0.004 7	0.003 3	0.099	0.098

《中国辐射水平》(潘自强主编,原子能出版社,2010)总结了我国 50 多年来有关中国辐射水平的主要研究成果,其中也给出了中国核燃料循环设施及核电厂流出物归一化排放量(表 3-11)。

表 3-11　中国核燃料循环设施及核电厂流出物归一化排放量一览表

辐射源	主要核素	流出物归一化排放量/[GBq/(GWa)]			
		1986—1990 年	1991—1995 年	1996—2000 年	2001—2005 年
铀矿采冶	^{222}Rn		61.6E+03[a]	30.8E+03	39.6E+03
铀转化	U				0.14[b]
铀浓缩	U		0.14	0.55	0.14[b]
元件制造	U	1.92[c]	2.30[d]	0.70	
PWR 运行					
气载释放	^3H		5.54E+02[e]	7.80E+02	7.28E+02
	惰性气体		3.10E+04[e]	7.55E+03	1.42E+03
	碘		8.38E-01[e]	4.40E-02	1.19E-02
	其他粒子		5.96E-02[e]	1.45E-02	4.19E-03
液态释放	H		1.24E+04[e]	1.76E+04	2.32E+04
	除氚外核素		3.60E+01[e]	3.64E+00	1.30E+00
HWR 运行					
气载释放	^3H				2.29E+04[f]

表 3-11(续)

辐射源	主要核素	流出物归一化排放量/[GBq/(GWa)]			
		1986—1990 年	1991—1995 年	1996—2000 年	2001—2005 年
	惰性气体				1.39E+03[f]
	碘				3.04E+04[f]
	其他粒子				1.92E-02[f]
液态释放	³H				1.55F+04[f]
	除氚外核素				5.65E-01[f]

注:a. 为 1994—1995 年的平均值;b. 为 2001—2004 年的平均值;c. 为 1988—1990 年的平均值;d. 为 1991 年、1992 年、1994 年和 1995 年 4 年平均值;e. 为 1993—1995 年的平均值;f. 为 2003—2005 年的平均值。

（5）放射性废物处理设施

放射性废物处理设施的运行,如焚烧炉、废液蒸发、高放废物玻璃固化等处理设施的运行,也会有流出物向环境排放。

放射性废物焚烧是将可燃性废物氧化处理成灰烬或残渣。在焚烧废物排放的烟气中,含有碳氧化物、二氧化硫、氮氧化物、酸气、水蒸气、烟灰、焦油,以及放射性核素。

蒸发法是放射性废液蒸发处理常用的方法,借助外加热把废液中大量的水分汽化,变成二次蒸汽逸出,使放射性核素浓缩保留在蒸残物中。当废液中存在易挥发核素,如氚、碘、铯、钌等,其也会在蒸发过程中逸出。

高放废液玻璃固化的尾气处理是玻璃固化设施中一个庞大而复杂的系统,尾气处理需要用湿法净化系统和干法净化系统去除放射性核素和气溶胶,捕捉颗粒物,冷凝水气,并除去氮氧化物和硫氧化物。尾气必须经过检测,满足排放标准后,才允许向大气排放。

2. 核技术利用活动

核技术利用活动,具有应用面大、用户数量多的特点。虽然对每个用户操作的放射性物质量一般不大,经液态及气载流出物排入环境的数量较少,但整个核技术利用领域排入环境的放射性物质量则是巨大的。以 ¹³¹I 为例,为了诊断甲状腺癌和乳头状瘤,估计全世界每年使用 600 TBq 的 ¹³¹I。除了在使用期间衰变损失外,其余 ¹³¹I 全部进入了人类生活环境。

核技术利用活动,对于放射性物质开放式操作,会有放射性废气或放射性废水产生和流出物排放,也必须控制气载流出物、液态流出物向环境的排放。

3. 伴生放射性矿

伴生放射性矿通常是指自然界中天然放射性核素含量较高的材料,如稀土矿、磷酸盐矿,但不包括铀、钍矿。人类开采、处理、加工和使用这类材料时,其所含的天然放射性可能会在废物、残留物、产品和副产品中浓集并导致辐射水平升高,这类废物、残留物、产品和副产品被通称为"天然放射性物质(Naturally Occurring Radioactive Material,NORM)"。由于伴生放射性矿是与天然放射性物质相关联,伴生放射性矿的流出物中主要放射性核素是铀和钍及其铀和钍的衰变子体。

3.8.4 流出物在环境中的转移和弥散途径

1. 辐射源与人的关系

核与辐射设施的建设和运行,必须事先编制环境影响报告书(表),对设施的建设和运行可能产生的影响进行评价,并将报告书(表)报送相应的环境保护行政主管部门进行审批。该项评价涉及许多专业技术内容,经由专家审评后,行政管理部门才进行批复。此处所涉及专业技术内容主要包括辐射源项分析,放射性物质在环境介质中的弥散、迁移、蓄积,以及公众可能受到的辐射剂量计算等在辐射环境影响评价中,主要关心公众照射的"源项"是"排放源项"。描述排放源项的参数通常包括排放方式、排放核素的种类、理化形态和排放量等。

人所受到的辐射剂量,是核与辐射设施对环境可能影响程度的度量。目前,评价核与辐射设施的环境影响,主要就是评价对人的影响,保护环境主要是保护人。

对于公众而言,现在的防护标准是年有效剂量限值为 1 mSv/a。对于一个核与辐射设施而言,对公众的影响不能用满 1 mSv/a。一个特定的核与辐射设施对公众的辐射影响只能是 1 mSv/a 的若干分之一。

2. 气载流出物辐射照射途径

核与辐射设施经气载流出物排入大气的放射性物质,将沿着风的流动向下风向输运,并随着大气的混合过程而弥散开来。在放射性物质弥散过程中,公众可能因吸入空气中夹带的放射性物质而受到内照射,并同时受到包含放射性流出物的放射性烟羽中的 γ 或 β 射线的外照射。放射性物质在弥散过程中,因为下雨被冲洗降落到地面或因放射性烟羽与所经过的下垫面的碰撞或重力沉降等作用沉积到地面。沉积到地面的放射性物质会对人形成外照射,并由于再悬浮而再进入大气,公众将受到吸入这些放射性物质产生的内照射。从较长的时间考虑,放射性物质沉积到植物、土壤或水体,还可能通过陆生及水生食物被人食用而进入人体内,产生食入内照射。

3. 液态流出物辐射照射途径

核与辐射设施经液态流出物将放射性物质排入环境中的受纳水体。放射性物质进入受纳水体之后,随水流动而弥散,在弥散的同时,有一部分受重力等因素的影响而沉积到底泥中,一部分由于与底泥的交换滞留在底泥中,同时也存在先前已滞留在底泥中的放射性核素重新返回水体的情况。在受纳水体中的放射性物质会对岸边的人员,以及水中游泳、打鱼的人员产生外照射。人们通过饮用受纳水体中的水,食用受纳水体中的水生生物而产生内照射。如果使用污染水进行农业灌溉,会对农产品产生污染,人们食用这类农产品也会产生内照射。这里要特别强调的一点是,有些水生生物可以富集放射性物质,使其体内某些放射性核素的质量活度要比水体中的放射性活度浓度高出几倍、几十倍甚至高到千倍。

3.8.5 控制流出物排放控制的原则

1. 剂量控制,充分保护公众安全

评价流出物排放对周围公众所产生的辐射照射,使用的基本量是年有效剂量。这个年有效剂量是与个人相关的防护量。现在国家标准《电离辐射防护和辐射源安全基本标准》(GB 18871—2002)采纳的个人剂量限值与国际辐射防护委员会推荐的剂量限值一致,公众个人剂量限值适用于来自具有正当性实践的相关源照射的总和,即在计划照射情况下,各种人工辐射源所致公众的个人年有效剂量为 1 mSv。国际放射防护委员会已经得出的结论是,所推荐的剂量限值仍然能够对公众提供适当的防护。

2. 年排放量实行总量控制

通过对流出物从排放口排出后在环境中传输、弥散,经食物链到人等照射途径的分析,辅以保守的假定推定出一组排放量限值,保证在各种不利因素下,满足这组排放限值就一定可以保证前述讨论的剂量约束不会超过,这组年排放量数值就可以作为流出物排放控制的次级标准,并称为年排放量控制值。年排放量控制值既是与源相关的量,又是与环境条件相联系的量。

对年排放量控制值做出明确规定的设施有核动力厂。《核动力厂环境辐射防护规定》(GB 6249—2011)关于流出物排放的相关规定如下:

核动力厂向环境释放的放射性物质对公众中任何个人造成的有效剂量,每年必须小于 0.25 mSv 剂量约束值。核动力厂必须按每座堆实施放射性流出物的年排放总量控制,对于 3 000 MW 热功率的反应堆。气载放射性流出物控制值见表 3-12;液态放射性流出物控制值见表 3-13。

表 3-12　气载放射性流出物控制值　　　　　　　　　　　单位:Bq/a

	轻水堆	重水堆
惰性气体	6×10^{14}	6×10^{14}
碘	2×10^{10}	2×10^{10}
粒子(半衰期≥8 天)	5×10^{10}	5×10^{10}
^{14}C	7×10^{10}	1.6×10^{12}
氚	1.5×10^{13}	4.5×10^{14}

表 3-13　液态放射性流出物控制值　　　　　　　　　　　单位:Bq/a

	轻水堆	重水堆
氚	7.5×10^{13}	3.5×10^{14}
^{14}C	1.5×10^{11}	2×10^{11}
其他核素	5×10^{10}	2×10^{11}(除氚外)

3. 实行排放最优化政策

防护与安全最优化是辐射防护体系的重要组成部分,其基本含义是:需要满足剂量标准,同时还需要遵守年排放量监管限值和条件,执行总量控制等要求,以使公众得到充分的保护。如果花费或代价不大仍可使流出物排放量减少的话,则应努力使流出物排放量减少。

4. 可核查性原则

对于核与辐射设施流出物排放,除遵守以上的几个原则之外,还应遵守可核查性原则。

可核查性包括经气载途径和液态途径排放时对流出物有监测;流出物排放系统的监测数据要详细记录;审管部门可监控及验证排放情况;对以往的排放资料,可追溯、可复核等。

3.8.6 流出物排放要求和排放准则

核与辐射设施流出物排放的管理要求包括:申报和批准;拥有足够能力的净化及处理设施或设备;有专设的流出物排放渠道;对排放实行监测;不满足要求需返回处理设备;对液态流出物实行槽式排放;实践中总结经验不断提高控制水平,逐步减少排放量。

对于像核动力厂这类大型核设施,必须按每个反应堆实施流出物年排放总量控制,需要在首次装料前向环境保护部提出年排放量申请值,申请的排放量不得高于排放量的设计目标值,审管部门经技术审评认为满足相关要求后发文正式批准。对于大多数一般项目也可在批复首次装料(运行)环境影响报告书时,对其流出物排放的源项进行认定。对于许多辐射设施,预期的年排放量很小,对关键组的影响微乎其微,亦可不规定具体数值,但应提出对流出物排放的管理要求。对于使用非密封源的核技术利用活动,也需要关注流出物排放。

1.净化与处理

对于可能有较大量的流出物排放的设施,为防止过度排放引起环境污染,必须建有足够处理能力的净化设施及设备,必须经过废物处理系统和(或)控制设备处理到满足排放条件后再排放。

2.专设排放口

流出物排放不能随意进行,必须经专设排放口排放。对于气载流出物,要通过烟囱排放。核动力厂烟囱排放应设置连续监测和取样监测,其中连续监测应设置低报警和高报警阈值,达到高报警阈值,自动关闭而停止排放。对于液态流出物排放,实施槽式排放,取样监测结果满足核准的排放要求后再排放。

3.对流出物实施监测

注册者和许可证持有者在其所负责密封源的运行期间应:使所有放射性物质的排放量保持在排放管理限值之下可合理达到的尽量低水平;对放射性核素的排放进行足够详细和准确的监测,以证明遵循了排放管理限值和条件,并可依据监测结果评估关键人群组的受照剂量;记录监测结果和所估算的受照剂量;按规定向审管部门报告监测结果。按审管部门规定的报告制度,及时向审管部门报告超过规定限值和条件的任何排放。

液态流出物实行槽式排放。关于槽式排放应具备以下几个要点:

(1)在排放前流出物贮存在容器中;

(2)贮存容器的容量足够大并应有备用容器;

(3)在排放前对容器中的放射性核素进行取样分析,分析合格经批准后方可排放;

(4)在排放中,对液态流出物的排放量必须通过计量仪表和设备进行计量;

(5)监测不合格的液态流,能够返回净化系统进行净化处理。

3.8.7 流出物监测的基本要求

1.制定监测大纲(计划)

流出物排放分为气、液两种途径,应对这两种排放途径分别进行流出物监测,并且事先都必须制定流出物监测计划。对于核设施,应制定详细的流出物监测计划,监测计划因设施的不同而不同。但计划要依据设施的工艺流程、排放的主要核素、排放方式、可能的排放量等有针对性地制定。监测计划的内容应包括监测或取样布点、监测或取样频率、取样量、监测仪器、预定测量时间、监测的质量控制、数据处理、报告编制等。流出物的监测计划除规定对放射性的监测之外,还需要测量流出物的化学成分、气溶胶的粒度分布、排风系统的排风流量,排放口的风向、风速,液态流出物排放的温度等。

2. 气载流出物在线监测

由于放射性物质在管道或烟囱流场中的分布可能不均匀,因此监测位置和取得的样品是否具有代表性,将直接影响流出物测量的准确性。核与辐射设施通常都设有气载流出物连续取样和在线监测系统。流出物监测的测量有两种方式:直接测量和采样后的就地测量或实验室测量。

3. 液态流出物取样分析

液态流出物向环境排放必须按照国务院环境保护行政主管部门批准的方式排放,《放射性污染防治法》和《电离辐射防护与辐射源安全基本标准》(GB 18871—2002)均有明确规定,含放射性物质的废液是采用槽式排放的。

槽式排放至少应设置两个相同容量的槽,每个槽都应设有混合中和设备和流量、浓度检测设备,液态流出物在排放前必须先经混合均匀,并取样分析检测,分析检测结果低于排放管理限值时方可排放,在排放期间不再流入新的废液。检测结果超过排放管理限值的废液返回处理系统再处理,以此来对流出物实施受控排放。

4. 无组织排放监测

流出物监测系统应保证正常运行和事故工况下均能获得可靠的监测结果。在评价流出物的环境影响时,不仅要考虑流出物经专设排放口的有组织排放量,还要考虑经其他途径排入环境的放射性核素的总量。因此,除了以上针对有组织的排放进行监测之外,对于设施的无组织排放亦应设法获取实际监测数据,并估计出可能的排放量及环境影响。

5. 流出物监测应"平战结合"

事故排放通常不认为是属于流出物排放。但用于流出物监测的仪器,一旦发生事故时能够获取或记录到放射性物质泄漏到环境中放射性核素的总量。因此,在设计流出物监测系统时就必须予以考虑,做到"平战结合"。

本章习题

1. 填空题

(1)营运单位在初步设计结束之后,向国务院核安全监管部门提交《_____》和《_____》等文件,国务院安全监管部门审评后,颁发"核设施建造许可证"。

(2)取得_____后,核设施营运单位的和安全责任自动终止。

(3)《核电厂质量保证安全规定》(HAF003)是《民用核设施安全监督管理条例》下包含_____、_____、_____、_____这四个规定之一。

(4)民用核安全设备的设计、制造、安装和_____单位,_____将关键工艺环节分包给其他单位。

(5)设计验证必须由能胜任的、未参与原设计的人员或小组来完成。设计单位至少应确定和使用三种验证方法_____、_____、_____其中的一种,或使用多种方法组合。

(6)国务院核安全监管部门应当在受理申请后_____个工作日内完成审查,对符合条件的,准予注册登记,颁发《中华人民共和国民用核安全设备活动境外单位注册登记确认书》。

2. 简答题

(1)阐述核安全监管的基本概念。

(2)核电厂厂址安全评价的主要阶段包括哪些?

(3)核设施厂址安全评价需要考虑的主要问题有哪些?

(4)核动力厂的安全监管目标是什么?

(5)核燃料循环设施的安全监管包含哪些主要内容?

第4章　核安全法律法规

我国核安全法律法规按照法律效力分为三个层级(我国的核安全法律法规体系和我国的法律法规体系是相对应的),分为国家法律、国务院条例和国务院各部委部门规章等三个层级。

第一层为国家法律,是法律法规的最高层次,起决定性作用。目前我国核领域,属于第一层级的国家法律有《放射性污染防治法》《核安全法》两部,还有一部核能领域的基本法《中华人民共和国原子能法》也已列入立法规划。

第二层为国务院条例,即通常所说的行政法规,是国家法律在某一个方面的进一步细化,其规定了该方面的法规要求。在核领域,行政法规目前主要包括《民用核设施安全监督管理条例》《中华人民共和国核材料管制条例》(简称《核材料管制条例》)、《核电厂核事故应急管理条例》《民用核安全设备监督管理条例》等7部国务院条例。

第三层为国务院各部门发布的部门规章,主要包括国务院条例实施细则及其附件、核安全技术要求的行政管理规定等两部分。核安全部门规章按照设施及专业领域0~10分为11个系列。这11个系列的序号依照现行法规编号第一个数字确定,如HAF4××为现行放射性废物管理系列法规编号,其中4代表放射性废物管理部分的部门规章。这11个法规系列囊括了核安全监管的主要内容。具体包括:

0—通用系列;

1—核动力厂系列;

2—研究反应堆系列;

3—非反应堆核燃料循环设施系列;

4—放射性废物管理系列;

5—核材料管制系列;

6—民用核安全设备监督管理系列;

7—放射性物质运输管理系列;

8—同位素和射线装置监督管理系列;

9—电磁辐射污染控制系列;

10—环境辐射监测系列。

由于法律法规的编写和修订手续繁杂,尤其是涉及多个部门的时候,其周期较长。但许多具体的问题需要及时予以规范和明确,同时大量的技术问题也不可能都用法律法规来确定。因此,一些规范性文件尽管不算正式的部门规章,但通常视同为部门规章使用,也是强制执行的,这些规范性文件在核安全监管实践中也具有十分重要的作用。

由于核安全领域的法律、国务院条例和核安全部门规章通常给出的仅仅是原则性要求,因此根据国际惯例和实践,国家核安全局制定了一些与核安全技术要求的行政管理规定相对应的支持性文件。

核安全导则,其层次低于部门规章,是推荐执行核安全技术要求行政管理规定应采取的方法和程序,在执行中可采用该方法和程序,也可采用等效的替代方法和程序。但由于论证同等安全水平的困难,在实践中通常也把安全导则视为强制性要求执行。由于核安全导则不可能解决所有技术问题,对于核安全问题还需要大量的技术文件和标准来支持,因此在实际工作中,国家核安全局还发布了一系列技术文件,以表明国家核安全局对具体技术或行政管理问题的意见,以便相关单位在应用中参照执行。

在通常意义上的法规体系之外,还有相应的国家标准体系,有时我们也将二者统称为法规标准体系。按照标准法规定,国家标准(除推荐性标准)是强制性的。因此,一些国家核安全局认为适用的重要国家标准在核安全监管中也属于强制执行的。

值得一提的是,我国立法体制是部门立法,不同部门制定的标准和规范性文件之间可能存在一些重复内容,个别地方可能还存在冲突。当出现低层级文件的规定与高层级文件规定相抵触时,应该以高层级文件规定为准,管理部门应当及时对较低层级文件进行修订。

4.1 核安全重要法律法规

本节主要介绍核安全领域重要的法律和条例,包括《放射性污染防治法》和《核安全法》两部法律,还有《民用核设施安全监督管理条例》《核电厂核事故应急管理条例》《核材料管制条例》《民用核安全设备监督管理条例》《放射性废物安全管理条例》《放射性同位素与射线装置安全和防护条例》和《放射性物品运输安全管理条例》7 部条例。限于篇幅,本节仅摘录了两部法律全文。

中华人民共和国放射性污染防治法

(2003 年 6 月 28 日第十届全国人民代表大会常务委员会第三次会议通过,中华人民共和国主席令第六号公布)

第一章 总 则

第一条 为了防治放射性污染,保护环境,保障人体健康,促进核能、核技术的开发与和平利用,制定本法。

第二条 本法适用于中华人民共和国领域和管辖的其他海域在核设施选址、建造、运行、退役和核技术、铀(钍)矿、伴生放射性矿开发利用过程中发生的放射性污染的防治活动。

第三条 国家对放射性污染的防治,实行预防为主、防治结合、严格管理、安全第一的方针。

第四条 国家鼓励、支持放射性污染防治的科学研究和技术开发利用,推广先进的放射性污染防治技术。

国家支持开展放射性污染防治的国际交流与合作。

第五条 县级以上人民政府应当将放射性污染防治工作纳入环境保护规划。

县级以上人民政府应当组织开展有针对性的放射性污染防治宣传教育,使公众了解放射性污染防治的有关情况和科学知识。

第六条 任何单位和个人有权对造成放射性污染的行为提出检举和控告。

第七条 在放射性污染防治工作中做出显著成绩的单位和个人,由县级以上人民政府给予奖励。

第八条 国务院环境保护行政主管部门对全国放射性污染防治工作依法实施统一监督管理。

国务院卫生行政部门和其他有关部门依据国务院规定的职责,对有关的放射性污染防治工作依法实施监督管理。

第二章　放射性污染防治的监督管理

第九条　国家放射性污染防治标准由国务院环境保护行政主管部门根据环境安全要求、国家经济技术条件制定。国家放射性污染防治标准由国务院环境保护行政主管部门和国务院标准化行政主管部门联合发布。

第十条　国家建立放射性污染监测制度。国务院环境保护行政主管部门会同国务院其他有关部门组织环境监测网络,对放射性污染实施监测管理。

第十一条　国务院环境保护行政主管部门和国务院其他有关部门,按照职责分工,各负其责,互通信息,密切配合,对核设施、铀(钍)矿开发利用中的放射性污染防治进行监督检查。

县级以上地方人民政府环境保护行政主管部门和同级其他有关部门,按照职责分工,各负其责,互通信息,密切配合,对本行政区域内核技术利用、伴生放射性矿开发利用中的放射性污染防治进行监督检查。

监督检查人员进行现场检查时,应当出示证件。被检查的单位必须如实反映情况,提供必要的资料。监督检查人员应当为被检查单位保守技术秘密和业务秘密。对涉及国家秘密的单位和部位进行检查时,应当遵守国家有关保守国家秘密的规定,依法办理有关审批手续。

第十二条　核设施营运单位、核技术利用单位、铀(钍)矿和伴生放射性矿开发利用单位,负责本单位放射性污染的防治,接受环境保护行政主管部门和其他有关部门的监督管理,并依法对其造成的放射性污染承担责任。

第十三条　核设施营运单位、核技术利用单位、铀(钍)矿和伴生放射性矿开发利用单位,必须采取安全与防护措施,预防发生可能导致放射性污染的各类事故,避免放射性污染危害。

核设施营运单位、核技术利用单位、铀(钍)矿和伴生放射性矿开发利用单位,应当对其工作人员进行放射性安全教育、培训,采取有效的防护安全措施。

第十四条　国家对从事放射性污染防治的专业人员实行资格管理制度;对从事放射性污染监测工作的机构实行资质管理制度。

第十五条　运输放射性物质和含放射源的射线装置,应当采取有效措施,防止放射性污染。具体办法由国务院规定。

第十六条　放射性物质和射线装置应当设置明显的放射性标识和中文警示说明。生产、销售、使用、贮存、处置放射性物质和射线装置的场所,以及运输放射性物质和含放射源的射线装置的工具,应当设置明显的放射性标志。

第十七条　含有放射性物质的产品,应当符合国家放射性污染防治标准;不符合国家放射性污染防治标准的,不得出厂和销售。

使用伴生放射性矿渣和含有天然放射性物质的石材做建筑和装修材料,应当符合国家建筑材料放射性核素控制标准。

第三章　核设施的放射性污染防治

第十八条　核设施选址,应当进行科学论证,并按照国家有关规定办理审批手续。在办理核设施选址审批手续前,应当编制环境影响报告书,报国务院环境保护行政主管部门审查批准;未经批准,有关部门不得办理核设施选址批准文件。

第十九条 核设施营运单位在进行核设施建造、装料、运行、退役等活动前,必须按照国务院有关核设施安全监督管理的规定,申请领取核设施建造、运行许可证和办理装料、退役等审批手续。

核设施营运单位领取有关许可证或者批准文件后,方可进行相应的建造、装料、运行、退役等活动。

第二十条 核设施营运单位应当在申请领取核设施建造、运行许可证和办理退役审批手续前编制环境影响报告书,报国务院环境保护行政主管部门审查批准;未经批准,有关部门不得颁发许可证和办理批准文件。

第二十一条 与核设施相配套的放射性污染防治设施,应当与主体工程同时设计、同时施工、同时投入使用。

放射性污染防治设施应当与主体工程同时验收;验收合格的,主体工程方可投入生产或者使用。

第二十二条 进口核设施,应当符合国家放射性污染防治标准;没有相应的国家放射性污染防治标准的,采用国务院环境保护行政主管部门指定的国外有关标准。

第二十三条 核动力厂等重要核设施外围地区应当划定规划限制区。规划限制区的划定和管理办法,由国务院规定。

第二十四条 核设施营运单位应当对核设施周围环境中所含的放射性核素的种类、浓度以及核设施流出物中的放射性核素总量实施监测,并定期向国务院环境保护行政主管部门和所在地省、自治区、直辖市人民政府环境保护行政主管部门报告监测结果。

国务院环境保护行政主管部门负责对核动力厂等重要核设施实施监督性监测,并根据需要对其他核设施的流出物实施监测。监督性监测系统的建设、运行和维护费用由财政预算安排。

第二十五条 核设施营运单位应当建立健全安全保卫制度,加强安全保卫工作,并接受公安部门的监督指导。

核设施营运单位应当按照核设施的规模和性质制定核事故场内应急计划,做好应急准备。

出现核事故应急状态时,核设施营运单位必须立即采取有效的应急措施控制事故,并向核设施主管部门和环境保护行政主管部门、卫生行政部门、公安部门以及其他有关部门报告。

第二十六条 国家建立健全核事故应急制度。

核设施主管部门、环境保护行政主管部门、卫生行政部门、公安部门以及其他有关部门,在本级人民政府的组织领导下,按照各自的职责依法做好核事故应急工作。

中国人民解放军和中国人民武装警察部队按照国务院、中央军事委员会的有关规定在核事故应急中实施有效的支援。

第二十七条 核设施营运单位应当制定核设施退役计划。

核设施的退役费用和放射性废物处置费用应当预提,列入投资概算或者生产成本。核设施的退役费用和放射性废物处置费用的提取和管理办法,由国务院财政部门、价格主管部门会同国务院环境保护行政主管部门、核设施主管部门规定。

第四章 核技术利用的放射性污染防治

第二十八条 生产、销售、使用放射性同位素和射线装置的单位,应当按照国务院有关放射性同位素与射线装置放射防护的规定申请领取许可证,办理登记手续。

转让、进口放射性同位素和射线装置的单位以及装备有放射性同位素的仪表的单位,应当按照国务院有关放射性同位素与射线装置放射防护的规定办理有关手续。

第二十九条 生产、销售、使用放射性同位素和加速器、中子发生器以及含放射源的射线装置的单位,应当在申请领取许可证前编制环境影响评价文件,报省、自治区、直辖市人民政府环境保护行政主管部门审查批准;未经批准,有关部门不得颁发许可证。

国家建立放射性同位素备案制度。具体办法由国务院规定。

第三十条 新建、改建、扩建放射工作场所的放射防护设施,应当与主体工程同时设计、同时施工、同时投入使用。

放射防护设施应当与主体工程同时验收;验收合格的,主体工程方可投入生产或者使用。

第三十一条 放射性同位素应当单独存放,不得与易燃、易爆、腐蚀性物品等一起存放,其贮存场所应当采取有效的防火、防盗、防射线泄漏的安全防护措施,并指定专人负责保管。贮存、领取、使用、归还放射性同位素时,应当进行登记、检查,做到账物相符。

第三十二条 生产、使用放射性同位素和射线装置的单位,应当按照国务院环境保护行政主管部门的规定对其产生的放射性废物进行收集、包装、贮存。

生产放射源的单位,应当按照国务院环境保护行政主管部门的规定回收和利用废旧放射源;使用放射源的单位,应当按照国务院环境保护行政主管部门的规定将废旧放射源交回生产放射源的单位或者送交专门从事放射性固体废物贮存、处置的单位。

第三十三条 生产、销售、使用、贮存放射源的单位,应当建立健全安全保卫制度,指定专人负责,落实安全责任制,制定必要的事故应急措施。发生放射源丢失、被盗和放射性污染事故时,有关单位和个人必须立即采取应急措施,并向公安部门、卫生行政部门和环境保护行政主管部门报告。

公安部门、卫生行政部门和环境保护行政主管部门接到放射源丢失、被盗和放射性污染事故报告后,应当报告本级人民政府,并按照各自的职责立即组织采取有效措施,防止放射性污染蔓延,减少事故损失。当地人民政府应当及时将有关情况告知公众,并做好事故的调查、处理工作。

第五章 铀(钍)矿和伴生放射性矿开发利用的放射性污染防治

第三十四条 开发利用或者关闭铀(钍)矿的单位,应当在申请领取采矿许可证或者办理退役审批手续前编制环境影响报告书,报国务院环境保护行政主管部门审查批准。

开发利用伴生放射性矿的单位,应当在申请领取采矿许可证前编制环境影响报告书,报省级以上人民政府环境保护行政主管部门审查批准。

第三十五条 与铀(钍)矿和伴生放射性矿开发利用建设项目相配套的放射性污染防治设施,应当与主体工程同时设计、同时施工、同时投入使用。

放射性污染防治设施应当与主体工程同时验收;验收合格的,主体工程方可投入生产或者使用。

第三十六条 铀(钍)矿开发利用单位应当对铀(钍)矿的流出物和周围的环境实施监测,并定期向国务院环境保护行政主管部门和所在地省、自治区、直辖市人民政府环境保护行政主管部门报告监测结果。

第三十七条 对铀(钍)矿和伴生放射性矿开发利用过程中产生的尾矿,应当建造尾矿库进行贮存、处置;建造的尾矿库应当符合放射性污染防治的要求。

第三十八条 铀(钍)矿开发利用单位应当制定铀(钍)矿退役计划。铀矿退役费用由国家财政预算安排。

第六章 放射性废物管理

第三十九条 核设施营运单位、核技术利用单位、铀(钍)矿和伴生放射性矿开发利用单位,应当合理选择和利用原材料,采用先进的生产工艺和设备,尽量减少放射性废物的产生量。

第四十条 向环境排放放射性废气、废液,必须符合国家放射性污染防治标准。

第四十一条 产生放射性废气、废液的单位向环境排放符合国家放射性污染防治标准的放射性废气、废液,应当向审批环境影响评价文件的环境保护行政主管部门申请放射性核素排放量,并定期报告排放计量结果。

第四十二条 产生放射性废液的单位,必须按照国家放射性污染防治标准的要求,对不得向环境排放的放射性废液进行处理或者贮存。

产生放射性废液的单位,向环境排放符合国家放射性污染防治标准的放射性废液,必须采用符合国务院环境保护行政主管部门规定的排放方式。

禁止利用渗井、渗坑、天然裂隙、溶洞或者国家禁止的其他方式排放放射性废液。

第四十三条 低、中水平放射性固体废物在符合国家规定的区域实行近地表处置。高水平放射性固体废物实行集中的深地质处置。

α放射性固体废物依照前款规定处置。

禁止在内河水域和海洋上处置放射性固体废物。

第四十四条 国务院核设施主管部门会同国务院环境保护行政主管部门根据地质条件和放射性固体废物处置的需要,在环境影响评价的基础上编制放射性固体废物处置场所选址规划,报国务院批准后实施。

有关地方人民政府应当根据放射性固体废物处置场所选址规划,提供放射性固体废物处置场所的建设用地,并采取有效措施支持放射性固体废物的处置。

第四十五条 产生放射性固体废物的单位,应当按照国务院环境保护行政主管部门的规定,对其产生的放射性固体废物进行处理后,送交放射性固体废物处置单位处置,并承担处置费用。

放射性固体废物处置费用收取和使用管理办法,由国务院财政部门、价格主管部门会同国务院环境保护行政主管部门规定。

第四十六条 设立专门从事放射性固体废物贮存、处置的单位,必须经国务院环境保护行政主管部门审查批准,取得许可证。具体办法由国务院规定。

禁止未经许可或者不按照许可的有关规定从事贮存和处置放射性固体废物的活动。

禁止将放射性固体废物提供或者委托给无许可证的单位贮存和处置。

第四十七条 禁止将放射性废物和被放射性污染的物品输入中华人民共和国境内或者经中华人民共和国境内转移。

第七章 法律责任

第四十八条 放射性污染防治监督管理人员违反法律规定,利用职务上的便利收受他人

财物、谋取其他利益,或者玩忽职守,有下列行为之一的,依法给予行政处分;构成犯罪的,依法追究刑事责任:

(一)对不符合法定条件的单位颁发许可证和办理批准文件的;

(二)不依法履行监督管理职责的;

(三)发现违法行为不予查处的。

第四十九条 违反本法规定,有下列行为之一的,由县级以上人民政府环境保护行政主管部门或者其他有关部门依据职权责令限期改正,可以处二万元以下罚款:

(一)不按照规定报告有关环境监测结果的;

(二)拒绝环境保护行政主管部门和其他有关部门进行现场检查,或者被检查时不如实反映情况和提供必要资料的。

第五十条 违反本法规定,未编制环境影响评价文件,或者环境影响评价文件未经环境保护行政主管部门批准,擅自进行建造、运行、生产和使用等活动的,由审批环境影响评价文件的环境保护行政主管部门责令停止违法行为,限期补办手续或者恢复原状,并处一万元以上二十万元以下罚款。

第五十一条 违反本法规定,未建造放射性污染防治设施、放射防护设施,或者防治防护设施未经验收合格,主体工程即投入生产或者使用的,由审批环境影响评价文件的环境保护行政主管部门责令停止违法行为,限期改正,并处五万元以上二十万元以下罚款。

第五十二条 违反本法规定,未经许可或者批准,核设施营运单位擅自进行核设施的建造、装料、运行、退役等活动的,由国务院环境保护行政主管部门责令停止违法行为,限期改正,并处二十万元以上五十万元以下罚款;构成犯罪的,依法追究刑事责任。

第五十三条 违反本法规定,生产、销售、使用、转让、进口、贮存放射性同位素和射线装置以及装备有放射性同位素的仪表的,由县级以上人民政府环境保护行政主管部门或者其他有关部门依据职权责令停止违法行为,限期改正;逾期不改正的,责令停产停业或者吊销许可证;有违法所得的,没收违法所得;违法所得十万元以上的,并处违法所得一倍以上五倍以下罚款;没有违法所得或者违法所得不足十万元的,并处一万元以上十万元以下罚款;构成犯罪的,依法追究刑事责任。

第五十四条 违反本法规定,有下列行为之一的,由县级以上人民政府环境保护行政主管部门责令停止违法行为,限期改正,处以罚款;构成犯罪的,依法追究刑事责任:

(一)未建造尾矿库或者不按照放射性污染防治的要求建造尾矿库,贮存、处置铀(钍)矿和伴生放射性矿的尾矿的;

(二)向环境排放不得排放的放射性废气、废液的;

(三)不按照规定的方式排放放射性废液,利用渗井、渗坑、天然裂隙、溶洞或者国家禁止的其他方式排放放射性废液的;

(四)不按照规定处理或者贮存不得向环境排放的放射性废液的;

(五)将放射性固体废物提供或者委托给无许可证的单位贮存和处置的。

有前款第(一)项、第(二)项、第(三)项、第(五)项行为之一的,处十万元以上二十万元以下罚款;有前款第(四)项行为的,处一万元以上十万元以下罚款。

第五十五条 违反本法规定,有下列行为之一的,由县级以上人民政府环境保护行政主管部门或者其他有关部门依据职权责令限期改正;逾期不改正的,责令停产停业,并处二万元以上十万元以下罚款;构成犯罪的,依法追究刑事责任:

（一）不按照规定设置放射性标识、标志、中文警示说明的；

（二）不按照规定建立健全安全保卫制度和制定事故应急计划或者应急措施的；

（三）不按照规定报告放射源丢失、被盗情况或者放射性污染事故的。

第五十六条 产生放射性固体废物的单位，不按照本法第四十五条的规定对其产生的放射性固体废物进行处置的，由审批该单位立项环境影响评价文件的环境保护行政主管部门责令停止违法行为，限期改正；逾期不改正的，指定有处置能力的单位代为处置，所需费用由产生放射性固体废物的单位承担，可以并处二十万元以下罚款；构成犯罪的，依法追究刑事责任。

第五十七条 违反本法规定，有下列行为之一的，由省级以上人民政府环境保护行政主管部门责令停产停业或者吊销许可证；有违法所得的，没收违法所得；违法所得十万元以上的，并处违法所得一倍以上五倍以下罚款；没有违法所得或者违法所得不足十万元的，并处五万元以上十万元以下罚款；构成犯罪的，依法追究刑事责任：

（一）未经许可，擅自从事贮存和处置放射性固体废物活动的；

（二）不按照许可的有关规定从事贮存和处置放射性固体废物活动的。

第五十八条 向中华人民共和国境内输入放射性废物和被放射性污染的物品，或者经中华人民共和国境内转移放射性废物和被放射性污染的物品的，由海关责令退运该放射性废物和被放射性污染的物品，并处五十万元以上一百万元以下罚款；构成犯罪的，依法追究刑事责任。

第五十九条 因放射性污染造成他人损害的，应当依法承担民事责任。

第八章 附 则

第六十条 军用设施、装备的放射性污染防治，由国务院和军队的有关主管部门依照本法规定的原则和国务院、中央军事委员会规定的职责实施监督管理。

第六十一条 劳动者在职业活动中接触放射性物质造成的职业病的防治，依照《中华人民共和国职业病防治法》的规定执行。

第六十二条 本法中下列用语的含义：

（一）放射性污染，是指由于人类活动造成物料、人体、场所、环境介质表面或者内部出现超过国家标准的放射性物质或者射线。

（二）核设施，是指核动力厂（核电厂、核热电厂、核供汽供热厂等）和其他反应堆（研究堆、实验堆、临界装置等）；核燃料生产、加工、贮存和后处理设施；放射性废物的处理和处置设施等。

（三）核技术利用，是指密封放射源、非密封放射源和射线装置在医疗、工业、农业、地质调查、科学研究和教学等领域中的使用。

（四）放射性同位素，是指某种发生放射性衰变的元素中具有相同原子序数但质量不同的核素。

（五）放射源，是指除研究堆和动力堆核燃料循环范畴的材料以外，永久密封在容器中或者有严密包层并呈固态的放射性材料。

（六）射线装置，是指X线机、加速器、中子发生器以及含放射源的装置。

（七）伴生放射性矿，是指含有较高水平天然放射性核素浓度的非铀矿（如稀土矿和磷酸盐矿等）。

（八）放射性废物，是指含有放射性核素或者被放射性核素污染，其浓度或者比活度大于国家确定的清洁解控水平,预期不再使用的废弃物。

第六十三条 本法自 2003 年 10 月 1 日起施行。

中华人民共和国核安全法

(2017 年 9 月 1 日第十二届全国人民代表大会常务委员会第二十九次会议通过,中华人民共和国主席令第七十三号公布)

第一章 总 则

第一条 为了保障核安全,预防与应对核事故,安全利用核能,保护公众和从业人员的安全与健康,保护生态环境,促进经济社会可持续发展,制定本法。

第二条 在中华人民共和国领域及管辖的其他海域内,对核设施、核材料及相关放射性废物采取充分的预防、保护、缓解和监管等安全措施,防止由于技术原因、人为原因或者自然灾害造成核事故,最大限度减轻核事故情况下的放射性后果的活动,适用本法。

核设施,是指:

(一)核电厂、核热电厂、核供汽供热厂等核动力厂及装置;

(二)核动力厂以外的研究堆、实验堆、临界装置等其他反应堆;

(三)核燃料生产、加工、贮存和后处理设施等核燃料循环设施;

(四)放射性废物的处理、贮存、处置设施。

核材料,是指:

(一)铀-235 材料及其制品;

(二)铀-233 材料及其制品;

(三)钚-239 材料及其制品;

(四)法律、行政法规规定的其他需要管制的核材料。

放射性废物,是指核设施运行、退役产生的,含有放射性核素或者被放射性核素污染,其浓度或者比活度大于国家确定的清洁解控水平,预期不再使用的废弃物。

第三条 国家坚持理性、协调、并进的核安全观,加强核安全能力建设,保障核事业健康发展。

第四条 从事核事业必须遵循确保安全的方针。

核安全工作必须坚持安全第一、预防为主、责任明确、严格管理、纵深防御、独立监管、全面保障的原则。

第五条 核设施营运单位对核安全负全面责任。

为核设施营运单位提供设备、工程以及服务等的单位,应当负相应责任。

第六条 国务院核安全监督管理部门负责核安全的监督管理。

国务院核工业主管部门、能源主管部门和其他有关部门在各自职责范围内负责有关的核安全管理工作。

国家建立核安全工作协调机制,统筹协调有关部门推进相关工作。

第七条 国务院核安全监督管理部门会同国务院有关部门编制国家核安全规划,报国务院批准后组织实施。

第八条 国家坚持从高从严建立核安全标准体系。

国务院有关部门按照职责分工制定核安全标准。核安全标准是强制执行的标准。

核安全标准应当根据经济社会发展和科技进步适时修改。

第九条 国家制定核安全政策,加强核安全文化建设。

国务院核安全监督管理部门、核工业主管部门和能源主管部门应当建立培育核安全文化的机制。

核设施营运单位和为其提供设备、工程以及服务等的单位应当积极培育和建设核安全文化,将核安全文化融入生产、经营、科研和管理的各个环节。

第十条 国家鼓励和支持核安全相关科学技术的研究、开发和利用,加强知识产权保护,注重核安全人才的培养。

国务院有关部门应当在相关科研规划中安排与核设施、核材料安全和辐射环境监测、评估相关的关键技术研究专项,推广先进、可靠的核安全技术。

核设施营运单位和为其提供设备、工程以及服务等的单位、与核安全有关的科研机构等单位,应当持续开发先进、可靠的核安全技术,充分利用先进的科学技术成果,提高核安全水平。

国务院和省、自治区、直辖市人民政府及其有关部门对在科技创新中做出重要贡献的单位和个人,按照有关规定予以表彰和奖励。

第十一条 任何单位和个人不得危害核设施、核材料安全。

公民、法人和其他组织依法享有获取核安全信息的权利,受到核损害的,有依法获得赔偿的权利。

第十二条 国家加强对核设施、核材料的安全保卫工作。

核设施营运单位应当建立和完善安全保卫制度,采取安全保卫措施,防范对核设施、核材料的破坏、损害和盗窃。

第十三条 国家组织开展与核安全有关的国际交流与合作,完善核安全国际合作机制,防范和应对核恐怖主义威胁,履行中华人民共和国缔结或者参加的国际公约所规定的义务。

第二章　核设施安全

第十四条 国家对核设施的选址、建设进行统筹规划,科学论证,合理布局。

国家根据核设施的性质和风险程度等因素,对核设施实行分类管理。

第十五条 核设施营运单位应当具备保障核设施安全运行的能力,并符合下列条件:

(一)有满足核安全要求的组织管理体系和质量保证、安全管理、岗位责任等制度;

(二)有规定数量、合格的专业技术人员和管理人员;

(三)具备与核设施安全相适应的安全评价、资源配置和财务能力;

(四)具备必要的核安全技术支撑和持续改进能力;

(五)具备应急响应能力和核损害赔偿财务保障能力;

(六)法律、行政法规规定的其他条件。

第十六条 核设施营运单位应当依照法律、行政法规和标准的要求,设置核设施纵深防御体系,有效防范技术原因、人为原因和自然灾害造成的威胁,确保核设施安全。

核设施营运单位应当对核设施进行定期安全评价,并接受国务院核安全监督管理部门的审查。

第十七条 核设施营运单位和为其提供设备、工程以及服务等的单位应当建立并实施质量保证体系,有效保证设备、工程和服务等的质量,确保设备的性能满足核安全标准的要求,工程和服务等满足核安全相关要求。

第十八条 核设施营运单位应当严格控制辐射照射,确保有关人员免受超过国家规定剂量限值的辐射照射,确保辐射照射保持在合理、可行和尽可能低的水平。

第十九条 核设施营运单位应当对核设施周围环境中所含的放射性核素的种类、浓度以及核设施流出物中的放射性核素总量实施监测,并定期向国务院环境保护主管部门和所在地省、自治区、直辖市人民政府环境保护主管部门报告监测结果。

第二十条 核设施营运单位应当按照国家有关规定,制定培训计划,对从业人员进行核安全教育和技能培训并进行考核。

核设施营运单位应当为从业人员提供相应的劳动防护和职业健康检查,保障从业人员的安全和健康。

第二十一条 省、自治区、直辖市人民政府应当对国家规划确定的核动力厂等重要核设施的厂址予以保护,在规划期内不得变更厂址用途。

省、自治区、直辖市人民政府应当在核动力厂等重要核设施周围划定规划限制区,经国务院核安全监督管理部门同意后实施。

禁止在规划限制区内建设可能威胁核设施安全的易燃、易爆、腐蚀性物品的生产、贮存设施以及人口密集场所。

第二十二条 国家建立核设施安全许可制度。

核设施营运单位进行核设施选址、建造、运行、退役等活动,应当向国务院核安全监督管理部门申请许可。

核设施营运单位要求变更许可文件规定条件的,应当报国务院核安全监督管理部门批准。

第二十三条 核设施营运单位应当对地质、地震、气象、水文、环境和人口分布等因素进行科学评估,在满足核安全技术评价要求的前提下,向国务院核安全监督管理部门提交核设施选址安全分析报告,经审查符合核安全要求后,取得核设施场址选择审查意见书。

第二十四条 核设施设计应当符合核安全标准,采用科学合理的构筑物、系统和设备参数与技术要求,提供多样保护和多重屏障,确保核设施运行可靠、稳定和便于操作,满足核安全要求。

第二十五条 核设施建造前,核设施营运单位应当向国务院核安全监督管理部门提出建造申请,并提交下列材料:

(一)核设施建造申请书;

(二)初步安全分析报告;

(三)环境影响评价文件;

(四)质量保证文件;

(五)法律、行政法规规定的其他材料。

第二十六条 核设施营运单位取得核设施建造许可证后,应当确保核设施整体性能满足核安全标准的要求。

核设施建造许可证的有效期不得超过十年。有效期届满,需要延期建造的,应当报国务院核安全监督管理部门审查批准。但是,有下列情形之一且经评估不存在安全风险的除外

(一)国家政策或者行为导致核设施延期建造;

（二）用于科学研究的核设施；

（三）用于工程示范的核设施；

（四）用于乏燃料后处理的核设施。

核设施建造完成后应当进行调试，验证其是否满足设计的核安全要求。

第二十七条 核设施首次装投料前，核设施营运单位应当向国务院核安全监督管理部门提出运行申请，并提交下列材料：

（一）核设施运行申请书；

（二）最终安全分析报告；

（三）质量保证文件；

（四）应急预案；

（五）法律、行政法规规定的其他材料。

核设施营运单位取得核设施运行许可证后，应当按照许可证的规定运行。

核设施运行许可证的有效期为设计寿期。在有效期内，国务院核安全监督管理部门可以根据法律、行政法规和新的核安全标准的要求，对许可证规定的事项做出合理调整。

核设施营运单位调整下列事项的，应当报国务院核安全监督管理部门批准：

（一）作为颁发运行许可证依据的重要构筑物、系统和设备；

（二）运行限值和条件；

（三）国务院核安全监督管理部门批准的与核安全有关的程序和其他文件。

第二十八条 核设施运行许可证有效期届满需要继续运行的，核设施营运单位应当于有效期届满前五年，向国务院核安全监督管理部门提出延期申请，并对其是否符合核安全标准进行论证、验证，经审查批准后，方可继续运行。

第二十九条 核设施终止运行后，核设施营运单位应当采取安全的方式进行停闭管理，保证停闭期间的安全，确保退役所需的基本功能、技术人员和文件。

第三十条 核设施退役前，核设施营运单位应当向国务院核安全监督管理部门提出退役申请，并提交下列材料：

（一）核设施退役申请书；

（二）安全分析报告；

（三）环境影响评价文件；

（四）质量保证文件；

（五）法律、行政法规规定的其他材料。

核设施退役时，核设施营运单位应当按照合理、可行和尽可能低的原则处理、处置核设施场址的放射性物质，将构筑物、系统和设备的放射性水平降低至满足标准的要求。

核设施退役后，核设施所在地省、自治区、直辖市人民政府环境保护主管部门应当对核设施场址及其周围环境中所含的放射性核素的种类和浓度组织监测。

第三十一条 进口核设施，应当满足中华人民共和国有关核安全法律、行政法规和标准的要求，并报国务院核安全监督管理部门审查批准。

出口核设施，应当遵守中华人民共和国有关核设施出口管制的规定。

第三十二条 国务院核安全监督管理部门应当依照法定条件和程序，对核设施安全许可申请组织安全技术审查，满足核安全要求的，在技术审查完成之日起二十日内，依法做出准予许可的决定。

国务院核安全监督管理部门审批核设施建造、运行许可申请时,应当向国务院有关部门和核设施所在地省、自治区、直辖市人民政府征询意见,被征询意见的单位应当在三个月内给予答复。

第三十三条 国务院核安全监督管理部门组织安全技术审查时,应当委托与许可申请单位没有利益关系的技术支持单位进行技术审评。受委托的技术支持单位应当对其技术评价结论的真实性、准确性负责。

第三十四条 国务院核安全监督管理部门成立核安全专家委员会,为核安全决策提供咨询意见。

制定核安全规划和标准,进行核设施重大安全问题技术决策,应当咨询核安全专家委员会的意见。

第三十五条 国家建立核设施营运单位核安全报告制度,具体办法由国务院有关部门制定。国务院有关部门应当建立核安全经验反馈制度,并及时处理核安全报告信息,实现信息共享。核设施营运单位应当建立核安全经验反馈体系。

第三十六条 为核设施提供核安全设备设计、制造、安装和无损检验服务的单位,应当向国务院核安全监督管理部门申请许可。境外机构为境内核设施提供核安全设备设计、制造、安装和无损检验服务的,应当向国务院核安全监督管理部门申请注册。

国务院核安全监督管理部门依法对进口的核安全设备进行安全检验。

第三十七条 核设施操作人员以及核安全设备焊接人员、无损检验人员等特种工艺人员应当按照国家规定取得相应资格证书。

核设施营运单位以及核安全设备制造、安装和无损检验单位应当聘用取得相应资格证书的人员从事与核设施安全专业技术有关的工作。

第三章 核材料和放射性废物安全

第三十八条 核设施营运单位和其他有关单位持有核材料,应当按照规定的条件依法取得许可,并采取下列措施,防止核材料被盗、破坏、丢失、非法转让和使用,保障核材料的安全与合法利用:

(一)建立专职机构或者指定专人保管核材料;

(二)建立核材料衡算制度,保持核材料收支平衡;

(三)建立与核材料保护等级相适应的实物保护系统;

(四)建立信息保密制度,采取保密措施;

(五)法律、行政法规规定的其他措施。

第三十九条 产生、贮存、运输、后处理乏燃料的单位应当采取措施确保乏燃料的安全,并对持有的乏燃料承担核安全责任。

第四十条 放射性废物应当实行分类处置。

低、中水平放射性废物在国家规定的符合核安全要求的场所实行近地表或者中等深度处置。

高水平放射性废物实行集中深地质处置,由国务院指定的单位专营。

第四十一条 核设施营运单位、放射性废物处理处置单位应当对放射性废物进行减量化、无害化处理、处置,确保永久安全。

第四十二条 国务院核工业主管部门会同国务院有关部门和省、自治区、直辖市人民政府编制低、中水平放射性废物处置场所的选址规划,报国务院批准后组织实施。

国务院核工业主管部门会同国务院有关部门编制高水平放射性废物处置场所的选址规划,报国务院批准后组织实施。

放射性废物处置场所的建设应当与核能发展的要求相适应。

第四十三条 国家建立放射性废物管理许可制度。

专门从事放射性废物处理、贮存、处置的单位,应当向国务院核安全监督管理部门申请许可。

核设施营运单位利用与核设施配套建设的处理、贮存设施,处理、贮存本单位产生的放射性废物的,无须申请许可。

第四十四条 核设施营运单位应当对其产生的放射性固体废物和不能经净化排放的放射性废液进行处理,使其转变为稳定的、标准化的固体废物后,及时送交放射性废物处置单位处置。

核设施营运单位应当对其产生的放射性废气进行处理,达到国家放射性污染防治标准后,方可排放。

第四十五条 放射性废物处置单位应当按照国家放射性污染防治标准的要求,对其接收的放射性废物进行处置。

放射性废物处置单位应当建立放射性废物处置情况记录档案,如实记录处置的放射性废物的来源、数量、特征、存放位置等与处置活动有关的事项。记录档案应当永久保存。

第四十六条 国家建立放射性废物处置设施关闭制度。

放射性废物处置设施有下列情形之一的,应当依法办理关闭手续,并在划定的区域设置永久性标记:

(一)设计服役期届满;

(二)处置的放射性废物已经达到设计容量;

(三)所在地区的地质构造或者水文地质等条件发生重大变化,不适宜继续处置放射性废物;

(四)法律、行政法规规定的其他需要关闭的情形。

第四十七条 放射性废物处置设施关闭前,放射性废物处置单位应当编制放射性废物处置设施关闭安全监护计划,报国务院核安全监督管理部门批准。

安全监护计划应当包括下列主要内容:

(一)安全监护责任人及其责任;

(二)安全监护费用;

(三)安全监护措施;

(四)安全监护期限。

放射性废物处置设施关闭后,放射性废物处置单位应当按照经批准的安全监护计划进行安全监护;经国务院核安全监督管理部门会同国务院有关部门批准后,将其交由省、自治区、直辖市人民政府进行监护管理。

第四十八条 核设施营运单位应当按照国家规定缴纳乏燃料处理处置费用,列入生产成本。

核设施营运单位应当预提核设施退役费用、放射性废物处置费用,列入投资概算、生产成本,专门用于核设施退役、放射性废物处置。具体办法由国务院财政部门、价格主管部门会同国务院核安全监督管理部门、核工业主管部门和能源主管部门制定。

第四十九条 国家对核材料、放射性废物的运输实行分类管理,采取有效措施,保障运输安全。

第五十条 国家保障核材料、放射性废物的公路、铁路、水路等运输,国务院有关部门应当加强对公路、铁路、水路等运输的管理,制定具体的保障措施。

第五十一条 国务院核工业主管部门负责协调乏燃料运输管理活动,监督有关保密措施。

公安机关对核材料、放射性废物道路运输的实物保护实施监督,依法处理可能危及核材料、放射性废物安全运输的事故。通过道路运输核材料、放射性废物的,应当报启运地县级以上人民政府公安机关按照规定权限批准;其中,运输乏燃料或者高水平放射性废物的,应当报国务院公安部门批准。

国务院核安全监督管理部门负责批准核材料、放射性废物运输包装容器的许可申请。

第五十二条 核材料、放射性废物的托运人应当在运输中采取有效的辐射防护和安全保卫措施,对运输中的核安全负责。

乏燃料、高水平放射性废物的托运人应当向国务院核安全监督管理部门提交有关核安全分析报告,经审查批准后方可开展运输活动。

核材料、放射性废物的承运人应当依法取得国家规定的运输资质。

第五十三条 通过公路、铁路、水路等运输核材料、放射性废物,本法没有规定的,适用相关法律、行政法规和规章关于放射性物品运输、危险货物运输的规定。

第四章 核事故应急

第五十四条 国家设立核事故应急协调委员会,组织、协调全国的核事故应急管理工作。

省、自治区、直辖市人民政府根据实际需要设立核事故应急协调委员会,组织、协调本行政区域内的核事故应急管理工作。

第五十五条 国务院核工业主管部门承担国家核事故应急协调委员会日常工作,牵头制定国家核事故应急预案,经国务院批准后组织实施。国家核事故应急协调委员会成员单位根据国家核事故应急预案部署,制定本单位核事故应急预案,报国务院核工业主管部门备案。

省、自治区、直辖市人民政府指定的部门承担核事故应急协调委员会的日常工作,负责制定本行政区域内场外核事故应急预案,报国家核事故应急协调委员会审批后组织实施。

核设施营运单位负责制定本单位场内核事故应急预案,报国务院核工业主管部门、能源主管部门和省、自治区、直辖市人民政府指定的部门备案。

中国人民解放军和中国人民武装警察部队按照国务院、中央军事委员会的规定,制定本系统支援地方的核事故应急工作预案,报国务院核工业主管部门备案。

应急预案制定单位应当根据实际需要和情势变化,适时修订应急预案。

第五十六条 核设施营运单位应当按照应急预案,配备应急设备,开展应急工作人员培训和演练,做好应急准备。

核设施所在地省、自治区、直辖市人民政府指定的部门,应当开展核事故应急知识普及活动,按照应急预案组织有关企业、事业单位和社区开展核事故应急演练。

第五十七条 国家建立核事故应急准备金制度,保障核事故应急准备与响应工作所需经费。核事故应急准备金管理办法,由国务院制定。

第五十八条 国家对核事故应急实行分级管理。

发生核事故时,核设施营运单位应当按照应急预案的要求开展应急响应,减轻事故后果,并立即向国务院核工业主管部门、核安全监督管理部门和省、自治区、直辖市人民政府指定的部门报告核设施状况,根据需要提出场外应急响应行动建议。

第五十九条 国家核事故应急协调委员会按照国家核事故应急预案部署,组织协调国务院有关部门、地方人民政府、核设施营运单位实施核事故应急救援工作。

中国人民解放军和中国人民武装警察部队按照国务院、中央军事委员会的规定,实施核事故应急救援工作。

核设施营运单位应当按照核事故应急救援工作的要求,实施应急响应支援。

第六十条 国务院核工业主管部门或者省、自治区、直辖市人民政府指定的部门负责发布核事故应急信息。

国家核事故应急协调委员会统筹协调核事故应急国际通报和国际救援工作。

第六十一条 各级人民政府及其有关部门、核设施营运单位等应当按照国务院有关规定和授权,组织开展核事故后的恢复行动、损失评估等工作。

核事故的调查处理,由国务院或者其授权的部门负责实施。

核事故场外应急行动的调查处理,由国务院或者其指定的机构负责实施。

第六十二条 核材料、放射性废物运输的应急应当纳入所经省、自治区、直辖市场外核事故应急预案或者辐射应急预案。发生核事故时,由事故发生地省、自治区、直辖市人民政府负责应急响应。

第五章 信息公开和公众参与

第六十三条 国务院有关部门及核设施所在地省、自治区、直辖市人民政府指定的部门应当在各自职责范围内依法公开核安全相关信息。

国务院核安全监督管理部门应当依法公开与核安全有关的行政许可,以及核安全有关活动的安全监督检查报告、总体安全状况、辐射环境质量和核事故等信息。

国务院应当定期向全国人民代表大会常务委员会报告核安全情况。

第六十四条 核设施营运单位应当公开本单位核安全管理制度和相关文件、核设施安全状况、流出物和周围环境辐射监测数据、年度核安全报告等信息。具体办法由国务院核安全监督管理部门制定。

第六十五条 对依法公开的核安全信息,应当通过政府公告、网站以及其他便于公众知晓的方式,及时向社会公开。

公民、法人和其他组织,可以依法向国务院核安全监督管理部门和核设施所在地省、自治区、直辖市人民政府指定的部门申请获取核安全相关信息。

第六十六条 核设施营运单位应当就涉及公众利益的重大核安全事项通过问卷调查、听证会、论证会、座谈会,或者采取其他形式征求利益相关方的意见,并以适当形式反馈。

核设施所在地省、自治区、直辖市人民政府应当就影响公众利益的重大核安全事项举行听证会、论证会、座谈会,或者采取其他形式征求利益相关方的意见,并以适当形式反馈。

第六十七条 核设施营运单位应当采取下列措施,开展核安全宣传活动:

(一)在保证核设施安全的前提下,对公众有序开放核设施;

(二)与学校合作,开展对学生的核安全知识教育活动;

(三)建设核安全宣传场所,印制和发放核安全宣传材料;

(四)法律、行政法规规定的其他措施。

第六十八条　公民、法人和其他组织有权对存在核安全隐患或者违反核安全法律、行政法规的行为,向国务院核安全监督管理部门或者其他有关部门举报。

公民、法人和其他组织不得编造、散布核安全虚假信息。

第六十九条　涉及国家秘密、商业秘密和个人信息的政府信息公开,按照国家有关规定执行。

第六章　监督检查

第七十条　国家建立核安全监督检查制度。

国务院核安全监督管理部门和其他有关部门应当对从事核安全活动的单位遵守核安全法律、行政法规、规章和标准的情况进行监督检查。

国务院核安全监督管理部门可以在核设施集中的地区设立派出机构。国务院核安全监督管理部门或者其派出机构应当向核设施建造、运行、退役等现场派遣监督检查人员,进行核安全监督检查,

第七十一条　国务院核安全监督管理部门和其他有关部门应当加强核安全监管能力建设,提高核安全监管水平。

国务院核安全监督管理部门应当组织开展核安全监管技术研究开发,保持与核安全监督管理相适应的技术评价能力。

第七十二条　国务院核安全监督管理部门和其他有关部门进行核安全监督检查时,有权采取下列措施:

(一)进入现场进行监测、检查或者核查;

(二)调阅相关文件、资料和记录;

(三)向有关人员调查、了解情况;(四)发现问题的,现场要求整改。

国务院核安全监督管理部门和其他有关部门应当将监督检查情况形成报告,建立档案。

第七十三条　对国务院核安全监督管理部门和其他有关部门依法进行的监督检查,从事核安全活动的单位应当予以配合,如实说明情况,提供必要资料,不得拒绝、阻挠。

第七十四条　核安全监督检查人员应当忠于职守,勤勉尽责,秉公执法。

核安全监督检查人员应当具备与监督检查活动相应的专业知识和业务能力,并定期接受培训。

核安全监督检查人员执行监督检查任务,应当出示有效证件,对获知的国家秘密、商业秘密和个人信息,应当依法予以保密。

第七章　法律责任

第七十五条　违反本法规定,有下列情形之一的,对直接负责的主管人员和其他直接责任人员依法给予处分:

(一)国务院核安全监督管理部门或者其他有关部门未依法对许可申请进行审批的;

(二)国务院有关部门或者核设施所在地省、自治区、直辖市人民政府指定的部门未依法公开核安全相关信息的;

(三)核设施所在地省、自治区、直辖市人民政府未就影响公众利益的重大核安全事项征求利益相关方意见的;

(四)国务院核安全监督管理部门或者其他有关部门未将监督检查情况形成报告,或者未建立档案的;

（五）核安全监督检查人员执行监督检查任务，未出示有效证件，或者对获知的国家秘密、商业秘密、个人信息未依法予以保密的；

（六）国务院核安全监督管理部门或者其他有关部门，省、自治区、直辖市人民政府有关部门有其他滥用职权、玩忽职守、徇私舞弊行为的。

第七十六条 违反本法规定，危害核设施、核材料安全，或者编造、散布核安全虚假信息，构成违反治安管理行为的，由公安机关依法给予治安管理处罚。

第七十七条 违反本法规定，有下列情形之一的，由国务院核安全监督管理部门或者其他有关部门责令改正，给予警告；情节严重的，处二十万元以上一百万元以下的罚款；拒不改正的，责令停止建设或者停产整顿：

（一）核设施营运单位未设置核设施纵深防御体系的；

（二）核设施营运单位或者为其提供设备、工程以及服务等的单位未建立或者未实施质量保证体系的；

（三）核设施营运单位未按照要求控制辐射照射剂量的；

（四）核设施营运单位未建立核安全经验反馈体系的；

（五）核设施营运单位未就涉及公众利益的重大核安全事项征求利益相关方意见的。

第七十八条 违反本法规定，在规划限制区内建设可能威胁核设施安全的易燃、易爆、腐蚀性物品的生产、贮存设施或者人口密集场所的，由国务院核安全监督管理部门责令限期拆除，恢复原状，处十万元以上五十万元以下的罚款。

第七十九条 违反本法规定，核设施营运单位有下列情形之一的，由国务院核安全监督管理部门责令改正，处一百万元以上五百万元以下的罚款；拒不改正的，责令停止建设或者停产整顿；有违法所得的，没收违法所得；造成环境污染的，责令限期采取治理措施消除污染，逾期不采取措施的，指定有能力的单位代为履行，所需费用由污染者承担；对直接负责的主管人员和其他直接责任人员，处五万元以上二十万元以下的罚款：

（一）未经许可，从事核设施建造、运行或者退役等活动的；

（二）未经许可，变更许可文件规定条件的；

（三）核设施运行许可证有效期届满，未经审查批准，继续运行核设施的；

（四）未经审查批准，进口核设施的。

第八十条 违反本法规定，核设施营运单位有下列情形之一的，由国务院核安全监督管理部门责令改正，给予警告；情节严重的，处五十万元以上二百万元以下的罚款；造成环境污染的，责令限期采取治理措施消除污染，逾期不采取措施的，指定有能力的单位代为履行，所需费用由污染者承担：

（一）未对核设施进行定期安全评价，或者不接受国务院核安全监督管理部门审查的；

（二）核设施终止运行后，未采取安全方式进行停闭管理，或者未确保退役所需的基本功能、技术人员和文件的；

（三）核设施退役时，未将构筑物、系统或者设备的放射性水平降低至满足标准的要求的；

（四）未将产生的放射性固体废物或者不能经净化排放的放射性废液转变为稳定的、标准化的固体废物，及时送交放射性废物处置单位处置的；

（五）未对产生的放射性废气进行处理，或者未达到国家放射性污染防治标准排放的。

第八十一条 违反本法规定，核设施营运单位未对核设施周围环境中所含的放射性核素的种类、浓度或者核设施流出物中的放射性核素总量实施监测,或者未按照规定报告监测结果的,由国务院环境保护主管部门或者所在地省、自治区、直辖市人民政府环境保护主管部门责令改正,处十万元以上五十万元以下的罚款。

第八十二条 违反本法规定,受委托的技术支持单位出具虚假技术评价结论的,由国务院核安全监督管理部门处二十万元以上一百万元以下的罚款;有违法所得的,没收违法所得;对直接负责的主管人员和其他直接责任人员处十万元以上二十万元以下的罚款。

第八十三条 违反本法规定,有下列情形之一的,由国务院核安全监督管理部门责令改正,处五十万元以上一百万元以下的罚款;有违法所得的,没收违法所得;对直接负责的主管人员和其他直接责任人员处二万元以上十万元以下的罚款:

(一)未经许可,为核设施提供核安全设备设计、制造、安装或者无损检验服务的;

(二)未经注册,境外机构为境内核设施提供核安全设备设计、制造、安装或者无损检验服务的。

第八十四条 违反本法规定,核设施营运单位或者核安全设备制造、安装、无损检验单位聘用未取得相应资格证书的人员从事与核设施安全专业技术有关的工作的,由国务院核安全监督管理部门责令改正,处十万元以上五十万元以下的罚款;拒不改正的,暂扣或者吊销许可证,对直接负责的主管人员和其他直接责任人员处二万元以上十万元以下的罚款。

第八十五条 违反本法规定,未经许可持有核材料的,由国务院核工业主管部门没收非法持有的核材料,并处十万元以上五十万元以下的罚款;有违法所得的,没收违法所得。

第八十六条 违反本法规定,有下列情形之一的,由国务院核安全监督管理部门责令改正,处十万元以上五十万元以下的罚款;情节严重的,处五十万元以上二百万元以下的罚款;造成环境污染的,责令限期采取治理措施消除污染,逾期不采取措施的,指定有能力的单位代为履行,所需费用由污染者承担:

(一)未经许可,从事放射性废物处理、贮存、处置活动的;

(二)未建立放射性废物处置情况记录档案,未如实记录与处置活动有关的事项,或者未永久保存记录档案的;

(三)对应当关闭的放射性废物处置设施,未依法办理关闭手续的;

(四)关闭放射性废物处置设施,未在划定的区域设置永久性标记的;

(五)未编制放射性废物处置设施关闭安全监护计划的;

(六)放射性废物处置设施关闭后,未按照经批准的安全监护计划进行安全监护。

第八十七条 违反本法规定,核设施营运单位有下列情形之一的,由国务院核安全监督管理部门责令改正,处十万元以上五十万元以下的罚款;对直接负责的主管人员和其他直接责任人员,处二万元以上五万元以下的罚款:

(一)未按照规定制定场内核事故应急预案的;

(二)未按照应急预案配备应急设备,未开展应急工作人员培训或者演练的;

(三)未按照核事故应急救援工作的要求,实施应急响应支援的。

第八十八条 违反本法规定,核设施营运单位未按照规定公开相关信息的,由国务院核安全监督管理部门责令改正;拒不改正的,处十万元以上五十万元以下的罚款。

第八十九条 违反本法规定,对国务院核安全监督管理部门或者其他有关部门依法进行的监督检查,从事核安全活动的单位拒绝、阻挠的,由国务院核安全监督管理部门或者其他有关部门责令改正,可以处十万元以上五十万元以下的罚款;拒不改正的,暂扣或者吊销其许可证;构成违反治安管理行为的,由公安机关依法给予治安管理处罚。

第九十条 因核事故造成他人人身伤亡、财产损失或者环境损害的,核设施营运单位应当按照国家核损害责任制度承担赔偿责任,但能够证明损害是因战争、武装冲突、暴乱等情形造成的除外。

为核设施营运单位提供设备、工程以及服务等的单位不承担核损害赔偿责任。核设施营运单位与其有约定的,在承担赔偿责任后,可以按照约定追偿。

核设施营运单位应当通过投保责任保险、参加互助机制等方式,做出适当的财务保证安排,确保能够及时、有效履行核损害赔偿责任。

第九十一条 违反本法规定,构成犯罪的,依法追究刑事责任。

第八章 附 则

第九十二条 军工、军事核安全,由国务院、中央军事委员会依照本法规定的原则另行规定。

第九十三条 本法中下列用语的含义:

核事故,是指核设施内的核燃料、放射性产物、放射性废物或者运入运出核设施的核材料所发生的放射性、毒害性、爆炸性或者其他危害性事故,或者一系列事故。

纵深防御,是指通过设定一系列递进并且独立的防护、缓解措施或者实物屏障,防止核事故发生,减轻核事故后果。

核设施营运单位,是指在中华人民共和国境内,申请或者持有核设施安全许可证,可以经营和运行核设施的单位。

核安全设备,是指在核设施中使用的执行核安全功能的设备,包括核安全机械设备和核安全电气设备。

乏燃料,是指在反应堆堆芯内受过辐照并从堆芯永久卸出的核燃料。

停闭,是指核设施已经停止运行,并且不再启动。

退役,是指采取去污、拆除和清除等措施,使核设施不再使用的场所或者设备的辐射剂量满足国家相关标准的要求。

经验反馈,是指对核设施的事件、质量问题和良好实践等信息进行收集、筛选、评价、分析、处理和分发,总结推广良好实践经验,防止类似事件和问题重复发生。

托运人,是指在中华人民共和国境内,申请将托运货物提交运输并获得批准的单位。

第九十四条 本法自 2018 年 1 月 1 日起施行。

4.2 核安全相关部门规章

本书列出了核安全相关的部门规章 28 份。核安全部门规章编号、规章名称、发布时间及所属系列见表 4-1。

表4-1 核安全相关部门规章

序号	编号	规章名称	发布时间	系列
1	HAF001/01	核电厂安全许可证件的申请和颁发	1993年12月31日	通用系列规章
2	HAF001/01/01	核电厂操纵人员执照颁发和管理的程序	1993年12月31	
3	HAF001/02	核设施的安全监督	1995年6月14日	
4	HAF001/02/01	核电厂营运单位报告制度	1995年6月14日	
5	HAF001/02/02	研究堆营运单位报告制度	1995年6月14日	
6	HAF001/02/03	核燃料循环设施的报告制度	1995年6月14日	通用系列规章
7	HAF001/03	研究堆安全许可证件的申请和颁发规定	2006年1月28日	
8	HAF002/01	核电厂营运单位的应急准备和应急响应	1998年5月12日	
9	HAF003	核电厂质量保证安全规定	1991年7月27日	
10	HAF101	核电厂厂址选择安全规定	1991年7月27日	核动力厂系列规章
11	HAF102-2016	核动力厂设计安全规定	2016年10月26日	
12	HAF103	核动力厂运行安全规定	2004年4月18日	
13	HAF103/01	核电厂换料、修改和事故停堆管理	1994年3月2日	
14	HAF201	研究堆设计安全规定	1995年6月6日	研究堆系列规章
15	HAF202	研究堆运行安全规定	1995年6月6日	
16	HAF301	民用核燃料循环设施安全规定	1993年6月17日	非堆核燃料循环设施系列规章
17	HAF401	放射性废物安全监督管理规定	1997年11月5日	放射性废物管理系列
18	HAF402	放射性固体废物贮存和处置许可管理办法	2013年12月30日	
19	HAF501/01	核材料管制条例	1990年9月25日	核材料管制系列规章
20	HAF601	民用核安全设备设计制造安装和无损检验监督管理规定	2008年1月1日	民用核安全设备监督管理系列规章
21	HAF602	民用核安全设备无损检验人员资格管理规定	2008年1月1日	
22	HAF603	民用核安全设备焊工焊接操作工资格管理规定	2008年1月1日	
23	HAF604	进口民用核安全设备监督管理规定	2008年1月1日	
24	HAF701	放射性物品运输安全许可管理办法	2010年11月1日	放射性物品运输管理系列规章
25	HAF702	放射性物品运输安全监督管理办法	2016年5月1日	

表 4-1（续 2）

序号	编号	规章名称	发布时间	系列
26	HAF801	放射性同位素与射线装置安全许可管理办法	2017 年 12 月 20 日修订	放射性同位素和射线装置监督管理系列规章
27	HAF802	放射性同位素与射线装置安全和防护管理办法	2011 年 4 月 18 日	放射性同位素和射线装置监督管理系列规章
28	HAF901	电磁辐射环境保护管理办法	国家环境保护总局令第 18 号	辐射环境系列规章

4.3　核安全重要规范性文件

本书梳理并列出了核安全重要规范性文件，以列表的形式给出，文件名称及发布日期如见 4-2。

表 4-2　核安全重要规范性文件

序号	文件名称	发布日期
1	关于发布《放射性废物分类》的公告	2017 年 12 月 1 日
2	关于发布《放射性物品分类和名录（试行）》的公告	2010 年 3 月 4 日
3	关于发布放射源分类办法的公告	2005 年 12 月 23 日
4	关于发布《民用核安全设备目录（2016 年修订）》及有关解释说明的通知	2016 年 4 月 8 日
5	关于印发《民用核燃料循环设施分类原则与基本安全要求（试行）》的通知	2016 年 6 月 6 日
6	关于发布《射线装置分类》的公告	2017 年 12 月 6 日
7	关于印发《研究堆安全分类（试行）》的通知	2013 年 9 月 22 日
8	关于发布《注册核安全工程师执业资格关键岗位名录》（第一批）的通知	2009 年 12 月 28 日
9	人力资源和社会保障部关于公布国家职业资格目录的通知	2017 年 9 月 12 日
10	关于印发《注册核安全工程师执业资格制度暂行规定》的通知	2002 年 11 月 19 日

4.4　核安全国际公约

核安全国际公约包括：《核安全公约》《乏燃料管理安全和放射性废物管理安全联合公约》《及早通报核事故公约》《核事故或辐射紧急情况下援助公约》和《核设施与核材料实物保护公约》。本书逐一列出了各项公约的全部条款。

核安全公约

《核安全公约》(Convention on Nuclear Safety)已于1994年6月17日由国际原子能机构1994年6月14日至17日在其总部举行的外交会议通过。该公约将自机构大会第三十八届常会期间的1994年9月20日起开放供签署,中国代表团于当日签署了该公约并将在保存人(机构总干事)收到第22份批准书、接受书或核准书之日起第九十天生效,中国常驻国际原子能机构代表团于1996年4月9日正式向国际原子能机构总干事布利克斯递交了国家批准书,从而使中国成为第18个递交批准书的国家。

序　言

缔约各方

（Ⅰ）认识到确保核能利用安全、受良好监督管理和与环境相容对国际社会的重要性；

（Ⅱ）重申继续促进世界范围内的核安全高水平的必要性；

（Ⅲ）重申核安全的责任由对核设施有管辖权的国家承担；

（Ⅳ）希望促进有效的核安全文化；

（Ⅴ）认识到核设施事故有超越国界影响的可能性；

（Ⅵ）铭记《核材料实物保护公约》(1979年)、《及早通报核事故公约》(1986年)和《核事故或辐射紧急情况援助公约》(1986年)；

（Ⅶ）确认通过现有的双边和多边机制和制订这一鼓励性公约开展国际合作以提高核安全的重要性；

（Ⅷ）承认本公约仅要求承诺适用核设施的安全基本原则,而非详细的安全标准；并承认存在着国际编制的各种安全指导文件,这些指导文件不时更新因而能提供实现高水平安全的最新方法方面的指导

（Ⅸ）确认一旦正在进行的制订放射性废物管理安全基本原则的工作达成国际广泛一致,便立即开始制订有关放射性废物安全管理的国际公约的必要性；

（Ⅹ）承认进一步开展与核燃料循环其他部分的安全有关的技术工作十分有益,并承认这一工作迟早会有利于当前或未来的国际文件的制订。

兹协议如下。

第一章　目的、定义和适用范围

第一条 目的

本公约的目的是：

（Ⅰ）通过加强本国措施与国际合作,包括适当情况下与安全有关的技术合作,以在世界范围内实现和维持高水平的核安全；

（Ⅱ）在核设施内建立和维持防止潜在辐射危害的有效防御措施,以保护个人、社会和环境免受来自此类设施的电离辐射的有害影响；

（Ⅲ）防止带有放射后果的事故发生和一旦发生事故时减轻此种后果。

第二条 定义

就本公约而言。

（Ⅰ）"核设施"：对每一缔约方而言,系指在其管辖下的任何陆基民用核动力厂,包括设在同一场址并与该核动力厂的运行直接有关的设施,如贮存、装卸和处理放射性材料的设施。当按照批准的程序永久地从堆芯卸出所有核燃料元件和安全贮存以及其退役计划经

监管机构同意后,该厂即不再为核设施。

(Ⅱ)"监管机构":对每一缔约方而言,系指由该缔约方授予法定权力,颁发许可证,并对核设施的选址、设计、建造、调试、运行或退役进行监管的任何一个或几个机构。

(Ⅲ)"许可证"系指由监管机构颁发给申请者使其对核设施的选址、设计、建造、调试、运行或退役承担责任的任何批准文件。

第三条 适用范围

本公约应适用于核设施的安全。

第二章 义 务

(a)一般规定

第四条 履约措施

每一缔约方应在其本国法律的框架内采取为履行本公约规定义务所必需的立法、监管和行政措施及其他步骤。

第五条 提交报告

每一缔约方应在召开第20条所述的每次会议之前,就它为履行本公约的每项义务已采取的措施提出报告,以供审议。

第六条 已有的核设施

每一缔约方应采取适当步骤,以确保本公约对该缔约方生效时已有的核设施的安全状况能尽快得到审查。就本公约而言,必要时该缔约方应确保作为紧急事项采取一切合理可行的改进措施,以提高核设施的安全性。如果此种提高无法实现,则应尽可能快地执行使这一核设施停止运行的计划。确定停止运行的日期时得考虑整个能源状况和可能的替代方案以及社会、环境和经济影响。

(b)立法和监督管理

第七条 立法和监管框架

1.每一缔约方应建立并维持一个管理核设施安全的立法和监管框架。

2.该立法和监管框架应包括:

(Ⅰ)可适用的本国安全要求和安全法规的制订;

(Ⅱ)对核设施实行许可证制度和禁止无许可证的核设施运行的制度;

(Ⅲ)对核设施进行监管性检查和评价以查明是否遵守可适用的法规和许可证条款的制度;

(Ⅳ)对可适用的法规和许可证条款的强制执行,包括中止、修改和吊销许可证。

第八条 监管机构

1.每一缔约方应建立或指定一个监管机构,委托其实施第七条中所述的立法和监督管理框架,并给予履行其规定责任所需的适当的权力、职能和财政与人力资源。

2.每一缔约方应采取适当步骤确保将监管机构的职能与参与促进或利用核能的任何其他机构或组织的职能有效地分开。

第九条 许可证持有者的责任

每一缔约方应确保核设施安全的首要责任由有关许可证的持有者承担,并应采取适当步骤确保此种许可证的每一持有者履行其责任。

（c）一般安全考虑

第十条 安全优先

每一缔约方应采取适当步骤确保从事与核设施直接有关活动的一切组织为核安全制定应有的优先政策。

第十一条 财政与人力资源

1.每一缔约方应采取适当步骤,以确保有充足的财政资源可用于支持每座核设施在其整个寿期内的安全。

2.每一缔约方应采取适当步骤,以确保备有数量足够、受过相应教育、培训和再培训的合格人员,在每个核设施整个寿期内在该设施中或为该设施从事一切有关安全的活动。

第十二条 人的因素

每一缔约方应采取适当步骤,以确保在核设施的整个寿期内都要考虑到人的工作能力和局限性。

第十三条 质量保证

每一缔约方应采取适当步骤,以确保制定和执行质量保证计划,以便使人相信一切核安全重要活动的具体要求在核设施的整个寿期内都得到满足。

第十四条 安全的评价和核实

每一缔约方应采取适当步骤以确保:

（Ⅰ）在核设施建造和调试之前及在其整个寿期内进行全面而系统的安全评价,此类评价应形成文件并妥善归档,随后根据运行经验和新的重要安全资料不断更新,并在监管机构的主管下进行审查;

（Ⅱ）利用分析、监视、试验和检查进行核实,以确保核设施的实际状况和运行始终符合其设计、可适用的

本国安全要求以及运行限值和条件。

第十五条 辐射防护

每一缔约方应采取适当步骤,以确保由核设施引起的对工作人员和公众的辐射照射量在各种运行状态下保持在合理可行尽量低的水平,并确保任何个人受到的辐照剂量不超过本国规定的剂量限值。

第十六条 应急准备

1.每一缔约方应采取适当步骤,以确保核设施备有厂内和厂外应急计划,并定期进行演习,并且此类计划应涵盖一旦发生紧急情况将要进行的活动。

对于任何新的核设施,此类计划应在该核设施以监管机构同意的高于某个低功率水平开始运行前编制好并作过演习。

2.每一缔约方应采取适当步骤,以确保可能受到辐射紧急情况影响的本国居民以及邻近该设施的国家的主管部门得到制订应急计划和做出应急响应所需的适当信息。

3.在本国领土上没有核设施但很可能受到邻近核设施一旦发生的辐射紧急情况影响的缔约方,应采取适当步骤以编制和演习其领土上的、涵盖一旦发生此类紧急情况将要进行的活动的应急计划。

（d）设施的安全

第十七条 选址

每一缔约方应采取适当步骤,以确保制定和执行相应的程序,以便:

（Ⅰ）评价在该核设施的预定寿期内可能影响其安全的与厂址有关的一切有关因素；

（Ⅱ）评价拟议中的核设施对个人、社会和环境的安全可能造成的影响；

（Ⅲ）必要时重新评价（Ⅰ）和（Ⅱ）分款中提及的一切有关因素，以确保该核设施在安全方面仍然是可以接受的；

（Ⅳ）在邻近拟议中的核设施的缔约方可能受到此设施影响的情况下与其磋商，并应其要求向这些缔约方提供必要的信息，以便它们能就该核设施很可能对其自己领土的安全影响进行评价和作出自己的估计。

第十八条 设计和建造

每一缔约方应采取适当步骤以确保：

（Ⅰ）核设施的设计和建造能提供防止放射性物质释放的若干可靠的保护层次和保护方法（纵深防御），以防止事故发生和一旦事故发生时能减轻其放射后果；

（Ⅱ）设计和建造核设施时采用的工艺技术是经过实践证明可靠的，或经过试验或分析证明合格的；

（Ⅲ）核设施的设计考虑到运行可靠、稳定和容易管理，并特别注意人的因素和人机接口。

第十九条 运行

每一缔约方应采取适当步骤以确保：

（Ⅰ）初始批准核设施的运行是基于能证明所建造的该设施符合设计要求和安全要求的相应的安全分析和调试计划；

（Ⅱ）对于由安全分析、试验和运行经验导出的运行限值和条件有明确的规定并在必要时加以修订，以便确定运行的安全界限；

（Ⅲ）核设施的运行、维护、检查和试验按照经批准的程序进行；

（Ⅳ）制订对预计的运行事件和事故的响应程序；

（Ⅴ）在核设施的整个寿期内，在安全有关的一切领域备有必要的工程和技术支援；

（Ⅵ）有关许可证的持有者及时向监管机构报告安全重要事件；

（Ⅶ）制定收集和分析运行经验的计划，以便根据获得的结果和得出的结论采取行动，并利用现有的机制与国际机构、其他运营单位和监管机构分享重要的经验；

（Ⅷ）就有关的过程而言，由核设施运行所导致的放射性废物的生成应在活度和数量两方面都保持在实际可行的最低水平；与运行直接有关并在核设施所在的同一厂址进行的乏燃料和废物的任何必要的处理和贮存，要顾及形态调整和处置。

第三章　缔约方会议

第二十条 审议会议

1.缔约方应举行会议（下称"审议会议"）以便按照根据第二十二条通过的程序审议依据第五条提交的报告。

2.在第二十四条的规定之下，为审议报告所载的特定课题，在认为有必要时得设立由缔约方代表组成的分组，并在审议会议期间发挥作用。

3.每一缔约方应有合理的机会讨论其他缔约方提交的报告和要求解释这些报告。

第二十一条 时间表

1.应于不迟于本公约生效之日后六个月内举行缔约方筹备会议。

2.在筹备会议上，缔约方应确定第一次审议会议的日期。这一审议会议应尽快举行，最晚不得迟于本公约生效之日后三十个月。

3．缔约方在每次审议会议上应确定下次审议会议的日期。两次审议会议的间隔不得超过三年。

第二十二条 程序安排

1．在依照第二十一条召开的筹备会议上，缔约方应起草并经协商一致通过《议事规则》和《财务规则》。缔约方应尤其和依照《议事规则》规定：

（Ⅰ）依据第五条将提交的报告的格式和结构的细则；

（Ⅱ）提交此种报告的日期；

（Ⅲ）审议此种报告的程序。

2．必要时，缔约方得在审议会议上审议根据上述（Ⅰ）（Ⅲ）分款所做的安排，并且除非《议事规则》中另有规定得经协商一致通过修订。缔约方也得经协商一致修正《议事规则》和《财务规则》。

第二十三条 特别会议

在下列条件下，应召开缔约方特别会议：

（Ⅰ）经出席会议和参加表决的缔约方过半数同意（弃权被视为参加表决）；或

（Ⅱ）一缔约方提出书面请求，且第二十八条中所述秘书处将这一请求分送各缔约方并收到过半数缔约方赞成这一请求的通知后六个月之内。

第二十四条 出席会议

1．每一缔约方应出席缔约方会议，并由一名代表及由该缔约方认为必要时随带的副代表、专家和顾问出席此类会议。

2．缔约方经协商一致得邀请在本公约所规定的事务方面有能力的政府间组织以观察员身份出席任何会议或任何会议的特定会议。应要求观察员以书面方式事先接受第二十七条的规定。

第二十五条 简要报告

缔约方应经协商一致通过并向公众提供一个文件，介绍会议期间讨论过的问题和所得出的结论。

第二十六条 语文

1．缔约方会议的语文为阿拉伯文、中文、英文、法文、俄文和西班牙文，《议事规则》另有规定者除外。

2．缔约方依照第五条提交的报告，应以提交报告的缔约方的本国语文或以将在《议事规则》中商定的一种指定语文书写。如果提交的报告系以指定语文之外的本国语文书写，则该缔约方应提供该报告的指定语文的译本。

3．虽有第2款的规定，如果提供报酬，秘书处将负责把以会议的任何其他语文提交的报告译成指定语文的译本。

第二十七条 保密

1．本公约的规定不得影响缔约方按照其本国法律防止情报泄密的权利和义务。就本条而言，"情报"尤其包括：（Ⅰ）人事资料；（Ⅱ）受知识产权保护的或受工商保密规定保护的资料；（Ⅲ）有关国家安全或有关核材料或核设施实物保护的资料。

2．就本公约而言，当缔约方提供了它所确定的应受到第1款所述那种保护的情报时，此种情报应仅用于指定目的，其机密性应受到尊重。

3. 每次会议上审议缔约方提交的报告期间辩论的内容应予保密。

第二十八条 秘书处

1. 国际原子能机构(以下简称"机构")应为缔约方会议提供秘书处。

2. 秘书处应：

(Ⅰ)召集和筹备缔约方会议,并为会议提供服务;

(Ⅱ)向各缔约方发送按照本公约的规定收到或准备的情报。

机构在履行(Ⅰ)和(Ⅱ)分款提及的职能时需要的费用应由机构承担,并作为其经常预算的一部分。

3. 缔约方经协商一致得请求机构提供帮助缔约方会议的其他服务。如果能够在机构计划和经常预算内承担,机构可提供此类服务。如果此事为不可能,但有其他自愿提供的资金来源,机构也可提供此类服务。

第四章　最后条款和其他规定

第二十九条 分歧的解决

在两个或多个缔约方之间对本公约的解释或适用发生分歧时,缔约方应在缔约方会议的范围内磋商解决此种分歧。

第三十条 签署、批准、接受、核准和加入

1. 本公约从 1994 年 9 月 20 日起在维也纳机构总部开放供所有国家签署,直至其生效之日为止。

2. 本公约需经签署国批准、接受或核准。

3. 本公约生效后应开放供所有国家加入。

4. (Ⅰ)本公约应开放供一体化或其他性质的区域性组织签署或加入,条件是任何此类组织系由主权国家组成并具有就本公约所涉事项谈判、缔结和适用国际协定的能力。

(Ⅱ)对其能力范围内的事项,此类组织应能代表其本身行使和履行本公约赋予各缔约国的权利和义务。

(Ⅲ)一个组织成为本公约缔约方时,该组织应向第三十四条中所述的保存人提交一份声明,说明哪些国家是其成员国,哪些本公约条款对其适用及其在这些条款所涉事项上所具有的能力。

(Ⅳ)这一组织除其成员国以外,不得享有任何表决权。

5. 批准书、接受书、核准书或加入书应交存保存人。

第三十一条 生效

1. 本公约应在保存人收到第二十二份批准书、接受书或核准书之日起第九十天生效,其中应包括十七个每个至少有一座其一个堆芯已达到临界的核设施的国家的此类文书。

2. 对于在满足第 1 款中规定的条件所要求的最后一份文书交存之日以后批准、接受、核准或加入本公约的每一国家或每一区域性一体化或其他性质的组织,本公约在该国家或组织向保存人交存相应文书之日后第九十天生效。

第三十二条 公约的修正

1. 任一缔约方得对本公约提出修正案。提出的修正案应在审议会议或特别会议上审议。

2. 提出的任何修正条文及修正理由应提交保存人,保存人应在该提案被提交其审议的会议召开至少九十天前将该提案尽快分送各缔约方。保存人应将收到的有关该提案的任何意见通报各缔约方。

3. 缔约方应在审议所提出的修正案后决定是否以协商一致方式通过此修正案,或在不能协商一致时是否将其提交外交会议。将所提出的修正案提交外交会议的决定应需出席会议并参加表决的缔约方三分之二多数票做出,条件是表决时至少一半缔约方在场。弃权应被视为参加表决。

4. 审议和通过对本公约的修正的外交会议应由保存人召集并在不迟于按照本条第3款做出适当决定后一年内召开。外交会议应尽一切努力确保协商一致通过修正。如果此事为不可能,应以所有缔约方的三分之二多数通过修正。

5. 根据上述第3款和第4款通过的对本公约的修正,应经由缔约方批准、接受、核准或确认,并应在保存人收到至少四分之三缔约方的批准、接受、核准或确认文书后第九十天,对已批准、接受、核准或确认这些修正的缔约方生效。对于在其后批准、接受、核准或确认所述修正的缔约方,此种修正将在该缔约方交存其有关文书之后第九十天生效。

第三十三条 退约

1. 任何缔约方得以书面通知保存人退出本公约。

2. 退约于保存人收到此通知书之日后一年或通知书中可能标明的更晚的日期生效。

第三十四条 保存人

1. 机构总干事应为本公约保存人。

2. 保存人应向缔约方通报:

(Ⅰ)根据第三十条签署本公约和交存批准书、接受书、核准书或加入书的情况;

(Ⅱ)本公约按照第三十一条生效的日期;

(Ⅲ)根据第三十三条提出的退出本公约的通知和通知的日期;

(Ⅳ)根据第三十二条缔约方提出的对本公约的建议的修正案,有关外交会议或缔约方会议通过的修正以及所述修正的生效日期。

第三十五条 作准文本

本公约的原本交保存人保存,其阿拉伯文、中文、英文、法文、俄文和西班牙文文本具有同等效力;保存人应将经认证的副本分送各缔约方。

乏燃料管理安全和放射性废物管理安全联合公约

序 言

缔约各方

(Ⅰ)认识到核反应堆的运行产生乏燃料和放射性废物以及核技术的其他应用也产生放射性废物;

(Ⅱ)认识到相同的安全目标既适用于乏燃料管理也适用于放射性废物管理;

(Ⅲ)重申确保为乏燃料和放射性废物管理安全而规定并实行良好的做法对国际社会的重要性;

(Ⅳ)认识到使公众了解与乏燃料和放射性废物管理安全有关问题的重要性;

(Ⅴ)希望在世界范围内促进有效的核安全文化;

(Ⅵ)重申确保乏燃料和放射性废物管理安全的最终责任由当事国承担;

(Ⅶ)认识到制定燃料循环政策是当事国的责任,一些国家把乏燃料视为可后处理的有

价值的资源,另一些国家决定对乏燃料进行处置;

(Ⅷ)认识到因属于军事或国防计划范围而被排除在现公约以外的乏燃料和放射性废物应当依照本公约中所述目标进行管理;

(Ⅸ)确认通过双边和多边机制以及本鼓励性公约在加强乏燃料和放射性废物管理安全方面进行国际合作的重要性;

(Ⅹ)念及发展中国家尤其是最不发达国家和经济正在转型国家的需要以及改善现有机制以帮助这些国家行使和履行本鼓励性公约中规定的权利和义务的需要;

(Ⅺ)深信就与放射性废物管理安全相适应而言,此类物质应当在其产生的国家中处置,同时认识到,在某些情况下,通过缔约各方之间为其他各方利益而利用其中一方的设施的协议可促进乏燃料和放射性废物的安全与高效率的管理,在废物来源于联合项目时尤其如此;

(Ⅻ)认识到任何国家都有权禁止外国乏燃料和放射性废物进入其领土;

(ⅩⅢ)铭记《核安全公约》(1994年)、《及早通报核事故公约》(1986年)、《核事故或辐射紧急情况援助公约》(1986年)、《核材料实物保护公约》(1980年)、经修正的《防止倾倒废物及其他物质污染海洋公约》(1994年)和其他相关国际文书;

(ⅩⅣ)铭记机构间的《国际电离辐射防护和辐射源安全基本安全标准》(1996年)、题为《放射性废物管理原则》(1995年)的国际原子能机构安全基本法则以及与放射性物质运输安全有关的现有国际标准中所载的原则;

(Ⅹ)忆及1992年在里约热内卢举行的联合国环境和发展大会上通过的《21世纪议程》的第22章,该章重申了放射性废物的安全和与环境相容的管理的至关重要性;

(ⅩⅥ)认识到有必要加强专门适用于《管制有害废物越界移动及其处置的巴塞尔公约》(1989年)第1(3)条提到的放射性物质的国际控制系统。

兹协议如下。

第1章 目标、定义和适用范围

第1条 目标

本公约的目标是:

(Ⅰ)通过加强本国措施和国际合作,包括情况合适时与安全有关的技术合作,以在世界范围内达到和维持乏燃料和放射性废物管理方面的高安全水平;

(Ⅱ)在满足当代人的需要和愿望而又无损于后代满足其需要和愿望的能力的前提下,确保在乏燃料和放射性废物管理的一切阶段都有防止潜在危害的有效防御措施,以便在目前和将来保护个人、社会和环境免受电离辐射的有害影响;

(Ⅲ)防止在乏燃料或放射性废物管理的任何阶段有放射后果的事故发生,和一旦发生事故时减轻事故后果。

第2条 定义

就本公约而言:

(a)"关闭"系指乏燃料或放射性废物在一处置设施中就位后的某个时候所有作业均告完成,这包括使该设施达到长期安全的状态所需的最后工程或其他工作;

(b)"退役"系指使处置设施以外的核设施免于监管性控制已采取的所有步骤,这些步骤包括去污和拆除过程

(c)"排放"系指作为一种合法的做法,在监管机构批准的限值内,源于正常运行的受监

管核设施的液态或气态放射性物质有计划和受控地释入环境；

(d)"处置"系指将乏燃料或放射性废物置于合适的设施内并且不打算回取；

(e)"许可证"系指监管机构颁发的关于进行任何乏燃料或放射性废物管理活动的任何授权书、许可书或证明书；

(f)"核设施"系指以需要考虑安全的规模生产、加工、使用、装卸、贮存或处置放射性物质的民用设施及其有关土地、建筑物和设备；

(g)"运行寿期"系指乏燃料或放射性废物管理设施用于预定目的的期限，就一座处置设施而言，这一期限从乏燃料或放射性废物首次放入该设施开始，至该设施关闭时终止；

(h)"放射性废物"系指缔约方或者其决定得到缔约方认可的自然人或法人预期不做任何进一步利用的而且监管机构根据缔约方的立法和监管框架将它作为放射性废物进行控制的气态、液态或固态放射性物质；

(i)"放射性废物管理"系指与放射性废物的装卸、预处理、处理、整备、贮存或处置有关的一切活动，包括退役活动，但不包括场外运输，放射性废物管理也可涉及排放；

(j)"放射性废物管理设施"系指主要用于放射性废物管理的任何设施或装置，包括正在退役的核设施，条件是缔约方将其指定为放射性废物管理设施；

(k)"监管机构"系指缔约方授予监管乏燃料或放射性废物管理安全的任何方面的法定权力，包括颁发许可证权力的一个机构或几个机构；

(l)"后处理"系指旨在从乏燃料中提取可进一步使用的放射性同位素的过程或作业；

(m)"密封源"系指永久密封在小盒内或受到严密约束并呈固态的放射性物质，不包括反应堆燃料元件；

(n)"乏燃料"系指在反应堆堆芯内受过辐照并从堆芯永久卸出的核燃料；

(o)"乏燃料管理"系指与乏燃料的装卸或贮存有关的一切活动，不包括场外运输，乏燃料管理也可涉及排放；

(p)"乏燃料管理设施"系指主要用于乏燃料管理的任何设施或装置；

(q)"抵达国"系指计划的或正在进行的超越国界运输将抵达的国家；

(r)"启运国"系指计划开始的或已开始的超越国界运输从其出发的国家；

(s)"过境国"系指计划的或正在进行的超越国界运输通过其领土的除启运国或抵达国以外的任何国家；

(t)"贮存"系指为回取将乏燃料或放射性废物存放于起保护作用的设施；

(u)"超越国界运输"系指乏燃料或放射性废物从启运国至抵达国的任何装运。

第3条 适用范围

1.本公约适用于民用核反应堆运行产生的乏燃料的管理安全，作为后处理活动的一部分在后处理设施中保存的乏燃料不包括在本公约的范围之内，除非缔约方宣布后处理是乏燃料管理的一部分。

2.本公约也适用于民事应用产生的放射性废物的管理安全。但本公约不适用于仅含天然存在的放射性物质和非源于核燃料循环的废物，除非它构成废密封源或被缔约方宣布为适用本公约的放射性废物。

3.本公约不适用于军事或国防计划范围内的乏燃料或放射性废物的管理安全，除非它被缔约方宣布为适用本公约的乏燃料或放射性废物。但是，如果军事或国防计划产生的乏燃料和放射性废物已永久地转人纯民用计划并在此类计划范围内管理，则本公约适用于此类物质的管理安全。

4. 本公约还适用于第 4、7、11、14、24 和 26 条中规定的排放。

第 2 章　乏燃料管理安全

第 4 条 一般安全要求

每一缔约方应采取适当步骤,以确保在乏燃料管理的所有阶段充分保护个人、社会和环境免受放射危害。

这样做时,每一缔约方应采取适当步骤,以便:

(Ⅰ)确保乏燃料管理期间的临界问题和所产生余热的排除问题得到妥善解决;

(Ⅱ)确保与乏燃料管理有关的放射性废物的产生保持在与所采取的循环政策类型相一致的可实际达到的最低水平;

(Ⅲ)考虑乏燃料管理的不同步骤之间的相互依赖关系;

(Ⅳ)在充分尊重国际认可的准则和标准的本国的立法框架内,通过在国家一级应用监管机构核准的适当保护方法,对个人、社会和环境提供有效保护;

(Ⅴ)考虑可能与乏燃料管理有关的生物学、化学和其他危害;

(Ⅵ)努力避免那些对后代产生的能合理预计到的影响大于对当代人允许的影响的行动;

(Ⅶ)避免使后代承受过度的负担。

第 5 条 已存在的设施

每一缔约方应采取适当步骤,以审查在本公约对该缔约方生效时已存在的任何乏燃料管理设施的安全性,并确保必要时进行一切合理可行的改进以提高此类设施的安全性。

第 6 条 拟议中设施的选址

1. 每一缔约方应采取适当步骤,以确保制定和执行针对拟议中乏燃料管理设施的程序,以便:

(Ⅰ)评价在此类设施运行寿期内可能影响其安全的与场址有关的一切有关因素;

(Ⅱ)评价此类设施对个人、社会和环境的安全可能造成的影响;

(Ⅲ)向公众成员提供此类设施的安全方面的信息;

(Ⅳ)在邻近此类设施的缔约方可能受到此类设施影响的情况下与其磋商,并在其要求时向其提供与此类设施有关的总体情况数据,使其能够评价此类设施对其领土的安全可能造成的影响。

2. 这样做时,每一缔约方应依照第 4 条的一般安全要求采取适当步骤,以确保此类设施不因其场址的选择而对其他缔约方产生不可接受的影响。

第 7 条 设施的设计和建造

每一缔约方应采取适当步骤,以确保:

(Ⅰ)乏燃料管理设施的设计和建造能提供合适的措施,限制对个人、社会和环境的可能放射影响,包括排放或非受控释放造成的放射影响;

(Ⅱ)在设计阶段就考虑乏燃料管理设施退役的概念性计划并在必要时考虑有关的技术准备措施;

(Ⅲ)设计和建造乏燃料管理设施时采用的工艺技术得到经验、试验或分析的支持。

第 8 条 设施的安全评价

每一缔约方应采取适当步骤,以确保:

（Ⅰ）在乏燃料管理设施建造前进行系统的安全评价及环境评价，此类评价应与该设施可能有的危害相称，并涵盖其运行寿期；

（Ⅱ）在乏燃料管理设施运行前，当认为有必要补充第（Ⅰ）款提到的评价时，编写此类安全评价和环境评价的更新和详细版本。

第9条 设施的运行

每一缔约方应采取适当步骤，以确保：

（Ⅰ）运行乏燃料管理设施的许可基于第8条中规定的相应的评价，并以完成证明已建成的设施符合设计要求和安全要求的调试计划为条件；

（Ⅱ）对于由试验、运行经验和第8条中规定的评价导出的运行限值和条件做出规定，并在必要时加以修订；

（Ⅲ）按照已制定的程序进行乏燃料管理设施的运行、维护、监测、检查和试验；

（Ⅳ）在乏燃料管理设施的整个运行寿期内，可获得一切安全有关领域内的工程和技术支援；

（Ⅴ）许可证持有者及时向监管机构报告安全重要事件；

（Ⅵ）制定收集和分析有关运行经验的计划并在情况合适时根据所得结果采取行动；

（Ⅶ）利用乏燃料管理设施运行寿期内获得的信息编制和必要时更新此类设施的退役计划，并送监管机构审查。

第10条 乏燃料的处置

如果缔约方根据本国的立法和监管框架指定了供处置的乏燃料，则此类乏燃料的处置应按照第3章中与放射性废物处置有关的义务进行。

第3章 放射性废物管理安全

第11条 一般安全要求

每一缔约方应采取适当步骤，以确保在放射性废物管理的所有阶段充分保护个人、社会和环境免受放射危害和其他危害。这样做时，每一缔约方应采取适当步骤，以便：

（Ⅰ）确保放射性废物管理期间的临界问题和所产生余热的排除问题得到妥善解决；

（Ⅱ）确保放射性废物的产生保持在可实际达到的最低水平；

（Ⅲ）考虑放射性废物管理的不同步骤之间的相互依赖关系；

（Ⅳ）在充分尊重国际认可的准则和标准的本国的立法框架内，通过在国家一级实施监管机构核准的那些合适的保护方法，对个人、社会和环境提供有效保护；

（Ⅴ）考虑可能与放射性废物管理有关的生物学、化学和其他危害；

（Ⅵ）努力避免那些对后代产生的能合理预计到的影响大于对当代人允许的影响的行动；

（Ⅶ）避免使后代承受过度的负担。

第12条 已存在的设施和以往的实践

每一缔约方应及时采取适当步骤，以审查：

（Ⅰ）在本公约对该缔约方生效时已存在的任何放射性废物管理设施的安全性，并确保必要时进行一切合理可行的改进以提高此类设施的安全性；

（Ⅱ）以往实践的结果，以便确定是否由于辐射防护原因而需要任何干预，同时铭记由剂量减少带来的伤害减少应当足以证明这种干预带来的不良影响和费用（包括社会费用）是正当的。

第 13 条 拟议中设施的选址

1.每一缔约方应采取适当步骤,以确保制定和执行针对拟议中放射性废物管理设施的程序,以便:

(Ⅰ)评价在此类设施运行寿期内可能影响其安全以及在其关闭后可能影响处置设施安全的与场址有关的一切有关因素;

(Ⅱ)评价此类设施对个人、社会和环境的安全可能造成的影响,同时考虑在其关闭后处置设施场址条件可能的演变;

(Ⅲ)向公众成员提供此类设施的安全方面的信息;

(Ⅳ)在邻近此类设施的缔约方可能受到设施影响的情况下与其磋商,并在其要求时向其提供与设施有关的总体情况数据,使其能够评价此类设施对其领土的安全可能造成的影响。

2.这样做时,每一缔约方应依照第 11 条的一般安全要求采取适当措施,以确保此类设施不因其场址的选择而对其他缔约方产生不可接受的影响。

第 14 条 设施的设计和建造

每一缔约方应采取适当步骤,以确保:

(Ⅰ)放射性废物管理设施的设计和建造能提供合适的措施,限制对个人、社会和环境的可能放射影响,包括排放或非受控释放造成的放射影响;

(Ⅱ)在设计阶段就考虑除处置设施外的放射性废物管理设施退役的概念性计划并在必要时考虑有关的技术准备措施;

(Ⅲ)在设计阶段就编制出处置设施关闭的技术准备措施;

(Ⅳ)设计和建造放射性废物管理设施时采用的工艺技术得到经验、试验或分析的支持。

第 15 条 设施的安全评价

每一缔约方应采取适当步骤,以确保:

(Ⅰ)在放射性废物管理设施建造前进行系统的安全评价及环境评价,此类评价应与该设施可能有的危害相称,并涵盖其运行寿期;

(Ⅱ)此外,在处置设施建造前,针对关闭后阶段进行系统的安全评价及环境评价,并对照监管机构制定的准则评价其结果;

(Ⅲ)在放射性废物管理设施运行前,当认为有必要补充第(Ⅰ)款提到的评价时,编写此类安全评价的和环境评价的更新和详细版本。

第 16 条 设施的运行

每一缔约方应采取适当步骤,以确保:

(Ⅰ)运行放射性废物管理设施的许可基于第 15 条中规定的相应的评价,并以完成证明已建成的设施符合设计要求和安全要求的调试计划为条件;

(Ⅱ)对于由试验、运行经验和第 15 条中规定的评价导出的运行限值和条件做出规定并在必要时加以修订;

(Ⅲ)按照已制定的程序进行放射性废物管理设施的运行、维护、监测、检查和试验,就处置设施而言,由此获得的结果应被用于核实和审查所作假定的确实性并用于更新第 15 条中规定的针对关闭后阶段的评价结果;

(Ⅳ)在放射性废物管理设施的整个运行寿期内,可获得一切安全有关领域内的工程和技术支援；

（Ⅴ）用于放射性废物特性鉴定和分类的程序得到执行；

（Ⅵ）许可证持有者及时向监管机构报告安全重要事件；

（Ⅶ）制定收集和分析有关运行经验的计划并在情况合适时根据所得结果采取行动；

（Ⅷ）利用除处置设施外的放射性废物管理设施运行寿期内获得的信息编制和必要时更新此类管理设施的退役计划，并送监管机构审查；

（Ⅸ）利用处置设施运行寿期内获得的信息编制和必要时更新此类设施的关闭计划，并送监管机构审查。

第17条 关闭后的制度化措施

每一缔约方应采取适当步骤，以确保处置设施关闭后：

（Ⅰ）监管机构所要求的关于此类设施的所在地、设计和存量的记录得到保存；

（Ⅱ）需要时采取主动的或被动的制度化的控制措施，例如监测或限制接近；和

（Ⅲ）在任何主动的制度化控制期间，如果探测到放射性物质无计划地释入环境，必要时要采取干预措施。

第4章　一般安全规定

第18条 履约措施

每一缔约方应在本国的法律框架内采取为履行本公约规定义务所必需的立法、监管和行政管理措施及其他步骤。

第19条 立法和监管框架

1.每一缔约方应建立并维持一套管辖乏燃料和放射性废物管理安全的立法和监管框架。

2.这套立法和监管框架应包括：

（Ⅰ）制定可适用的本国安全要求和辐射安全条例；

（Ⅱ）乏燃料和放射性废物管理活动的许可证审批制度；

（Ⅲ）禁止无许可证运行乏燃料或放射性废物管理设施的制度；

（Ⅳ）合适的制度化的控制、监管检查及形成文件和提交报告的制度；

（Ⅴ）强制执行可适用的条例和许可证条款；

（Ⅵ）明确划分参与乏燃料和放射性废物不同阶段管理的各机构的责任。

3.缔约方在考虑是否把放射性物质作为放射性废物监管时应充分考虑本公约的目标。

第20条 监管机构

1.每一缔约方应建立或指定一个监管机构，委托其执行第19条提到的立法和监管框架，并授予履行其规定责任所需的足够的权力、职能和财力与人力。

2.每一缔约方应依照其立法和监管框架采取适当步骤，以确保在几个组织同时参与乏燃料或放射性废物管理和控制的情况下监管职能有效独立于其他职能。

第21条 许可证持有者的责任

1.每一缔约方应确保乏燃料或放射性废物管理安全的首要责任由有关许可证的持有者承担，并应采取适当步骤确保此种许可证的每一持有者履行其责任。

2.如果无此种许可证持有者或其他责任方，此种责任由对乏燃料或对放射性废物有管辖权的缔约方承担。

第22条 人力与财力

每一缔约方应采取适当步骤,以确保:

(Ⅰ)配备有在乏燃料和放射性废物管理设施运行寿期内从事安全相关活动所需的合格人员;

(Ⅱ)有足够的财力可用于支持乏燃料和放射性废物管理设施在运行寿期内和退役期间的安全;

(Ⅲ)做出财政规定,使得相应的制度化的控制措施和监督工作在处置设施关闭后认为必要的时期内能够继续进行。

第23条 质量保证

每一缔约方应采取必要步骤,以确保制定和执行相应的关于乏燃料和放射性废物管理安全的质量保证大纲。

第24条 运行辐射防护

1.每一缔约方应采取适当步骤,以确保在乏燃料或放射性废物管理设施的运行寿期内:

(Ⅰ)由此类设施引起的对工作人员和公众的辐射照射在考虑到经济和社会因素的条件下保持在可合理达到的尽量低的水平;

(Ⅱ)任何个人在正常情况下受到的辐射剂量不超过充分考虑到国际认可的辐射防护标准后制定的本国剂量限制规定;和

(Ⅲ)采取措施防止放射性物质无计划和非受控地释入环境。

2.每一缔约方应采取适当步骤,以确保排放受到限制,以便:

(Ⅰ)在考虑到经济和社会因素的条件下使辐射照射保持在可合理达到的尽量低的水平;和

(Ⅱ)使任何个人在正常情况下受到的辐射剂量不超过充分考虑到国际认可的辐射防护标准后制定的本国剂量限制规定。

3.每一缔约方应采取适当步骤,以确保在受监管核设施的运行寿期内,一旦发生放射性物质无计划或非受控地释入环境的情况,即采取合适的纠正措施控制此种释放和减轻其影响。

第25条 应急准备

1.每一缔约方应确保在乏燃料或放射性废物管理设施运行前和运行期间有适当的场内和必要时的场外应急计划。此类应急计划应当以适当的频度进行演习。

2.在缔约方的领土可能受到附近的乏燃料或放射性废物管理设施一旦发生的辐射紧急情况的影响的情况下,该缔约方应采取适当步骤,编制和演习适用于其领土内的应急计划。

第26条 退役

每一缔约方应采取适当步骤,以确保核设施退役的安全。此类步骤应确保:

(Ⅰ)配备有合格的人员和足够的财力;

(Ⅱ)实施第24条中关于运行辐射防护、排放及无计划和非受控释放的规定;

(Ⅲ)实施第25条中关于应急准备的规定;

(Ⅳ)关于退役重要资料的记录得到保存。

第5章 其他规定

第27条 超越国界运输

1.参与超越国界运输的每一缔约方应采取适当步骤,以确保以符合本公约和有约束力的相关国际文书规定的方式进行此类运输。

这样做时:

(Ⅰ)作为启运国的缔约方应采取适当步骤,以确保超越国界运输系经批准并仅在事先通知抵达国和得到其同意的情况下进行;

(Ⅱ)途经过境国的超越国界运输应受与所用具体运输方式有关的国际义务的制约;

(Ⅲ)作为抵达国的缔约方,仅当其具有以符合本公约的方式管理乏燃料或放射性废物所需的监管体制及行政管理和技术能力时,才能同意超越国界运输;

(Ⅳ)作为启运国的缔约方,仅当其根据抵达国的同意能够确信第(Ⅲ)分款的要求在超越国界运输前得到满足时,才能批准超越国界运输;

(Ⅴ)作为启运国的缔约方应采取适当步骤,以便在超越国界运输没有或不能遵照本条的规定完成且不能做出另外的安全安排时允许返回其领土。

2.缔约方不允许将其乏燃料或放射性废物运至南纬60°以南的任一目的地进行贮存或处置。

3.本公约中的任何规定不损害或影响:

(Ⅰ)利用一切国家的船舶和航空器行使国际法中规定的海洋、河流和空中的航行权及自由权;

(Ⅱ)有放射性废物运来处理的缔约方将处理后的放射性废物和其他产物返回或规定将其返回启运国的权利;

(Ⅲ)缔约方将其乏燃料运至国外进行后处理的权利;

(Ⅳ)有乏燃料运来后处理的缔约方将后处理作业产生的放射性废物和其他产物返回或规定将其返回启运国的权利。

第28条 废密封源

1.每一缔约方应在本国的法律框架内采取适当步骤,以确保废密封源的拥有、再制造或处置以安全的方式进行。

2.缔约方应允许废密封源返回其领土,条件是该缔约方已在本国的法律框架内同意将废密封源返回有资格接收和拥有废密封源的制造者。

第6章 缔约方会议

第29条 筹备会议

1.应不迟于本公约生效之日后六个月举行缔约方筹备会议。

2.在筹备会议上,缔约方应:

(Ⅰ)确定第30条提到的第一次审议会议的日期。这一审议会议应尽早举行,最晚不迟于本公约生效之日后三十个月;

(Ⅱ)起草并经协商一致通过《议事规则》和《财务规则》;

(Ⅲ)按照《议事规则》具体的规定:

(a)根据第32条将提交的本国报告的格式和结构的细则;

(b)提交此类报告的日期;

(c)审议此类报告的程序。

3. 任何已批准、接受、核准、加入或确认本公约但本公约尚未对其生效的国家或一体化或其他性质的区域性组织,可如同本公约缔约方一样出席筹备会议。

第30条 审议会议

1. 缔约方应举行会议审议根据第32条提交的报告。

2. 在每次审议会议上,缔约方:

(Ⅰ)应确定下次审议会议的日期,两次审议会议的间隔不得超过三年;

(Ⅲ)可审议根据第29条第2款所做的安排,并且除非《议事规则》中另有规定可经协商一致通过修订。缔约方也可经协商一致修正《议事规则》和《财务规则》。

3. 在每次审议会议上,每一缔约方应有适当的机会讨论其他缔约方提交的报告和要求解释这些报告。

第31条 特别会议

在下列情况下,应召开缔约方特别会议:

(Ⅰ)经出席会议和参加表决的缔约方过半数同意;或

(Ⅱ)一缔约方提出书面请求,且第37条提到的秘书处将这一请求分送各缔约方并已收到过半数缔约方表示赞成这一请求的通知后六个月之内。

第32条 提交报告

1. 按照第30条中的规定,每一缔约方应向每次缔约方审议会议提交一份国家报告。该报告应叙述履行本公约的每项义务所采取的措施。就每一缔约方而言,该报告还应叙述其:

(Ⅰ)乏燃料管理政策;

(Ⅱ)乏燃料管理实践;

(Ⅲ)放射性废物管理政策;

(Ⅳ)放射性废物管理实践;

(Ⅴ)放射性废物的定义和分类所用的准则。

2. 这种报告还应包括:

(Ⅰ)受本公约制约的乏燃料管理设施、设施所在地、主要用途和基本特点的清单;

(Ⅱ)受本公约制约且目前贮存的和已处置的乏燃料的存量清单,此种清单应载有这种物质的说明,如有条件,还应提供有关其质量和总放射性活度的资料;

(Ⅲ)受本公约制约的放射性废物管理设施、设施所在地、主要用途和基本特点的清单;

(Ⅳ)受本公约制约的下述放射性废物的存量清单:

(a)目前贮存在放射性废物管理与核燃料循环设施中的;

(b)已经处置的;或

(c)由以往的实践所产生的。

此种存量清单应载有这种物质的说明以及现有的其他相应资料,例如体积或质量、放射性活度和具体的放射性核素等;

(Ⅴ)处于退役过程中的核设施的清单和这些设施中退役活动的现状。

第33条 出席会议

1. 每一缔约方应出席缔约方会议,并由一名代表及由该缔约方认为有必要随带的副代表、专家和顾问出席此类会议。

2. 缔约方经协商一致可邀请在本公约所管辖事务方面有能力的任何政府间组织以观

察员身份出席任何会议或任何会议的特定会议。观察员应事先以书面方式表示接受第36条中的规定。

第34条　简要报告

缔约方应经协商一致通过并向公众提供一个文件,介绍缔约方会议期间所讨论的问题和得出的结论。

第35条　语文

1. 缔约方会议的语文为阿拉伯文、中文、英文、法文、俄文和西班牙文,《议事规则》中另有规定者除外。

2. 缔约方根据第32条提交的报告,应以提交报告的缔约方的本国语文或以将在《议事规则》中商定的一种指定语文书写。如果提交的报告系以指定语文之外的本国语文书写,则该缔约方应提供该报告的指定语文的译本。

3. 虽有第2款中的规定,如果提供报酬,秘书处将负责把以会议的任何其他语文提交的报告译成指定语文的译本。

第36条　保密

1. 本公约的规定不影响缔约方根据本国的法律防止资料泄露的权利和义务。就本条而言,"资料"包括与国家安全或与核材料实物保护有关的资料、受知识产权保护或受工业或商业保密规定保护的资料等,以及人事资料。

2. 就本公约而言,当缔约方提供它确定为第1款提到的那种应受保护的资料时,此种资料只能用于为之提供的目的,其机密性应受到尊重。

3. 关于与根据第3条第3款落入本公约范围的乏燃料或放射性废物有关的资料,本公约的规定不影响有关缔约方决定下列事项的专有酌处权:

（Ⅰ）此类资料是保密的还是为防止泄露需另行控制的;

（Ⅱ）是否在本公约范围内提供上述第（Ⅰ）分款提到的资料;和

（Ⅲ）如果在本公约范围内提供此类资料,要附加哪些保密条件。

3. 在根据第30条举行的每次审议会议上审议各国报告时的辩论内容应予保密。

第37条　秘书处

1. 国际原子能机构(以下称机构)应为缔约方会议提供秘书处。

2. 秘书处应:

（Ⅰ）召集和筹备第29、30和31条提到的缔约方会议,并为会议提供服务;

（Ⅱ）向各缔约方转送按照本公约的规定收到或准备的资料。

机构在履行上述第（Ⅰ）和（Ⅱ）分款提到的职能时发生的费用由机构承担,并作为其经常预算的一部分。

3. 缔约方经协商一致可请机构提供支持缔约方会议的其他服务。如能在机构计划和经常预算内进行,机构可提供此类服务。如果此事为不可能,只要有其他来源提供的自愿资金,机构也可提供此类服务。

第7章　最后条款和其他规定

第38条　分歧的解决

当两个或多个缔约方之间对本公约的解释或适用发生分歧时,这些缔约方应在缔约方会议的范围内磋商解决此种分歧。如果磋商无效,可诉诸国际法中规定的和解、调停和仲裁机制,包括原子能机构现行规定和实践。

第 39 条 签署、批准、接受、核准和加入

1. 本公约自 1997 年 9 月 29 日起在维也纳机构总部开放供所有国家签署,直至其生效之日为止。

2. 本公约需经签署国批准、接受或核准。

3. 本公约生效后开放供所有国家加入。

4.(Ⅰ)本公约开放供一体化或其他性质的区域性组织签署(需经确认)或加入,条件是任何此类组织系由主权国家组成并具有就本公约所涉事项谈判、缔结和适用国际协定的权限。

(Ⅱ)对其权限范围内的事项,此类组织应能自行行使和履行本公约赋予缔约方的权利和义务。

(Ⅲ)此类组织成为本公约的缔约方时,应向第 43 条提到的保存人提交一份声明,说明哪些国家是其成员国,本公约的哪些条款对其适用及其在这些条款所涉方面具有的权限。

(Ⅳ)此类组织除其成员国享有表决权外不再另有任何表决权。

5. 批准书、接受书、核准书、加入书或确认书应交存保存人。

第 40 条 生效

1. 本公约在向保存人交存第二十五份批准书、接受书或核准书之日后第九十天生效,其中应包括十五个每个有一座运行的核动力厂的国家的此类文书。

2. 对于满足第 1 款中规定的条件需要的最后一份文书交存之日后批准、接受、核准、加入或确认本公约的每一国家或每个一体化或其他性质的区域性组织,本公约在该国家或组织向保存人交存相应文书之日后第九十天生效。

第 41 条 公约的修正

1. 任一缔约方可对本公约提出修正案。提出的修正案应在审议会议或特别会议上审议。

2. 提出的任何修正条文及修正理由应提交保存人,保存人应在该提案被提交审议的会议召开前至少九十天将该提案分送各缔约方。保存人应将收到的有关该提案的任何意见通报各缔约方。

3. 缔约方应在审议所提出的修正案后决定是以协商一致方式通过此修正案,还是在不能协商一致时将其提交外交会议。将所提出的修正案提交外交会议的决定需由出席会议并参加表决的缔约方三分之二多数票做出,条件是表决时至少一半缔约方在场。

4. 审议和通过对本公约的修正案的外交会议由保存人召集并在不迟于按照本条第 3 款做出适当决定后一年召开。外交会议应尽一切努力确保以协商一致方式通过修正案。如果此事为不可能,应以所有缔约方的三分之二多数票通过修正案。

5. 根据上述第 3 和 4 款通过的对本公约的修正案,须经缔约方批准、接受、核准或确认,并在保存人收到至少三分之二缔约方的有关文书后第九十天,对已批准、接受、核准或确认这些修正案的缔约方生效。对于在其后批准、接受、核准或确认所述修正案的缔约方,此种修正案将在该缔约方交存有关文书后第九十天生效。

第 42 条 退约

1. 任何缔约方可书面通知保存人退出本公约。

2. 退约于保存人收到此通知书之日后一年或通知书中可能指明的更晚的日期生效。

第43条 保存人

1.机构总干事为本公约保存人。

2.保存人应向缔约方通报：

（Ⅰ）按照第39条签署本公约和交存批准书、接受书、核准书、加入书或确认书的情况；

（Ⅱ）本公约按照第40条生效的日期；

（Ⅲ）按照第42条提出的退出本公约的通知和通知的日期；

（Ⅳ）按照第41条缔约方提交的对本公约的建议的修正案、有关外交会议或缔约方会议通过的修正案以及所述修正案的生效日期。

第44条 作准文本

本公约的原本交保存人保存，其阿拉伯文、中文、英文、法文、俄文和西班牙文文本具有同等效力；保存人应将本公约经核证的副本分送各缔约方。

经正式授权的下列签字人已签署本公约，以昭信守。

一九九七年九月五日于维也纳签署。

及早通报核事故公约

《及早通报核事故公约》（简称《公约》）于1986年9月24日经在维也纳召开的国际原子能机构特别大会通过，1986年9月26日和10月6日分别在维也纳机构总部和纽约联合国总部开放签字，1986年10月27日生效。截至1993年2月24四日，《公约》共有70个成员国。

《公约》是在国际原子能机构主持下制定的，其主旨是进一步加强安全发展和利用核能方面的国际合作，通过在缔约国之间尽早提供有关核事故的情报，以使可能超越界的辐射后果减少到最低限度。

我国于1986年9月26日签署《公约》，1987年9月10日向国际原子能机构交存《公约》批准书，并同时声明对《公约》第十一条第二款所规定的两种解决争端程序提出保留。

《公约》于1987年10月11日对中国生效。《公约》由序言和正文组成，共十七条，主要内容是：（一）缔约国有义务对引起或可能引起放射性物质释放、并已经造成或可能造成对另一国具有辐射安全重要影响的超越国界的国际性释放的任何事故，向有关国家和机构通报。但对于核武器事故，缔约国可以自愿选择通报或不通报。（二）核事故的通报内容，应包括核事故及其性质、发生的时间、地点和有助于减少辐射后果的情报。（三）事故发生国可以直接，也可以通过机构间接地向实际受影响或可能受影响的国家或机构（包括缔约国和非缔约国）通报。（四）各缔约国应将其负责收发核事故通报和情报的主管当局和联络点通知国际原子能机构，并直接或通过机构通知其他缔约国。这类联络点和机构内的联络中心应连续不断地可供使用。（五）机构在本公约范围内，有义务立即将所收到的核事故通报和情报通知所有缔约国、成员国和有关国际组织。

本公约缔约国，意识到若干国家正在进行核活动，注意到已经采取并正在采取全面措施确保核活动的高度安全，旨在防止发生核事故和如果发生任何这类事故，则尽量减少其后果，希望进一步加强安全发展和利用核能方面的国际合作，深信各国有必要尽早提供有关核事故的情报，以便能够使超越国界的辐射后果减少到最低限度，注意到交换这方面情报的双边和多边安排是有益的，兹协议如下：

第一条 适用范围

1. 本公约应适用于发生涉及下面第 2 款所述缔约国的或其管辖或控制下的人或法律实体的设施或活动、由此而引起或可能引起放射性物质释放、并已经造成或可能造成对另一国具有辐射安全重要影响的超越国界的国际性释放的任何事故。

2. 第 1 款所述的设施和活动如下：

(1)不论在何处的任何核反应堆；

(2)任何核燃料循环设施；

(3)任何放射性废物管理设施；

(4)核燃料或放射性废物的运输和贮存；

(5)用于农业、工业、医学和有关科研目的的放射性同位素的生产、使用、贮存、处置和运输；以及

(6)用放射性同位素作空间物体的动力源。

第二条 通报和情报

在发生第一条所规定的一起核事故(以下简称"核事故")时,该条所述的缔约国应：

(1)立即直接或通过国际原子能机构(以下简称"机构"),将该核事故及其性质、发生时间和在适当情况下确切地点通知第一条所规定的那些实际受影响或可能会实际受影响的国家和机构；

(2)迅速地直接或通过机构向第(1)项所述的国家和机构提供第五条所规定的有关尽量减少对那些国家的辐射后果的这类可获得的情报。

第三条 其他核事故

为了尽量减少辐射后果,在发生第一条规定以外的核事故时,缔约国可以发出通报。

第四条 机构的职责

机构应：

1. 立即将依据第二条(1)项收到的通报通知各缔约国、成员国、第一条所规定的实际受影响或可能会实际受影响的其他国家和有关政府间国际组织(以下简称"国际组织")；

2. 根据请求迅速向任何缔约国、成员国或有关国际组织提供依据第 2 条(2)项收到的情报。

第五条 应提供的情报

1. 按照第二条(2)项应提供的情报应包括通报缔约国当时可获得的下述资料：

(1)核事故的时间、在适当情况下确切地点及其性质；

(2)涉及的设施或活动；

(3)推测的或已确定的有关放射性物质超越国界释放的核事故的起因和可预见的发展；

(4)放射性释放的一般特点,按实际可能和适当情况,包括放射性释放的性质、可能的物理和化学形态及数量、组成和有效高度；

(5)预报放射性物质超越国界释放所需的当前和预测的气象和水文条件的情报；

(6)有关放射性物质超越国界释放的环境监测结果；

(7)已采取或计划采取的场外保护措施；

(8)预测的放射性释放过程中的行为。

2. 应在适当间隔时间补充提供有关紧急情况事态发展的进一步情报,包括可预见终止

或实际终止紧急情况的情报。

3.按照第二条(2)项收到的情报可以不加限制地使用,但属于通报缔约国秘密提供的情报除外。

第六条 协商

按照第二条(2)项提供情报的缔约国,应尽其实际可能迅速地响应受影响的缔约国关于谋求提供进一步情报和进行协商的请求,以尽量减少对该国的辐射后果。

第七条 主管当局和联络点

1.各缔约国应将其负责收发第二条所述的通报和情报的国家主管当局和联络点通知机构并直接或通过机构通知其他缔约国。这类联络点和机构内的联络中心应连续不断地可供使用。

2.各缔约国应将第1款所述情况可能发生的任何变化迅速通知机构。

3.机构应保持一份这类国家当局和联络点以及有关国际组织的联络点的最新名册,并将其提供给各缔约国和成员国以及有关国际组织。

第八条 对缔约国的援助

机构应根据其《规约》,并应其本身无核活动但与一个有积极核计划的非缔约国毗邻的缔约国的请求,对建立一个适当的辐射监测系统及其可行性进行调查研究,以利于实现本公约的目的。

第九条 双边和多边协定

为促进其共同利益,各缔约国可考虑酌情缔结有关本公约主题事项的双边或多边协定。

第十条 与其他国际协定的关系

本公约不影响缔约国根据与本公约所涉事项有关的现行国际协定,或根据本公约的宗旨和目的将来缔结的国际协定的互惠权利和义务。

第十一条 争端的解决

1.若缔约国之间,或一缔约国与机构之间,对本公约的解释或适用发生争端,争端各方应进行磋商,以期通过谈判或以争端各方均能接受的任何其他和平方式解决争端。

2.缔约国之间的这种性质的争端,如果从按第1款请求磋商之日起一年内未能获得解决,经争端任何一方请求,应提交仲裁或提交国际法院裁决。凡提交仲裁的争端,如果争端各方从请求仲裁之日起六个月内未能就仲裁的组成取得一致意见,任一当事方可以请求国际法院院长或联合国秘书长指定一名或一名以上仲裁人。如果争端各方提出的请求相互抵触,向联合国秘书长提出的请求应享有优先。

3.一国在签署、批准、接受、核准或加入本公约时可以声明,它不受第2款所规定的两种争端解决程序的任一种或两种程序的约束。对于实施此种声明的缔约国,其他缔约国也不受第2款规定的该种争端解决程序的约束。

4.根据第3款发表声明的缔约国,随时可以通知保存人撤回其声明。

第十二条 生效

1.本公约自1986年9月26日和1986年10月6日起分别在维也纳国际原子能机构总部和纽约联合国总部开放供各国和纳米比亚(由联合国纳米比亚理事会代表)签字,直至其生效或期满十二个月为止,以两者中时间长者为准。

2.一国和纳米比亚(由联合国纳米比亚理事会代表)或以签字、或以交存签字后须经批准、接受或核准的批准书、接受书或核准书,或以交存加入书的方式表示其同意受本公约约束。批准书、接受书、核准书或加入书应交由保存人保存。

3. 本公约在三个国家表示同意受其约束三十天后生效。

4. 对于在本公约生效后表示同意受其约束的每一国家,本公约应在该国表示同意之日起三十天后对其生效。

5. (1)根据本条规定,本公约开放供由主权国家组成的有权就本公约所涉事项进行谈判、缔结和适用国际协定的国际组织或区域一体化组织加入。

(2)在其权限范围内的事项方面,这类组织应代表其本身行使和履行对本公约给予缔约国的权利和义务。

(3)在交存加入书时,这类组织应向保存人递交一份声明,说明其对本公约所涉各事项的权限范围。

(4)这类组织除其成员国所享有的表决权之外不再享有任何表决权。

第十三条 暂时适用

一国在签署本公约时或在本公约对其生效之前任何日期,可声明本公约对其暂时适用。

第十四条 修正

1. 一缔约国可以对本公约提出修正案。提议的修正案应提交保存人,由他立即分送所有其他缔约国。

2. 若过半数缔约国请求保存人召开大会审议所提议的修正案,保存人应邀请所有缔约国出席大会,大会不得早于邀请发出后三十天内召开。在大会上经全体缔约国三分之二多数通过的任何修正案应形成议定书,并在维也纳和纽约开放供所有缔约国签字。

3. 该议定书在三个国家表示同意受其约束三十天后生效。对于在该议定书生效后表示同意受其约束的国家,该议定书应于该国表示同意之日起三十天后对其生效。

第十五条 退约

1. 一缔约国可以用书面形式通知保存人退出本公约。

2. 退约应于保存人收到通知之日起一年后生效。

第十六条 保存人

1. 机构总干事应为本公约保存人。

2. 机构总干事应将下列情况迅速通知各缔约国和所有其他国家:

(1)本公约或任何修正案议定书的每一签字;

(2)关于本公约或任何修正案议定书的批准书、接受书、核准书或加入书的每一交存;

(3)根据第十一条发表的任何声明或撤回声明;

(4)根据第十三条提出的暂时适用本公约的任何声明;

(5)本公约及其任何修正案的生效;以及

(6)根据第十五条提出的任何退约。

第十七条 作准文本及经核证的副本

本公约的原本应交国际原子能机构总干事保存,其阿拉伯文、中文、英文、法文、俄文和西班牙文文本具有同等效力;总干事应将核证的副本分送各缔约国和所有其他国家。下列签署人经正式授权,在依据第十二条第1款规定开放供签字的本公约上签字,以昭信守。

1986年9月26日在维也纳国际原子能机构大会特别会议上通过。

核事故或辐射紧急援助公约

该公约通常简称"援助公约",于1986年9月26日订于维也纳,1986年10月27日正式生效。

1986年9月26日中国政府代表做了有待核准的签署,同时声明:

①中华人民共和国不受公约第十三条第二款所规定的两种争端解决程序的约束;

②在由于个人重大过失而造成死亡、受伤、损失或毁坏的情况下,中国不适用该公约第十条第二款。本公约于1987年10月14日对我国生效。

本公约缔约国意识到若干国家正在进行核活动,注意到已经采取并正在采取全面措施确保核活动的高度安全,旨在防止发生核事故和如果发生任何这类事故,则尽量减少其后果,希望进一步加强安全发展和利用核能方面的国际合作,深信需要建立一个将有利于在发生核事故或辐射紧急情况时迅速提供援助以尽量减少其后果的国际体制,注意到这方面互相援联的双边和多边安排是有益的,注意到国际原子能机构制定有关在核事故或辐射紧急情况下互相紧急援助安排的导则的活动,兹协议如下:

第一条 一般条款

1. 各缔约国应按照本公约条款互相进行合作并与国际原子能机构(以下简称"机构")进行合作,以便在发生核事故或辐射紧急情况时迅速提供援助,以尽量减少其后果并保护生命、财产和环境免受放射性释放的影响。

2. 为便于进行这种合作,各缔约国可达成双边或多边安排,或酌情达成双边和多边相结合的安排,以防止或尽量减少在发生核事故或辐射紧急情况时可能造成的伤害和损失。

3. 缔约国请求机构在其(规约)范围内尽力按照本公约条款促进、便利和支持本公约规定的各缔约国之间的合作。

第二条 援助的提供

1. 若一缔约国在发生核事故或辐射紧急情况时需要援助,不论这种事故或紧急情况是否起始于其领土、管辖或控制范围内,它可以直接或通过机构向任何其他缔约国和向机构或酌情向其他政府间国际组织(以下简称为"国际组织")请求这种援助。

2. 请求援助的缔约国应详细说明所需援助的范围和种类,并按实际可能向援助方提供必要的情报,以便援助方确定其能满足请求的程度。在请求缔约国不能详细说明所需援助的范围和种类的情况下,请求缔约国和援助方应协商决定所需援助的范围和种类。

3. 受到此种援助请求的每一缔约国,应迅速决定并直接或通过机构通知请求缔约国,它是否能够提供所请求的援助以及可能提供援助的范围和条件。

4. 各缔约国应在其力所能及的范围内确定并通知机构,在核事故或辐射紧急情况下向其他缔约国提供援助可动用的专家、设备和物资以及据以能够提供这种援助的条件,尤其是财务条件。

5. 任何缔约国可以请求对受到核事故或辐射紧急情况影响的人们进行医疗或暂时安置到另一缔约国领土内的援助。

6. 机构应根据其(规约)及本公约的规定,对任一请求缔约国或成员国在核事故或辐射紧急情况下提出的援助请求,以下述方式做出响应:

(1)提供用于此目的的适当资源;

（2）迅速向据机构了解可能拥有必要资源的其他国家和国际组织传递援助请求；

（3）如果请求国有这样要求，应在国际范围内协调由此可能获得的援助。

第三条 对援助的指导和管理

除另有协议外：

（1）对援助的全面指导、管理、协调和监督应是请求国在其领土范围内的责任。在援助涉及人员的情况下，援助方应与请求国协商指定人员负责并对所提供的人员和设备保持直接的业务监督。指定人员应当在与请求国有关当局合作下行使这种监督；

（2）请求国应尽其所能为援助的妥善和有效管理提供当地的设施和劳务。它还应保证对援助方或代表该方为此目的而进入其领土的人员、设备和物资予以保护；

（3）援助期间任一方提供的设备和物资的所有权不得变动，并应确保这类设备和物资的归还；

（4）提供援助的缔约国在响应依第二条第 5 款提出的请求时，应在其领土内协调此类援助。

第四条 主管当局和联络点

1.各缔约国应将其授权提出和接受援助请求以及接受援助建议的主管当局和联络点通知机构并直接或通过机构通知其他缔约国。这类联络点和机构内的联络中心应连续不断地可供使用。

2.各缔约国应将第 1 款所述情况可能发生的任何变化迅速通知机构。

3.机构应将第 1 和 2 款所述情况经常和迅速地提供绐各缔约国、成员国以及有关国际组织。

第五条 机构的职责

缔约国请求机构按照第一条第 3 款和在不妨碍本公约其他条款的情况下做到：

1.向各缔约国和成员国收集和传播有关下列情报；

（1）在发生核事故或辐射紧急情况时可以动用的专家、设备和物资；

（2）关于核事故或辐射紧急情况应急的方法、技术和可供使用的研究成果。

2.当一缔约国或成员国在下列任何事项或其他有关事项上提出请求时协助其：

（1）制定有关核事故和辐射紧急情况的应急计划和有关法律；

（2）制定适当的培训计划，培训处理核事故和辐射紧急情况的人员；

（3）在发生核事故或辐射紧急情况时传递援助请求和有关情报；

（4）制定适当的辐射监测计划、程序与标准；

（5）进行关于建立适当的辐射监测系统的可行性调查。

3.在发生核事故或辐射紧急情况时向请求援助的缔约国或成员国提供用于对此事故或紧急情况进行初步评价目的的适当资源；

4.在发生核事故或辐射紧急情况时在各缔约国和成员国之间起中介作用；

5.与有关国际组织建立并保持联络，以便获取和交换有关情报和资料，并向各缔约国、成员国以及前述各组织提供这类组织的名单。

第六条 机密与公布情况

1.请求国和援助方应保护为在核事故或辐射紧急情况下进行援助而向其中任何一方提供的任何机密情况。这类情报只应用于商定的援助目的。

2.援助方在向公众公布有关核事故或辐射紧急情况下所提供的援助情况之前，应尽一切努力与请求国协调一致。

第七条 费用的偿还

1.任一援助方可向请求国免费提供援助。在研究是否在这种基础上提供援助时,援助方应考虑到:

(1)核事故或辐射紧急情况的性质;

(2)核事故或辐射紧急情况的起源地;

(3)发展中国家的需要;

(4)无核设施国家的特殊需要;

(5)任何其他有关因素。

2.当援助是以全部偿还或部分偿还为基础提供时,请求国应向援助方偿还代表其行事的人员或组织提供的劳务所开支的费用以及不由请求国直接支付的与援助有关的所有费用。除另有协议外,在援助方向请求国提出索偿后应立即予以偿还,非当地费用的偿还应能自由转移。

3.虽然有第2款规定,援助方随时可以放弃全部或部分偿还要求或同意延期偿还全部或部分费用。在考虑放弃或延期偿还时,援助方应适当考虑发展中国家的需要。

第八条 特权、豁免和便利

1.请求国应给予援助方的人员和代表其行事的人员必要的特权、豁免和便利,以便履行其援助职务。

2.请求国应给予正式通知请求国并被其接受的援助方的人员或代表其行事的人员有以下特权和豁免:

(1)对这类人员履行其职务时的作为或不作为豁免请求国的逮捕、拘留和法律程序,包括刑事、民事和行政管辖;

(2)对这类人员履行其援助职务免除征税、关税或其他课征,但通常计入商品或劳务价格内之税捐除外。

3.请求国应:

(1)对援助方为援助目的而运入请求国境内的设备和财物免除征税、关税或其他课征。

(2)对此类设备和财物免予没收、扣押或征用。

4.请求国应确保归还这类设备和财物。如果援助方提出要求,请求国应尽其所能安排对援助所用的可收回的设备在归还之前进行必要的去污。

5.请求国应对按第2款所通知的人员以及援助所用设备和财物在进入、停留和离开其国家领土方面提供便利。

6.本条不要求请求国给予其国民或永久居民前述各款规定的特权和豁免。

7.在不妨碍特权和豁免的情况下,凡享有本条所列特权和豁免的受益人,均有义务遵守请求国的法律和规章。他们还有义务不得干涉请求国的内政。

8.本条不损害按照其他国际协定或习惯国际法的规则在给予特权和豁免方面的权利和义务。

9.一国在签署、批准、接受、核准或加入本公约时可以声明,它完全或部分地不受本条第2款和第3款的约束。

10.根据第9款发表声明的缔约国,随时可以通知保存人撤回其声明。

第九条 人员、设备和财物的过境

各缔约国应请求国或援助方的请求,应设法为经正式通知的援助所涉人员、设备和财物通过其领土出入请求国时提供过境便利。

第十条 索赔和补偿

1.各缔约国应密切合作,以便按本条解决法律诉讼和索赔。

2.除另有协议外,对于在提供所要求的援助过程中在其领土内或其管辖或控制下的其他地区内所造成的人员死亡或受伤、财产毁坏或损失、或环境破坏,请求国应:

(1)不得对援助方或代表其行事的人员或其他法律实体提出任何法律诉讼;

(2)承担处理第三方对援助方或代表其行事的人员或其他法律实体提出的法律诉讼和索赔的责任;

(3)使援助方或代表其行事的人员或其他法律实体在第(2)项所述的法律诉讼和索赔方面,免受损害;以及

(4)对下列情况给援助方或代表其行事的人员或其他法律实体以补偿:

(a)援助方的人员或代表其行事的人员的死亡或受伤;

(b)有关援助的非消耗性设备或物资的损失或毁坏;

但由于个人故意渎职而造成死亡、受伤、损失或毁坏的情况除外。

3.本条不妨碍根据任何适用的国际协定或任何国家的国家法律可得到的补偿或赔偿。

4.本条不要求请求国对其国民或永久居民完全或部分地适用第2款。

5.在签署、批准、接受、核准或加入本公约时,一国可以声明:

(1)它完全或部分地不受第2款的约束;

(2)在由于个人重大过失而造成死亡、受伤、损失或毁坏的情况下,它完全或部分地不适用第2款。

6.根据第5款发表声明的缔约国,随时可以通知保存人撤回其声明。

第十一条 援助的终止

请求国或援助方,经适当协商后并采用书面通知的方式,随时可以请求终止按本公约接受或提供的援助。这样的请求一经提出,所涉各方应彼此协商做好妥善结束援助的安排。

第十二条 与其他国际协定的关系

本公约不影响缔约国根据与本公约所涉事项有关的现行国际协定,或根据本公约的宗旨和目的将来缔结的国际协定的互惠权利和义务。

第十三条 争端的解决

1.若缔约国之间,或一缔约国与机构之间,对本公约的解释或适用发生争端,争端各方应进行磋商,以期通过谈判或以争端各方均能接受的任何其他和平方式解决争端。

2.缔约国之间的这种性质的争端,如果从按第1款请求磋商之日起一年内未能获得解决,经争端任何一方请求,应提交仲裁或提交国际法院裁决。凡提交仲裁的争端,如果争端各方从请求仲裁之日起六个月内未能就仲裁的组成取得一致意见,任一当事方可以请求国际法院院长或联合国秘书长指定一名或一名以上仲裁人。如果争端各方提出的请求相互抵触,向联合国秘书长提出的请求应享有优先。

3.一国在签署、批准、接受、核准或加入本公约时可以声明,它不受第2款所规定的两种争端解决程序的任一种或两种程序的约束。对于实施此种声明的缔约国,其他缔约国也不

受第 2 款规定的该种争端解决程序的约束。

4. 根据第 3 款发表声明的缔约国,随时可以通知保存人撤回其声明。

第十四条 生效

1. 本公约自 1986 年 9 月 26 日和 1986 年 10 月 6 日起分别在维也纳国际原子能机构总部和纽约联合国总部开放供各国和纳米比亚(由联合国纳米比亚理事会代表)签字,直至其生效或开放签字期满十二个月为止,以两者中时间长者为准。

2. 一国和纳米比亚(由联合国纳米比亚理事会代表)或以签字、或以交存签字后须经批准、接受或核准的批准书、接受书或核准书,或以交存加入书的方式表示其同意受本公约约束。批准书、接受书、核准书或加入书应交由保存人保存。

3. 本公约在三个国家表示同意受其约束三十天后生效。

4. 对于在本公约生效后表示同意受其约束的每一国家,本公约应在该国表示同意之日起三十天后对其生效。

5. (1)根据本条规定,本公约应开放供由主权国家组成的有权就本公约所涉事项进行谈判、缔结和适用国际协定的国际组织或区域一体化组织加入。

(2)在其权限范围内的事项方面,这类组织应代表其本身行使和履行本公约给予缔约国的权利和义务。

(3)在交存加入书时,这类组织应向保存人递交一份声明,说明其对本公约所涉各事项的权限范围。

(4)这类组织除其成员国所享有的表决权之外不再享有任何表决权。

第十五条 暂时适用

一国在签署本公约时或在本公约对其生效之前任何日期,可声明本公约对其暂时适用。

第十六条 修正

1. 一缔约国可以对本公约提出修正案。提议的修正案应提交保存人,由他立即分送所有其他缔约国。

2. 若过半数缔约国请求保存人召开大会审议所提议的修正案,保存人应邀请所有缔约国出席大会,大会不得早于邀请发出后三十天内召开。在大会上经全体缔约国三分之二多数通过的任何修正案应形成议定书,并在维也纳和纽约开放供所有缔约国签字。

3. 该议定书在三个国家表示同意受其约束三十天后生效。对于在该议定书生效后表示同意受其约束的国家,该议定书应于该国表示同意之日起三十天后对其生效。

第十七条 退约

1. 一缔约国可以用书面形式通知保存人退出本公约。

2. 退约应于保存人收到通知之日起一年后生效。

第十八条 保存人

1. 机构总干事应为本公约保存人。

2. 机构总干事应将下列情况迅速通知各缔约国和所有其他国家:

(1)本公约或任何修正案议定书的每一签字;

(2)关于本公约或任何修正案议定书的批准书、接受书、核准书或加入书的每一交存;

(3)根据第八、十和十三条发表的任何声明或撤回声明;

(4)根据第十五条提出的暂时适用本公约的任何声明;

(5)本公约及其任何修正案的生效;以及

(6)根据第十七条提出的任何退约。

第十九条 批准文本及经核证的副本

本公约的原本应交国际原子能机构总干事保存,其阿拉伯文、中文、英文、法文、俄文和西班牙文文本具有同等效力;总干事应将核证的副本分送各缔约国和所有其他国家。下列签署人经正式授权,在依据第十四条第 1 款规定开放供签字的本公约上签字,以昭信守。

1986 年 9 月 26 日在维也纳国际原子能机构大会特别会议上通过。

核设施与核材料实物保护公约①

《核材料实物保护公约》(简称《公约》)于 1980 年 3 月 3 日在维也纳和纽约同时开放签署,并于 1987 年 2 月 8 日生效。《公约》是目前核材料实物保护领域内唯一具有法律约束力的国际条约。

1988 年 12 月 2 日中华人民共和国政府向国际原子能机构总干事递交加入书,并同时声明对《公约》第十七条 2 款所规定的两种争端解决程序提出保留。《公约》于 1989 年 2 月 9 日对中国生效。

随着时间的推移和形势的发展,《公约》的局限性日益凸显。国际社会认识到,《公约》的核材料实物保护机制已经很难适应形势的要求,有必要对《公约》进行修订和补充。经过将近 6 年的讨论、磋商和谈判,《公约》修订案的最终文件于 2005 年 7 月 8 日通过。

2008 年 10 月 28 日,中国第十一届全国人大常委会第五次会议批准了《公约》修订案。2009 年 9 月 14 日,出席国际原子能机构第 53 届大会的中国代表团团长、国家原子能机构秘书长向国际原子能机构总干事巴拉迪递交了《核材料实物保护公约》修订案批准书,从而使我国成为继俄罗斯之后,第二个递交《公约》修订案批准书的核武器国家。

2016 年 5 月 8 日,获得 102 个缔约国批准的《公约》修订案正式生效。

序 言

本公约缔约国,承认所有国家享有为和平目的的发展和利用核能的权利及其从和平利用核能获得潜在益处的合法利益,确信需要促进和平利用核能的国际合作和核技术转让,铭记实物保护对于保护公众健康、安全、环境和国家及国际安全至关重要,铭记《联合国宪章》有关维护国际和平与安全及促进各国间睦邻和友好关系与合作的宗旨和原则,考虑到依照《联合国宪章》第二十一条第四款的规定,"各会员国在其国际关系上不得使用威胁或武力,或以与联合国宗旨不符之任何其他方法,侵害任何会员国或国家之领土完整或政治独立",忆及 1994 年 12 月 9 日联合国大会第 49/60 号决议所附《消除国际恐怖主义措施宣言》希望防止由非法贩卖、非法获取和使用核材料以及破坏核材料和核设施所造成的潜在危险,并注意到为针对此类行为而进行实物保护已经成为各国和国际上日益关切的问题,深为关切世界各地一切形式和表现的恐怖主义行为的不断升级以及国际恐怖主义和有组织犯罪所构成的威胁,相信实物保护在支持防止核扩散和反对恐怖主义的目标方面发挥着重要作用,希望通过本公约促进在世界各地加强对用于和平目的的核材料和核设施的实物保护,

---

① 为方便读者使用,本书中包括了修订案的内容,相应的使用修订案规定的名称《核设施与核材料实物保护公约》。——编者注

确信涉及核材料和核设施的犯罪是引起严重关切的问题,因此迫切需要采取适当和有效的措施或加强现有措施,以确保防止、侦查和惩处这类犯罪,希望进一步加强国际合作,依照每一缔约国的国内法和本公约的规定制定核材料和核设施实物保护的有效措施,确信本公约将补充和完善核材料的安全使用、贮存和运输以及核设施的安全运行,承认国际上已制定经常得到更新的实物保护建议,这些建议能够为利用现代方法实现有效级别的实物保护提供指导,还承认对用于军事目的的核材料和核设施实施有效的实物保护是拥有这类核材料和核设施国家的责任,并认识到这类材料和设施正在并将继续受到严格的实物保护,达成协议如下:

第一条

为本公约的目的:

一、"核材料"系指钚,但钚-238同位素含量超过80%者除外;铀-233;同位素235或233浓缩的铀;非矿石或矿渣形式的含天然存在的同位素混合物的铀;任何含有上述一种或多种成分的材料;

二、"同位素235或233浓缩的铀"系指含有铀同位素235或233或两者总含量对同位素238的丰度比大于天然存在的同位素235对同位素238的丰度比的铀;

三、"国际核运输"系指使用任何运输工具打算将一批核材料运至发货启运国国境以外的载运过程,从离开该国境内发货方设施开始,一直到抵达最后目的地的国境内收货方设施为止;

四、"核设施"系指生产、加工、使用、处理、贮存或处置核材料的设施,包括相关建筑物和设备,这种设施若遭破坏或干扰可能导致显著量辐射或放射性物质的释放;

五、"蓄意破坏"系指针对核设施或使用、贮存或运输中的核材料采取的任何有预谋的行为,这种行为可通过辐射照射或放射性物质释放直接或间接危及工作人员和公众的健康与安全或危及环境。

第一(一)条

本公约的目的是在世界各地实现和维护对用于和平目的的核材料和核设施的有效实物保护,在世界各地预防和打击涉及这类材料和设施的犯罪以及为缔约国实现上述目的开展的合作提供便利。

第二条

一、本公约应适用于使用、贮存和运输中用于和平目的的核材料和用于和平目的的核设施,但本公约第三条和第四条以及第五条第四款应仅适用于国际核运输中的此种核材料。

二、一缔约国建立、实施和维护实物保护制度的责任完全在于该国。

三、除缔约国依照本公约所明确做出的承诺外,本公约的任何条款均不得被解释为影响一国的主权权利。

四、(一)本公约的任何条款均不影响国际法规定的,特别是《联合国宪章》的宗旨和原则以及国际人道主义法规定的缔约国的其他权利、义务和责任。

(二)武装冲突中武装部队的活动(用语按照国际人道主义法理解)由国际人道主义法予以规定,不受本公约管辖;一国军事部队为执行公务而进行的活动由国际法其他规则予以规定,因此不受本公约管辖。

(三)本公约的任何条款均不得被解释为是对用于和平目的的核材料或核设施使用或

威胁使用武力的合法授权。

（四）本公约的任何条款均不宽恕不合法行为或使不合法行为合法化，或禁止根据其他法律提出起诉。

五、本公约不适用于为军事目的使用或保存的核材料或含有此种材料的核设施。

第二（一）条

一、每一缔约国应建立、实施和维护适用于在其管辖下核材料和核设施的适当的实物保护制度，目的是：

（一）防止盗窃和其他非法获取在使用、贮存和运输中的核材料；

（二）确保采取迅速和综合的措施，以查找和在适当时追回失踪或被盗的核材料；当该材料在其领土之外时，该缔约国应依照第五条采取行动；

（三）保护核材料和核设施免遭破坏；

（四）减轻或尽量减少破坏所造成的放射性后果。

二、在实施第一款时，每一缔约国应：

（一）建立和维护管理实物保护的法律和监管框架；

（二）设立或指定一个或几个负责实施法律和监管框架的主管部门；

（三）采取对核材料和核设施实物保护必要的其他适当措施。

三、在履行第一款和第二款所规定的义务时，每一缔约国应在不妨碍本公约任何其他条款的情况下，在合理和切实可行的范围内适用以下"核材料和核设施实物保护的基本原则"。

基本原则一：国家责任

一国建立、实施和维护实物保护制度的责任完全在于该国。

基本原则二：国际运输中的责任

一国确保核材料受到充分保护的责任延伸到核材料的国际运输，直至酌情将该责任适当移交给另一国。

基本原则三：法律和监管框架

国家负责建立和维护管理实物保护的法律和监管框架。该框架应规定建立适用的实物保护要求，并应包括评估和许可证审批或其他授权程序的系统。该框架应包括对核设施和运输的视察系统，以核实适用要求和对许可证或其他授权文件的条件的遵守情况，并确立加强适用要求和条件的手段，包括有效的制裁措施。

基本原则四：主管部门

国家应设立或指定负责实施法律和监管框架的主管部门，并赋予充分的权力、权限和财政及人力资源，以履行其所担负的责任。国家应采取步骤确保国家主管部门与负责促进或利用核能的任何其他机构之间在职能方面的有效独立性。

基本原则五：许可证持有者的责任

应当明确规定在一国境内实施实物保护各组成部分的责任。国家应确保实施核材料或核设施实物保护的主要责任在于相关许可证持有者或其他授权文件的持有者（如营运者或承运者）。

基本原则六：安全保卫文化

所有参与实施实物保护的组织应对必要的安全保卫文化及其发展和保持给予适当优先地位，以确保在整个组织中有效地实施实物保护。

基本原则七:威胁

国家的实物保护应基于该国当前对威胁的评估。

基本原则八:分级方案

实物保护要求应以分级方案为基础,并考虑当前对威胁的评估、材料的相对吸引力和性质以及与擅自转移核材料和破坏核材料或核设施有关的潜在后果。

基本原则九:纵深防御

国家对实物保护的要求应反映结构上的或其他技术、人事和组织方面的多层保护和保护措施的概念,敌方要想实现其目的必须克服或绕过这些保护层和保护措施。

基本原则十:质量保证

应当制定和实施质量保证政策和质量保证大纲,以确信对实物保护有重要意义的所有活动的特定要求都得到满足。

基本原则十一:意外情况计划

所有许可证持有者和有关当局应制定并适当执行应对擅自转移核材料、蓄意破坏核设施或核材料或此类意图的意外情况(应急)计划。

基本原则十二:保密问题

国家应就那些若被擅自泄露则可能损害核材料和核设施实物保护的资料制定保密要求。

四、(一)本条的规定不适用于缔约国根据核材料的性质、数量和相对吸引力以及与任何针对核材料的未经许可行为有关的潜在放射性后果和其他后果以及目前根据对核材料威胁的评估而合理地确定无须接受依照第一款建立的实物保护制度约束的任何核材料。

(二)应当按照谨慎的管理实践保护根据第(一)项不受本条规定约束的核材料。

第三条

每一缔约国应在其国内法律范围内采取符合国际法的适当步骤,以便尽可能切实保证在进行国际核运输时,其国境内的核材料、或装载在往来该国从事运输活动并属其管辖的船舶或飞机上的核材料,均按照附件Ⅰ所列级别予以保护。

第四条

一、任何缔约国不应输出或批准输出核材料,除非该缔约国已经取得保证:这种核材料在进行国际核运输时受到附件Ⅰ所列级别的保护。

二、任何缔约国不应从非本公约缔约国输入或批准输入核材料,除非该缔约国已经取得保证:这种核材料将在国际核运输中受到附件Ⅰ所列级别的保护。

三、任何缔约国不得允许来自非本公约缔约国的核材料经由其陆地或内河航道,或经由其机场或海港,运至另一非本公约缔约国,除非该缔约国已经取得尽可能切实的保证:这种核材料将在国际核运输时受到附件Ⅰ所列级别的保护。

四、每一缔约国应在其国内法律范围内,对自该国某一地区经由国际水道或空域运至本国另一地区的核材料,给予附件Ⅰ所列级别的实物保护。

五、负责得到核材料将根据第一至第三款的规定受到附件Ⅰ所列级别的保护这种保证的缔约国,应指明并预先通知核材料预期运经其陆地或内河航道或进入其机场或海港的各个国家。

六、第一款所述取得保证的责任,可经双方同意,转由作为输入国而参与运输的缔约国承担。

七、本条的任何规定绝不应解释为影响国家的领土主权和管辖权,包括对其领空和领海的主权和管辖权。

第五条

一、缔约国应彼此直接或经由国际原子能机构指明并公开其与本公约事项有关的联络点。

二、缔约国在核材料被偷窃、抢劫或通过任何其他非法方式获取或受到此种威胁时,应依照其国内法尽最大可能向任何提出请求的国家提供合作和协助,以追回和保护这种材料。特别是:

(一)缔约国应采取适当步骤,将核材料被偷窃、抢劫或通过其他非法方式获取或受到此种可信的威胁的任何情况尽快通知它认为有关的其他国家,并在适当时通知国际原子能机构和其他相关国际组织;

(二)在采取上述步骤时,有关缔约国应酌情相互并与国际原子能机构和其他相关国际组织交换信息,以便保护受到威胁的核材料,核查装运容器的完整性或追回被非法获取的核材料,并应:

1. 经由外交和其他商定途径协调其工作;

2. 在接到请求时给予协助;

3. 确保归还已追回的因上述事件被盗或丢失的核材料。

执行这种合作的方法应由有关缔约国决定。

三、在核材料或核设施受到可信的蓄意破坏威胁或遭到蓄意破坏时,缔约国应依照其国内法并根据国际法规定的相关义务尽最大可能提供以下合作:

(一)如果某一缔约国明知另一国的核材料或核设施受到可信的蓄意破坏的威胁,它应决定需要采取的适当步骤,将这一威胁尽快通知有关国家,并在适当时通知国际原子能机构和其他相关国际组织,以防止蓄意破坏;

(二)当某一缔约国的核材料或核设施遭到蓄意破坏时,而且如果该缔约国认为其他国家很可能受到放射性影响,它应在不妨碍国际法规定的其他义务的情况下采取适当步骤,尽快通知可能受到放射性影响的国家,并在适当时通知国际原子能机构和其他相关国际组织,以尽量减少或减轻破坏造成的放射性后果;

(三)当某一缔约国在第(一)项和第(二)项范围内请求协助时,接到此种协助请求的每一缔约国应迅速决定,并直接或通过国际原子能机构通知提出请求的缔约国,它是否能够提供所请求的协助以及可能提供协助的范围和条件;

(四)根据第(一)项至第(三)项进行合作的协调应通过外交或其他商定途径进行。执行这种合作的方法应由有关缔约国在双边或多边的基础上决定。

四、缔约国应酌情彼此直接或经由国际原子能机构和其他相关国际组织进行合作和磋商,以期获得对国际运输中核材料实物保护系统的设计、维护和改进方面的指导。

五、缔约国可酌情与其他缔约国直接或经由国际原子能机构和其他相关国际组织进行磋商和合作,以期获得对国内使用、贮存和运输中的核材料和核设施的国家实物保护系统的设计、维护和改进方面的指导。

第六条

一、缔约国应采取符合其国内法的适当措施,以保护由于本公约的规定而从另一缔约国得到的,或通过参与为执行本公约而开展的活动而得到的任何保密信息的机密性。如果缔约国向国际组织或本公约非缔约国提供保密信息,则应采取步骤确保此种信息的机密性得到保护。从另一缔约国获得保密信息的缔约国只有得到前者同意后才能向第三方提供该信息。

二、本公约不应要求缔约国提供国内法规定不得传播的任何信息或可能危及本国安全或核材料或核设施的实物保护的任何信息。

第七条

一、每一缔约国应在其国内法中将以下故意实施行为定为违法犯罪行为予以惩处:

(一)未经合法授权,收受、拥有、使用、转移、更改、处置或散布核材料,并造成或可能造成任何人员死亡、重伤或财产重大损失或环境重大损害;

(二)偷窃或抢劫核材料;

(三)盗取或以欺骗手段获取核材料;

(四)未经合法授权向某一国家或从某一国家携带、运送或转移核材料的行为;

(五)针对核设施的行为或干扰核设施运行的行为,在这种情况下违法犯罪嫌疑人通过辐射照射或放射性物质释放故意造成或其知道这种行为可能造成任何人员死亡、重伤或财产重大损失或环境重大损害,除非采取这种行为符合该核设施所在缔约国的国内法;

(六)构成以武力威胁、使用武力或任何其他恐吓手段勒索核材料的行为;

(七)威胁:

1.使用核材料造成任何人员死亡、重伤或财产重大损失或环境重大损害或实施第(五)项所述违法犯罪行为,或

2.实施第(二)项和第(五)项所述违法犯罪行为,目的是迫使某一自然人、法人、某一国际组织或某一国家实施或不实施某一行为;

(八)意图实施第(一)项至第(五)项所述任何违法犯罪行为;

(九)以共犯身份参加第(一)项至第(八)项所述任何违法犯罪行为;

(十)任何人组织或指使他人实施第(一)项至第(八)项所述违法犯罪行为;

(十一)协助以共同目的行动的群体实施第(一)项至第(八)项所述任何违法犯罪行为;这种行为应当是故意的,并且是:

1.为了促进该群体的犯罪活动或犯罪目的,在这种情况下此类活动或目的涉及实施第(一)项至第(七)项所述违法犯罪行为,或

2.明知该群体有意实施第(一)项至第(七)项所述违法犯罪行为。

二、每一缔约国对本条所称犯罪行为应按其严重性质给予适当惩罚。

第八条

一、每一缔约国应采取必要的措施,以便在下列情况下确立其对第七条所述犯罪行为方面的管辖权:

(一)犯罪行为发生于该国领土内或该国注册的船舶或飞机上;

(二)被控罪犯是该国国民。

二、每一缔约国应同样采取必要措施,以便在被控罪犯在该国领土内而该国未按第十一条规定将其引渡给第一款所述任何国家时,对这些犯罪行为确立其管辖权。

三、本公约不排除按照本国法律行使的任何刑事管辖权。

四、除第一和第二款所述缔约国之外,任何缔约国亦可按照国际法,在该国作为输出国或输入国参与国际核运输时,确立其对第七条所述犯罪行为方面的管辖权。

第九条

任何缔约国，如被控罪犯在其领土内，当判明情况有此需要时，应按照本国法律采取适当措施，包括拘留以确保该罪犯在进行起诉或引渡时随传随到。按照本条款采取的措施，应立即通知需要按照第八条确立管辖权的国家，在合适的场合，应通知所有其他有关国家。

第十条

任何缔约国，如被控罪犯在其领土内，而该国不将该罪犯引渡，则应无例外地并无不适当延迟地将案件送交该国主管当局，以便按照该国法律规定的诉讼程序，提起公诉。

第十一条

一、第七条所称各项犯罪行为应被视为属于缔约国之间任何现有引渡条约中的可引渡的犯罪行为。各缔约国保证将各种犯罪行为作为可引渡的犯罪行为列于今后彼此缔结的每一引渡条约内。

二、以条约的存在为引渡条件的缔约国，如收到未与其订有引渡条约的另一缔约国提出的引渡要求，可以选择将本公约作为引渡这些罪犯的法律依据。引渡应符合被请求国法律所规定的其他条件。

三、不以条约的存在为引渡条件的缔约国应承认各项犯罪行为是彼此之间可以引渡的犯罪行为，但应符合被请求国法律所规定的各项条件。

四、为了缔约国之间进行引渡的目的，每项犯罪行为应被视为不仅发生于犯罪行为地点，而且也发生于需要按照第八条第一款确立其管辖权的缔约国领土内。

第十一（一）条

为了引渡或相互司法协助的目的，第七条所述任何违法犯罪行为不得视为政治罪行、同政治罪行有关的罪行或由于政治动机引起的罪行。因此，就此种罪行提出的引渡或相互司法协助的请求，不可只以其涉及政治罪行、同政治罪行有关的罪行或由于政治动机引起的罪行为由而加以拒绝。

第十一（二）条

如果被请求的缔约国有实质理由认为，请求为第七条所述违法犯罪行为进行引渡或请求为此种违法犯罪行为提供相互司法协助的目的，是为了基于某人的种族、宗教、国籍、族裔或政治观点而对该人进行起诉或惩罚，或认为接受这一请求将使该人的情况因任何上述理由受到损害，则本公约的任何条款均不应被解释为规定该国有引渡或提供相互司法协助的义务。

第十二条

任何人因第七条所称任何犯罪行为而被起诉时，应保证他在诉讼的所有阶段受到公平待遇。

第十三条

一、各缔约国对就第七条所称犯罪行为而提出的刑事诉讼应彼此提供最大程度的协助，包括提供其所掌握的并为诉讼所必需的证据。被请求国的法律应适用于一切场合。

二、第一款的规定不应影响全部或部分的处理或今后处理刑事互助事宜的任何其他双边或多边条约下的义务。

第十三（一）条

本公约的任何条款均不影响旨在加强核材料和核设施实物保护为和平目的进行的核技术转让。

第十四条

一、每一缔约国应将其执行本公约的法律和规章通知保存人,保存人应定期将此种情报传送所有缔约国。

二、对被控罪犯提起公诉的缔约国,应尽可能首先将诉讼的最后结果通知直接有关的各国。该缔约国还应将最后结果通知保存人,由他通知所有国家。

三、如果违法犯罪行为涉及在国内使用、贮存或运输中的核材料,而且被指控的违法犯罪嫌疑人和所涉核材料均仍在违法犯罪行为实施地的缔约国境内,或违法犯罪行为涉及核设施而且被指控的违法犯罪嫌疑人仍在违法犯罪行为实施地的缔约国境内,则本公约的任何条款均不应被解释为要求该缔约国提供有关因此种违法犯罪行为而提起刑事诉讼的信息。

第十五条

各附件构成本公约的组成部分。

第十六条

一、在2005年7月8日通过的修订案生效五年后,保存人应召开缔约国会议审查本公约的执行情况,并根据当时的普遍情况审查公约的序言、整个执行部分和附件是否仍然适当。

二、此后每隔至少五年,如果过半数缔约国向保存人提出召开另一次同样目的的会议的提案,应召开此种会议。

第十七条

一、两个或两个以上缔约国之间发生有关本公约的解释或应用的争端时,这些缔约国应进行协调以期用谈判方法或争端各方都可接受的任何其他和平解决争端方法来解决争端。

二、任何这种性质的争端,如无法以第一款所规定方式解决,经争端任何一方的请求,应提交仲裁或提交国际法院裁决。争端提交仲裁时,如果在提出请求仲裁之日起六个月内,争端各方不能就仲裁的组成达成协议,则任何一方可以请求国际法院院长或联合国秘书长任命一名或一名以上仲裁员。如果争端各方提出的请求相互冲突,向联合国秘书长提出的请求应为优先。

三、每一缔约国在签署、批准、接受或赞同本公约或加入本公约时,可宣布该国不认为受第二款所规定的一项或两项解决争端程序的约束。就第二款所规定的解决争端程序做出保留的缔约国而言,其他缔约国不应受此种程序的约束。

四、任何按照第三款做出保留的缔约国可随时通知保存人撤回该项保留。

第十八条

一、本公约应于1980年3月3日起在维也纳国际原子能机构总部和纽约联合国总部开放供所有国家签字,直至公约生效之日为止。

二、本公约需经签字国批准、接受或赞同。

三、本公约生效后,将开放供所有国家加入。

四、(一)本公约应开放供综合性的或其他性质的国际组织和区域组织签字或加入,但只限于由主权国家组成并在本公约所包括事项上有权谈判、缔结和采用国际协定的这类组织,

(二)此种组织对其权限范围内的事项,应自行行使本公约赋予缔约国的权利和履行本

公约对缔约国规定的责任。

（三）此种组织在成为本公约缔约国时,应将一份载明该组织成员国家以及本公约对该组织不适用的条款的声明,送交给保存人。

（四）此种组织除了其成员国的表决权之外,不应拥有任何表决权。

五、批准书、接受书、核准书或加入书应交存于保存人。

第十九条

一、本公约应自第二十一份批准书、接受书或核准书交存保存人之日后的第三十日起生效。

二、对于在第二十一份批准书、接受书或核准书交存之日后批准、接受、核准或加入公约的国家,本公约应自该国交存其批准书、接受书、核准书或加入书后的第三十日起生效。

第二十条

一、在不妨碍第十六条的情况下,任何缔约国可以对本公约提出修正案。提议的修正案应提交给保存人,由他立即分发给所有缔约国。如果大多数缔约国请求保存人召开会议以审议提议的修正案,保存人应邀请所有缔约国出席这种会议,该会议不得在发出邀请三十日前举行。在会议中以全体缔约国的三分之二多数通过的任何修正案,应由保存人迅速发给所有缔约国。

二、对于交存批准、接受或核准修正案书的每一缔约国,修正案应自三分之二缔约国将其批准书、接受书或核准书交存保存人之日后的第三十日起生效。其后修正案对于任何其他缔约国,应自该缔约国交存其批准、接受或核准修正案书之日起生效。

第二十一条

一、任何缔约国得用书面通知保存人才可退出本公约。

二、退出应于保存人收到通知之日后一百八十日生效。

第二十二条

保存人应将下列事项迅速通知所有国家:

（一）本公约每一次的签署;

（二）每份批准书、接受书、核准书或加入书的交存;

（三）按照第十七条做出的任何保留或撤回;

（四）一个组织按照第十八条第四款(三)项做出的任何通知;

（五）本公约的生效日期;

（六）本公约任何修正案的生效日期;

（七）根据第二十一条做出的任何退出。

第二十三条

本公约的阿拉伯文、中文、英文、法文、俄文和西班牙文六种文本具有同等效力,原本应交国际原子能机构总干事保存,由其将本公约经证明无误的副本分送所有国家。

下列签署人,经本国政府正式授权,于1980年3月3日在维也纳和纽约开放供签字的本公约上签字,以资证明。

附件Ⅰ

附件Ⅱ所列各类核材料国际运输所适用的实物保护级别

1.核材料在国际核运输期间偶然需要储存时的实物保护级别:

(a)第Ⅲ材料,储存于进出受控制的地区。

(b) 第Ⅱ类材料,储存地区昼夜有警卫和电子设备监视,周围设立有实物屏障,屏障的出入口数目有一定限制,并受适当监督;或储存于任何具有相同实物保护级别的地区;

(c) 第Ⅰ类材料,除了储存于上述第Ⅱ类材料所规定的设有保护的地区外,还应当只准已被确定可信的人出入,负责看守的警卫与适当的后援部队保持密切联系。同时应采取具体措施,侦察和防止任何袭击、擅自出入或擅自取走材料的行为。

2. 核材料在国际运输期间的实物保护级别:

(a) 第Ⅱ、Ⅲ类材料:运输时要特别小心,发送方、收受方和承运方之间要做出事前安排,而且凡是受输出国和输入国法律规章管辖的自然人或法人也要事前达成协议,具体规定转移运输责任的时间、地点和程序。

(b) 第Ⅰ类材料:运输时除了要像运输第Ⅱ、Ⅲ类材料那样特别小心外,护送人员要昼夜看守,并保证同适当的后援部队保持密切联系。

(c) 非矿石或矿渣形式的天然铀:运输 500 千克以上铀的保护措施应包括:预先发出装运通知,内中说明运输方式、预期抵达时间、收货证明书。

附件Ⅱ 核材料分类表

材料	形态	类别		
		Ⅰ	Ⅱ	Ⅲ[c]
钚[a]	未经照射的[b]	2 千克或 2 千克以上	2 千克以下 500 克以上	500 克或 500 克以下 15 克以上
铀-235	未经照射的[b] 铀-235 含量达到或超过20%的浓缩铀	5 千克或 5 千克以上	5 千克以下 1 千克以上	1 千克或 1 千克以下 15 克以上
	未经照射的[b] 铀-235 含量达到或超过10%但低于20%的浓缩铀	—	10 千克或 10 千克以上	10 千克以下 1 千克以上
	未经照射的[b] 铀-235 含量超过天然铀但低于10%的浓缩铀	—	—	10 千克或 10 千克以上
铀-233	未经照射的[b]	2 千克或 2 千克以上	2 千克以下 500 克以上	500 克或 500 克以下 15 克以上
经照射的燃料		—	贫化铀或天然铀,钍或低加浓铀(可裂变物质含量小于10%)[d][e]	—

a. 各种钚,但同位素钚-238 浓度大于80%者除外。

b. 未在反应堆中辐照过的材料,或虽在反应堆中辐照过,但在无屏蔽 1 米距离处的辐射水平等于或小于 1 戈瑞/小时(100 拉德/小时)的材料。

c. 数量低于第Ⅲ类材料以及天然铀,应按照慎重的管理办法进行保护。

d. 虽然建议了这一保护级别,但各国可根据其对具体情况的评价,规定另外的实物保护材料类别。

e. 在辐照前根据其原始易裂变材料含量被列为一类和二类的其他燃料,虽在无屏蔽 1 米距离处的辐射水平超过 1 戈瑞/小时(100 拉德/小时),但仍可降低一级。

本章习题

1. 填空题

(1)我国核安全法律法规按照法律效力分为三个层级,分别为_____、_____和_____。

(2)根据《放射性污染防治法》,_____、_____、_____放射性同位素和射线装置的单位,应当按照国务院有关放射性同位素与射线装置放射防护的规定申请领取许可证,办理登记手续。

(3)与核设施建设项目相配套的放射性污染防治设施,应当做到与主体工程"三同时",即同时_____、同时_____、同时_____。

(4)在我国,低、中水平放射性固体废物在符合国家规定的区域实行_____处置。高水平放射性固体废物实行_____处置。

(5)核安全工作必须坚持_____、_____、_____、_____、_____、_____、

(6)《核安全法》规定核设施所在地省、自治区、直辖市人民政府应当就影响公众利益的重大核安全事项举行_____、_____、_____,或者采取其他形式征求利益相关方的意见,并以适当形式反馈。

2. 简答题

(1)核安全国际公约有哪些?

(2)《核设施与核材料实物保护公约》中提的核设施与核材料包括哪些内容?

(3)我国核安全法规和核安全导则的 11 个系列囊括了核安全监管哪些内容?

(4)我国的核安全法规体系中国务院条例有哪些?

(5)《核安全法》的立法目的是什么?

(6)在我国,核设施建造前,核设施营运单位应当向国务院核安全监督管理部门提出建造申请,包括哪些材料?

第5章 核设施退役

截至 2020 年 7 月,全世界共有 189 台民用核电机组永久关闭,但其中完成退役的核电机组仅 19 台,等候或正开展退役工作的核电机组共有 170 台。而目前在运行的 440 余台核电机组中,有近 100 台机组役龄超过 40 年,近 200 台机组超过 30 年,全世界核电机组预计在未来 15~20 年将迎来历史上第一轮退役高峰。核设施在服役过程中,某些部位会被活化或受到放射性核素的污染,是重要辐射源和环境污染源。当核设施终止运行时,如果不对其进行妥善退役和有效监管,会对周围环境和附近居民的安全构成潜在的危害。

国际原子能机构于 2005 年 2 月发布的《放射性废物管理状况与趋势》技术报告中,第四版(IAEA/WMDB/ST/4)的第五章将核设施退役概念定义为:使核设施部分或者全部解除审管控制所开展的管理方面的和技术方面的活动。核设施包括:核动力厂(核电厂、核热电厂和供气供热厂等)和其他反应堆(生产堆、研究堆、临界装置等);核燃料循环生产、加工、贮存和后处理设施;放射性废物的处理和处理设施等。基于核设施的类型、厂址、周围人口密度、地区发展等方面的不同,应采取不同的退役措施。

早期,国际原子能机构综合各国对核设施退役的做法,将核设施退役划分为Ⅰ、Ⅱ、Ⅲ级退役。这三个级别分别为监护封存、有限制使用和无限制开放使用。随着去污技术、切割解体技术、检测及防护技术的发展,以及对退役认识程度的提高,现在退役只分为立即拆除和延缓拆除两类。

5.1 核设施退役的相关概念

5.1.1 核设施退役概念和特点

核设施退役是对接近或达到其设计寿命或者因为技术进步、政治、经济和事故等原因而终止运行的,采用适当的技术措施和行政手段使这些终止运行的核设施退出服役状态,最终使场址获得有限制或无限制开放和利用。需要注意的是,有些核设施或者它的某些部分,在符合法规要求的条件下,经审管部门批准进入一个新的或现存的核设施中,它所处的场址仍然处在监管控制之下,也可认为该设施完成了退役。核设施退役具体包括移走放射性物质、去污、设备拆卸、房屋拆除和场址清污等一系列活动。

核设施退役的特点主要有三个:第一个是设施内包容大量放射性活度;第二个是核设施的坚固性;第三个是核设施的复杂性。因此核设施退役需要付出高昂的代价,制定严密的计划,并且需要国家高度的重视。

5.1.2 核设施退役计划

核设施的退役计划是在其设计阶段就应考虑的一件事情,在核设施运行即将结束的时候,对核设施采取旨在降低或者消除核设施残留放射性的指导性文件。国际原子能机构在2002 年召开的国际核活动安全退役会议上提出了 6 个比较重要的议题:及早全面计划的重要性;社会问题;筹资;废物管理问题;知情的长期保持;解除审管控制。制定退役计划的最重要的事情是想进了解核设施在运行末端的状况,包括退役期间可能产生的全部废物。

退役计划是核设施设计阶段的必备条件;退役计划有明显的阶段性;制定退役计划阶段需要考虑多种因素;制订计划具有动态性;制订计划过程中具有明确的职责分工。

5.1.3 核设施退役的基本原则

对国土的清洁负责。中国地处广阔,拥有 960 万 km^2 的土地面积,这是我们祖辈世代代积累下来的,不能在我们手中被弄脏。

对子孙后代负责。放射性核素的半衰期有的非常的长,核设施的退役不仅是为了我们这代人的发展,更是为子孙后代的活动清除障碍。

对国土的开发负责。人类的发展不是某个时期的突飞猛进,而是可持续发展,这是个永久性的话题,核设施的退役也是需要为国家几十年、几百年,甚至上千年的长久发展负责的。

1. 核设施退役安全中的辐射防护原则

核设施退役中常用的辐射防护原则有实践的防护原则、干预的防护原则和豁免原则,他们具有不同的适用范围。如果涉及职业照射和公众照射,可采用实践的防护原则;涉及持续照射可按照实际情况分别采用实践或干预的防护原则;涉及可忽略的照射,可采用豁免原则。

2. 核设施退役中的环境安全

核设施退役的环境安全问题是退役的最终目标,是制约整个退役活动的关键。核设施的环境安全包括两个方面:防护与安全。防护概念强调目标;安全概念则强调整个过程。

按照国际放射防护委员会(International Commission on Radiological Protectior,ICRP)第 82 号出版物的提示,核与辐射设施退役和辐射环境治理的终态,可区分为三种终态:场址无限制开放利用;场址有限制开放利用;场址继续供核用。然而,因为退役安全本来就是一件非常复杂的事情,国际上看法也不完全统一,因此,解决问题的方法只能是在学习辐射安全科学和总结实践经验的基础上进行广泛的交流和研讨。

5.1.4 核设施退役阶段的划分

整个核设施退役工程主要包括:退役前的准备;设施和场所的去污和清污;设施的拆卸(解);放射性污染物及废物的包装、运输和处置等。基本包括四个阶段,即退役准备阶段、退役实施阶段、以及废物处置阶段和退役工程的终态验收阶段。

1. 退役准备阶段

一般来说,核设施实施退役前均需要开展大量的准备工作。不同核设施所需的准备工作有所不同。对于放射性存量少、退役的安全风险小和退役任务相对简单的核设施,退役准备工作相对简单。而反应堆和核燃料后处理厂等大型设施的退役,其准备工作不可忽视,且需要较长时间。退役准备工作一般包括:确定退役目标和策略、制订退役计划、进行初步源项调查和场址特性鉴定、编制文件、申请退役许可证、建立组织机构、培训人员和筹措经费等。其中,退役方案和计划由营运者依据国家相关法律法规和标准编制,经审管部门审批后实施,是退役工程安全、经济、高效完成的保证。对于不同核设施,退役计划的编制深度和广度要求也会不同。退役过程中,退役计划会在出现新情况和新问题时,进行适当的调整或修改,并获得审管部门的认可。退役工程立项要求编写多种文件,包括可行性研究报告、安全分析报告、环境影响评价报告和质量保证大纲等。这些报告各有侧重点,随项目性质和大小不同,由审管部门确定这些报告的齐备程度和编写深度要求。

国际经验表明,反应堆退役应该在关闭前5年(至少前3年)就着手做退役的前期准备工作,以便保留需要的辅助设施和留用熟悉设施的工作人员。但至今,仍有不少人认为,退役是核设施关闭之后才考虑的事情。实际上,核设施关闭之后才考虑退役,会显著增加退役工作的难度和提高退役的费用。国内外早期核设施在设计、建造和运行时,都没有做退役考虑,但现在,IAEA明确要求核设施的建设要考虑方便退役(facilitating decommissioning)。

退役准备阶段除了要准备必需的文件以外,最主要的是对放射性特性的调查,即源项调查。源项调查利用信息采集、仪器探测、采样分析和理论计算等方法研究退役设施的放射性核素种类、分布及活度。用于决定退役的实施方案、核辐射防护措施以及在退役工程结束后对场址进行检验。

2. 退役实施阶段

退役工程的实施是核设施退役的主体,是核设施退役实施单位按照监管机构批准的退役方案进行的具体作业,主要包括退役核设施特性与放射性源项调查、去污、切割拆除和拆毁、场址清污及废物管理等活动,涉及的技术最多、难度最大。

(1)源项调查与监控测量

源项调查是开展退役工作的基础,是实现安全退役的保障,并为确定退役策略、制定退役计划、优选退役技术、预估退役费用和人员受照剂量,确定废物处理、处置方案,编写可行性研究报告、安全分析报告和环境影响评价报告等提供依据。

(2)去污

核设施退役工程中的去污是用物理、化学或生物等方法去除或降低放射性污染的过程,其目的是降低放射性水平,以便在进行后续退役活动时,使退役工作人员和公众的受照剂量降至最低,同时便于后续拆卸、降低屏蔽和远距离操作的要求、减少放射性废物的产生量、有利于设备和场址再利用、简化废物管理成本和流程等。

去污伴随着核设施退役的整个过程。按照污染的物理化学过程和去污的难易程度,核设施表面的放射性污染可以分为附着性污染、弱固定性污染和强固定性污染,去污难度逐渐增加,这主要取决于放射性污染的形成机制。放射性污染的形成机制有沉积和附着作用、吸附和离子交换作用、表面静电作用、扩散渗透作用等。其中,以沉积和附着作用形成的辅佐性污染最易去除,而以扩散渗透作用形成的强固定性污染最难去除。

(3)切割与拆卸

核设施退役工程大多涉及构筑物混凝土结构的拆毁,金属设备、部件和管道的切割解体,不同核设施的切割解体的工作量相差较大。就核电站而言,存在重污染和活化的大型设备,如反应堆压力容器及其内部构件、稳压器、蒸汽发生器、冷却剂管线、混凝土安全壳等压力容器,切割与拆卸任务艰巨,在进行切割和拆卸活动之前,要充分考虑哪些拆卸对象要采取保护性措施,哪些要进行破坏性捣毁,制订详细的作业方案,方案至少应包括切割与拆卸活动中的辐射防护与安全措施、切割和拆卸的方法、工器具选择、拆除作业的具体步骤和二次废物处理等内容。

目前,切割技术有冷切割和热切割两大类。冷切割主要是指机械切割、高压水喷射切割、磨料喷射切割等,该类切割技术具有烟尘和气溶胶污染少、操作简单、工具易得、投资小等优势,但同时也存在设备重、切割速度慢、操作人员劳动强度大等不足,在切割的过程中还容易产生放射性固体微粒,需避免造成放射性污染扩散。热切割主要是指氧炔焰切割、电弧切割、微波切割、等离子体弧切割、激光切割等。该类技术具有切割速度快、设备较轻、便于远距离操作和反作用力小等优势,可以切割厚物体,但操作温度高,产生的烟尘和气凝胶较多,需要额外安装通风、过滤装置和防护用具。切割工具很多,每一种工具都有其使用条件和适用范围。在选择具体切割方法时,要依据切割对象的大小、厚度、材质、形状和作业场所的辐射水平,从安全性、经济性和可实现性三方面做比较,优化选择。安全是切割工作的第一要务,在切割强辐射装置时,如压力容器和堆内部件,应选择成熟的遥控操纵技术,选用的机械手应可以安装多种机具,做好准备工作,必要时做冷试验和技术培训,保证热操作时一次成功。同时,也要尽可能考虑使用大型包装容器,减少切割次数。

拆卸的工具也有很多,遥控吊车、升降机、液压千斤顶及砸锤等是常用的拆卸工具。拆卸首选成熟的技术,对于频繁使用的拆除工具,要重视其检修工作。拆卸前,要设计好人流、物流和气流的合理走向,防止气溶胶扩散,还要选好搬运路线和包装容器,防止扩大污染和增加受照剂量。拆卸活动的所有数据,还要做好收集和贮存工作,以为后来的核设施退役拆卸提供借鉴。对于小型反应堆的压力容器,在卸出乏燃料和冷却剂、切断冷却剂回路管线、封堵压力容器进出口之后整体吊出,可直接送处置场整体处置,有效降低了拆卸费用、减少了工作人员的受照和缩短退役工期。

3. 退役工程的终态验收阶段

在退役项目结束时,将根据监管部门批准的退役计划对退役工程进行验收。首先对退役场址的化学和剂量进行监测,获得终态监测报告,与监管部门规定的场址开放标准进行对比,得出结论,并编制项目的最终退役报告。工程验收的程序按主管部门会同监管部门共同制定的规定进行。如我国第一个核武器研制基地退役工程的终态辐射验收监测中,表面放射性污染控制指标确定为:贫化铀和 β 放射性物质不大于 0.8 Bq/cm^2,^{226}Ra 和 ^{239}Pu 不大于 0.08 Bq/cm^2,金属物品厚度不大于 10 mm 时,控制水平不大于 1.6 Bq/cm^2。土壤中残留铀比活度控制标准规定为:污染场地清理后,表层 15 cm 厚的土壤中,铀残留量为 0.8 Bq/g,相当于 50 ug/g,^{226}Ra 的残留量限值为 7 Bq/g。验收监测必须在退役工程结束并提交施工监测报告,特别是施工后的全面监测数据,经审查达到验收要求时,才可进行验收监测。验收监测中,发现热点不符合规定限值者,施工人员必须进行再去污,才能重新进行验收监测。验收监测的内容包括了 α、β 表面污染测量和 γ 照射量率测量。对于厂房、设备、部件、管道以测量 β 表面污染为主,但涉及 ^{226}Ra 和 ^{239}Pu 污染则测量 α 表面污染。对于厂房周围和试验场地,验收监测以采样分析为主,以 β 表面污染测量为辅。需要注意的是,施工监测和终态辐射验收监测需使用统一刻度的仪器。

4. 废物处置阶段

废物处置阶段主要是处理退役活动中随着施工的进行随时可能产生大量的废物。放射性废物以形态分类可分为气态、液态、固态三大类,俗称"三废"。针对放射性废物管理《电离辐射防护与辐射源安全基本标准》提出并明确地区分了排除、豁免、解控概念。废物最小化是国际原子能机构发布、并被成员国认同的放射性废物管理基本原则之一。废物最小化是指废物的体积和质量合理达到的最小,废物中包含的反射性核素合理达到的最小。

5.1.5 退役的目标和策略

核设施退役的目标是对系统、设备和构筑物进行去污、拆除、拆毁以及对退役废物和场址环境进行全面治理,使其满足国家法规和标准规定的要求,达到无限制或有限制开放水平,最终达到保护公众安全和环境安全的目的。达到这个目标可能要几年甚至上百年时间,取决于核设施的大小、复杂程度和退役策略。退役活动应该准备充分、措施落实、管理严格、监督到位。原则上,退役问题应该在核设施设计和建造时就应该考虑,但大部分早期的核设施在设计和建造时,都忽略了这个问题。所以,在一定程度上导致后期退役费用和退役难度增加。

根据核设施的特点,对其退役可靠性的总体考虑,国际原子能机构将核设施退役分成3种策略。

1. 立即拆除(Immediate Dismantling)

立即拆除通常是指在核设施关停后,立即(一般在5年之内)对含有放射性污染物的设施、设备和部件进行拆除或去污,使之达到解控水平以进行非限制使用或限制开放使用。由于核退役策略是在核设施关闭后,很短的时间内进行放射性物质从有关设施移至另一新的或现有经批准的设施中,并进行处理、整备和长期贮存或处置,退役迅速及时,可以较好地利用现有辅助设施及熟悉设施人员进行遥控切割和拆卸。对于放射性污染水平低,场址利用价值高的核设施退役,如核研究中心的小型核设施、热室和加速器等,宜采取立即拆除策略。而对于部分核设施而言,由于刚关停时的辐射水平较高,立即拆除可能会导致工作人员的受照剂量较高。但若污染的核素主要为长寿命核素,延缓几年、几十年拆除对降低工作人员的受照剂量来说,意义并不大。相反,在某些情况下,还极有可能由于部分短寿命核素衰变产生长寿命核素的积累,导致辐射水平升高,增加工作人员的受照剂量。如核燃料循环前后段核设施,涉及的污染核素主要为铀(钍)及其子体镭、氡和钋、镎、长寿命裂变产物,其中的 ^{241}Pu 还会通过 β 衰变会造成 ^{241}Am 积累。因此,对核燃料循环前后段工厂,也应优选立即拆除退役策略。

2. 延缓拆除(Deferred Dismantling)

延缓拆除也叫作安全贮存或安全封存,是指核设施在保证安全的前提下进行长期贮存,让放射性核素进行衰变,然后再进行拆除活动。延缓拆除的好处首先是降低退役人员的受照剂量,其次是为开发利用先进退役技术留出了充足时间。核设施关闭后,首先进行部分和简易的去污、拆除工作,而关键设备的封存时间长达几十年。目前,各个国家规定的延缓拆除的时间并不统一。日本因为新建核电站缺乏场地,规定核电厂关闭后5~10年进行拆除。法国选择部分拆除后延缓50年做最终拆除,以期降低辐射水平和发展先进退役技术。英国由于缺乏深地质处置库,反应堆普遍采取延缓拆除策略,封存时间由早期的135年缩短至100年。美国早期反应堆退役主要采用延缓拆除,但到十九世纪八九十年代,其反应堆退役以立即拆除策略为主,美国核管会(NRC)要求所有核电站停止服役关闭之后,封闭监督时间不超过60年。近年来,国际上普遍倾向于缩短封存时间,以尽早拆除第一代反应堆,这主要是因为核电站延缓更长时间拆除,并不会带来更多好处。

3. 就地埋葬处置(Entombment)

就地埋葬处置是把核设施整体或它的主要部分埋葬在核设施地下或核设施所在区域内,使其放射性水平衰变至达到监管部门批准的解控水平。就地埋葬在很大程度上可以减少退役工作量以及工作人员的受照剂量。但实际上,就地埋葬处置相当于放射性废物的近地表处置,因此是一种有条件的策略。核设施所在场址须具备处置场的条件,且对含有长寿命放射性核素的设施不适宜,如后处理厂、铀浓缩厂和元件制造厂等,都不适于采用埋葬处置退役策略。就地埋葬处置一般是在立即拆除或延缓拆除已无法实施的情况下(如发生重大核事故),为保护工作人员和公众健康而采用的策略,如切尔诺贝利核电厂4号反应堆爆炸后,就是通过直升机投掷5 000 t膨化物、白云石、沙、黏土和铅,构建了一个大石棺。近年来,日本福岛核电厂也在考虑埋葬处置的可能性。此外,在20世纪70至90年代,美国和意大利曾对几个小型研究堆实行了就地埋葬策略。但近些年来,考虑到大多数情况下,具备核设施建厂条件的地区并不一定满足处置场选址要求,这导致就地埋葬处置存在较大的安全隐患,而且对于人口较多、场地所在地区具有重要发展前景的核设施,获得许可证和公众接受也是就地埋葬策略实施面临的巨大障碍。因此,这一策略现在已基本被废弃。

不同退役策略的比较见表5-1。

表5-1 不同退役策略的比较

退役策略	优点	缺点	适用性
立即拆除	厂址的尽快开放和再利用; 熟悉设施人员、辅助设施完整; 档案资料充分	工作人员辐射可能较高; 较大的初始经费负担; 需要研发适当的退役技术	前处理核设施; 后处理厂; 核技术利用设施; 中小型研究堆
延缓拆除	核设施放射性水平降低; 操作人员受照剂量降低; 要求处置废物量减少; 为经费和先进技术开发留出时间	场址封存期间内不能作他用; 资料档案和熟悉设施人员散失; 辅助系统的功能减弱或失效; 需长期监督、维护、检测和保安	核电厂; 生产堆; 大型研究堆
就地埋葬	废物运输和处置成本低; 工作人员受照剂量低	不适于含长寿命放射性核素设施; 需长期的维护和监督; 附近公众难以接受	基本废弃

核设施退役具体采取什么策略,主要取决于以下三大因素:

(1)政治、社会、地理因素,包括:

①国家环保要求、退役方针和退役终态要求;

②相关法律法规、标准建立情况,如免管废物、清洁解控和再循环/再利用限值的确定等;

③检测、维护和审管要求;

④核设施所在的地理位置、土地使用、人口和经济发展前景;

⑤社会和公众的态度,对退役核设施可接受性和支持程度等。

(2)技术因素,具体包括:

①退役设施的规模、污染程度与放射性水平;

②去污、切割拆卸和场址清污技术的具备情况;

③工作人员的受照剂量限制；

④退役产生废物的处理、整备、贮存、运输和处置条件；

⑤乏燃料的出路；

⑥所需的人力资源和专家队伍等。

（3）经济因素，具体包括代价-利益分析、经费来源、利率和通货膨胀等。

在上述众多影响因素中，废物的处置条件和经费是决定退役策略的决定性因素，很多国家就是因为不具有处置退役废物的法规标准和处置场地，特别是有些国家的研究堆，乏燃料无处可去，导致其只能对退役核设施采取封存措施。

5.1.6 退役安全

核设施退役的安全目标是确保工作人员、环境和公众安全，免受或减少来自核设施退役各阶段中产生的放射性和非放射性有害物质的危害，同时又不为后代留下不适当的负担，包括额外的健康、安全风险和财政负担。

核设施运行过程中产生的放射性物质一般被封闭或包容在封闭的设备和管道中，而在退役时，放射性物质由于核设施的包容与封闭系统受到破坏而被释放出来，因此需要采取特殊的防护措施。除辐射危害之外，核设施在退役过程中还存在较多的环境安全和工业安全问题。例如，在去污过程中，作业人员可能会遭受化学试剂的腐蚀性和毒性的危害；在切割、吊运部件的过程中可能对作业人员产生机械伤害等。

正因为如此，在核设施退役过程中强调安全是十分必要的。一旦发生事故，不仅会影响退役工程的进度和超出经费的预算，还可能造成工作人员遭受过量的辐照，甚至造成人员伤亡和危害生态环境。

核设施退役活动的安全防护具有一定的特殊性。首先，退役的核设施一般都已运行多年，相关记录或信息难以完全掌握。其次，设施严重老化，特别是一些公用系统的严重恶化，增加了退役过程的安全隐患。另外，核设施退役周期长，且每天的情况可能完全不同，需要时刻保持警惕，提升安全意识。作业过程中各种危害的组合更是加大了安全防护的难度，例如，在进行机械拆除作业时，不仅需要进行辐射防护，还需要考虑储罐或管线中的化学毒性危害的防护；对污染区设备或部件进行拆除时，既要防止高空坠落，又要考虑尽可能减少放射性污染的扩散途径。

一般来说，核设施退役会出现放射性和非放射性污染物，有辐射安全、临界安全、工业安全及环境安全问题。安全措施未经过有关部门审核批准，不得实施退役。各类核设施退役的主要安全问题见表5-2。

表 5-2　各类核设施退役的主要安全问题

核设施	安全问题										
	高放废物	活化废物	非放毒物	临界安全	α气溶胶安全	自燃问题	燃爆问题	天然放射核素	人工放射核素	有机废物	超铀核素
水冶厂	—	—	√	—	√	—	—	√	—	√	—
精制和转化厂	—	—	√	—	√	—	√	√	—	±	—
富集厂	—	—	√	√	√	—	—	√	—	—	—

表 5-2(续)

核设施	安全问题										
	高放废物	活化废物	非放毒物	临界安全	α气溶胶安全	自燃问题	燃爆问题	天然放射性核素	人工放射性核素	有机废物	超铀核素
燃料元件制造工厂	—	—	√	√	√	√(铀屑)	—	√	—	—	—
反应堆	±	√	—	√	√	√(钠冷快堆)	√	√(天然铀元件)	√	±	√
后处理厂	√	±	√	√	±	±	√	±	√	√	√

注:√存在;—不存在;±可能存在。

1. 辐射安全

核设施退役必须保护工作人员免受电离辐射的危害,需认真贯彻执行 ICPR 报告书中阐明的辐射防护三原则,退役工程需制定相应的辐射防护大纲,以保证核设施退役各个阶段的辐射防护是最优化的,将受照剂量降至尽可能低的水平,确保操作人员和公众的辐射剂量保持在适当的限值内。核设施退役产生的受照剂量估计见表5-3。

表 2-3 核设施退役产生的受照剂量估计 单位:人·Sv

退役活动	职业照射量	公众照射量(50年剂量负担)
铀燃料制造厂	0.18	0.0057
铀转化厂	0.79	0.057
MOX 燃料制造厂	0.76	0.037
压水堆 1 300 MW	11.0	0.36
沸水堆 1 300 MW	18.4	0.55
后处理厂	5.1	0.115

实践经验表明,退役时操作人员所受辐照剂量主要来自重污染设备切割解体、去污、检修过程,该过程存在内照射和外照射风险。公众的照射主要产生于流出物排放和乏燃料、废放射源与放射性废物运输的外照射途径。因此,退役活动需要注意以下内容。

(1)人工操作去污和拆除时,需设立临时屏障。

(2)遥控操作时需有助于设备的安装、维修以及物料的回取过程会增加受照剂量。

(3)强放射性场合的去污和拆除,应使用远距离操作或遥控操作。

(4)对于α污染的区域,须设置良好的α气密性与提供良好的通风,防止工作人员内照射和污染扩大,同时还要注意对操作人员进行内照射的检测和监督,包括钚肺计数器和尿样分析。为最大限度减少内照射危害,需高质量的空气监测器和剂量仪表设施,建立"瞬态"分析能力和快速响应机制。

(5)对于重要核设施退役,开展全方位培训和模拟演练,使操作人员熟悉所使用的工具设备、遥控操作,杜绝事故发生。

(6)须配备良好的个人防护用具和剂量检测器具,包括防火工作服、防γ/X射线铅橡胶围裙、气衣、面罩、胶片盒、中子剂量计、个人剂量报警仪、个人电子剂量仪及监测摄像传输系统等,气衣要注重结构和材质,保证工作人员能正常并尽可能舒适的工作。

(7)对于水下操作的工作人员,要建立实时监测和数据获取系统,高度重视氚通过吸入、食入或通过皮肤毛孔进入人体所引起的内照射危害,尤其是重水堆退役,要穿戴有呼吸器的防护服。如德国卡尔斯鲁厄研究中心在对多用途重水型研究试验堆(MZFR)退役时,采用多个固定测量站监测氚。在拆掉重水系统时增加了可移动式氚测量站,用直接读数流量式正比计数器监测氚,灵敏度为4×10^4 Bq/m^3,若工作区空气氚浓度高于1×10^5 Bq/m^3,工作人员须每月测一次尿中氚。

(8)退役废物运输时必须严格控制排放和按放射性物质运输规程操作,以确保公众的安全。

在核设施退役过程中采用纵深防御策略,可有效降低各类事故的发生率,降低工作人员的受照剂量,对确保退役任务顺利完成具有重要的意义。纵深防御的各层可以是冗余的,可以采用多种保护模式,且这些保护模式是相互独立的。

2. 临界安全

临界安全是核设施,特别是后处理设施退役过程中需要关注的问题。如果核设施内残存易裂变物质,在其贮存和运输过程中,可能发生临界事故。虽然这种事故发生的概率极小,但其发生后果非常严重,因此必须引起高度警惕。

对于核设施退役而言,在退役前要调查和掌握核设施内易裂变物质^{235}U和^{239}Pu的残存量、存在形态和分布等,并估计它们在退役过程中可能发生的变化和转移。例如,去污过程可能会使它们溶解出来,切割过程可能会使它们暴露出来。要警惕退役活动可能会造成这个易裂变核素以气、液、固形态出现,它们的不均匀性和局部积累,还要注意可能会造成易裂变核素失去质量控制、几何控制及慢化剂控制而导致的临界事故。然后根据这些调查,采取相应的防范措施。在核设施退役过程中,应制订严格的易裂变物质管理措施。同时还要仔细分析发生临界的可能性,从管理体制上加以防范。一旦发现易裂变物质,应尽可能回收或加强实物安全保卫,并及时上报管理部门和运离现场,以防止核材料被盗和非法转移。对运输、贮存含易裂变核素的废物,要控制易裂变核素含量和选用有几何控制的容器。

3. 工业安全

核设施退役过程中同样也会存在机械伤害和火灾等一般工业安全问题。退役核设施由于长时间的运行,其设备和构筑物均已进入老化阶段,如吊运、泵机以及辅助系统的电气设备都会出现腐蚀、老化和性能下降等问题,存在系统运行不稳定、承重和固定系统不牢固、容器设备系统不密封等安全隐患。若在退役过程中需继续使用的话,需要先进行检查和维修,评估可再用性及安全性。

核设施退役需要使用多种化学溶剂和机械切割工具。须注意许多污染物和建筑材料是可燃的,在切割解体时容易产生电火花,而辐解又会造成可燃气体(如CO、CH_4等)累积,有可能导致火灾、爆炸等事故发生。同时,退役核设施堆积的铀屑和锆屑的自燃事故也曾在我国多次发生,须给予重视。此外,核设施退役时还要重视非放射性废物的安全问题,如石棉。石棉具有良好的绝热性,普遍用作保温材料,但由于石棉纤维尺寸、化学成分、滞留性和表面特性,易导致肺癌或肺间质纤维化及石棉肺。核设施退役过程中遇到的石棉废物,无论有无放射性共存,其清除和处置须受到严格的监管。石棉废物的清除和处置已具有完备的技术,但在核设施退役中对其重视的程度还很不够。除石棉之外,多氯联苯、作为中子毒物的铍、镉、作为屏蔽体的铅等,均对人体具有显著的毒害作用,需要高度重视。统计数据表明,在核设施退役过程中发生的事故,有 60%~70% 是人为因素导致的。因此,在核设施退役过程中,必须高度重视管理、培训和增强安全意识,让现场工作人员熟练掌握作业的技能,消除由于工作人员的麻痹心理和不良习惯而造成的事故。

核设施退役过程中,一般工业安全的目标是保证作业人员的安全和健康,保护环境免受放射性危害。为此,核设施退役实施单位需根据退役工程实际情况,对可能存在的工业安全问题进行仔细研究,制定核设施退役工业安全大纲。该大纲要符合健康与安全法规,还应包括已批准的安全实践、工作区域的监测和人员防护设备的确定和技术要求等。

4. 环境安全

核设施退役的公众安全与环境安全是退役的最终目标,是制约整个退役活动的关键。在核设施退役过程中,不可避免地产生气体、气溶胶、粉尘、液体流出物以及固体废物等,如果排入环境,将对环境产生危害。为保护环境,通常有关部门要求向环境排放的流出物或固体废物越少越好,但由于经济和技术原因,流出物中有害物质的零排放是不可能的。这些放射性物质在环境介质中弥散、迁移和蓄积,导致公众环境可能受到辐射剂量的影响。我国《放射性污染防治法》中明确规定,对于核设施申请退役许可证时,必须编制《核设施退役环境影响报告书》,对退役过程中产生的环境影响进行评价,为评价退役方案的风险和利益提供依据。退役实施中,对可能影响环境安全的退役活动,必须严格遵守相关法规和标准,执行审管部门要求,实施检测和保存好记录,保证环境安全。

5.2　核设施退役技术

核设施退役的关键任务主要包括:设施的初始特性调查、燃料移除、包容系统的维护与变更、去污、拆卸、维护以及最终的放射性调查,同时,要对退役期间产生的放射性及非放射性废物进行管理。由于世界上有大量的潜在退役对象,核设施退役技术已成为世界各国研究的热点,但随着科学技术的发展,还需要做进一步的研究工作,以改善设备和技术。目前,核设施退役涉及的主要技术有:各种物项的源项调查、退役去污技术、退役物项的拆除(毁)和分割技术等。

5.2.1　源项调查技术

一般来说,核设施退役源项调查包括确定调查目标,查阅各种历史资料,编制取样测量和分析计划,现场取样和测量,评审、分析和审核数据,编制调查报告等程序,如图 5-1 所示。

(1)查阅历史资料,如各种设计资料、改造资料和竣工资料,以及运行记录、事故/事件报告,监测报告等。

(2)确定特性调查目标。由于在不同阶段的特性调查目标不同,因而在各阶段调查过程中需要确定不同的调查目标。

(3)编制取样和分析计划,如所需的样品类型或测量手段,所需仪器仪表的灵敏度、样品的大小、样品/测量的数量、样品/测量的位置、数据整理以及编制报告和质量保证等。

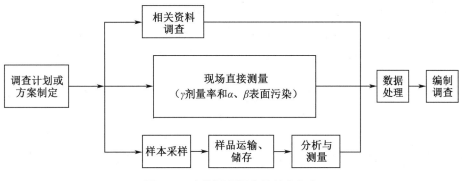

图 5-1　实施源项调查的基本程序

（4）进行取样和测量。

（5）评审、分析和审核数据，如数据的实用性、样品的适用性、取样的安全性、工艺的代表性、质量控制等。

5.2.2　退役去污技术

退役去污是核反应堆退役的一个重要组成部分，它贯穿于核反应堆退役的整个过程。去污是物项上除去或减少不希望其存在的放射性物质的活动。在退役过程中，还可能产生新的污染。退役的切割、解体、拆除和清污等活动会导致放射性污染散布扩展极容易发生，因为：

（1）原来包容的体系被打开了，有较多开放性操作，容易造成污染物扩散；

（2）切割操作时，尤其像热切割会产生较多气溶胶和烟尘；

（3）有的去污过程也会产生较多气溶胶、酸气、挥发物，造成放射性污染物的散布。

核设施退役的各个阶段都需要去污，例如，核反应堆退役准备阶段源项调查之前的去污、核反应堆拆除之前的去污以及拆除后的设备和部件去污等。核反应堆退役去污是指采用不同的手段（如冲洗、加热、化学或电化学方法、机械清除或其他方法等）从放射性污染的反应堆或设备表面或内部除去污染的放射性核素所进行的操作。退役去污的主要目的包括：

（1）降低作业场所和作业对象的辐射场强度，简化退役作业操作，减少作业人员的受照剂量，即尽量降低职业性辐照剂量，保护公众和环境；

（2）有利于回收利用设备和材料；

（3）减少需要处理的废物体积或使废物可以降级处理；

（4）便于拆除活动，降低屏蔽和远距离操作的要求，方便退役活动；

（5）有利于场址的开放使用；

（6）减少废物贮存、运输和处理的费用；

5.2.3　退役物项的拆除(毁)和分割技术

拆除、分割、拆毁是核反应堆退役过程的重要组成部分。所谓拆除（又称拆卸）是指核反应堆退役中将阀门、管件、仪表从系统中拆下来的过程。分割是指核反应堆退役时利用锯片或其他方法将一些大构件等切割成小尺寸部分的过程。拆毁是指将一个建筑物完全转变为碎块的过程。一般而言,拆除和分割在建筑物拆毁之前进行。拆除常用于建筑物的附属设备,但有时也用于建筑物。由于拆除、分割的目的往往相似,因而有些场合可互为称之。拆除、分割、拆毁的最终目的是使废物(放射性废物和非放射性废物)得到进一步的处理、整备、贮存和最终处理。

核反应堆拆除技术较多。早在20世纪80年代,一些有核国家就已经使用了机械切割、等离子弧切割、定量线性爆破等技术对核反应堆金属部件进行切割解体。利用爆破、钻孔、膨胀碎裂、热切割和高压喷枪切割等技术对混凝土进行拆毁。随着核反应堆退役的发展,退役拆除、分割和拆毁技术得到了快速的发展,开发了远程(机器人)操作技术。针对各种切割技术、切割工具适用对象、使用条件和优缺点,IAEA技术报告丛书《核设施去污和拆除的最新技术》对此有许多介绍。

1. 等离子弧切割(Plasma Cutting)

等离子弧切割是通过在钨电机和导电金属表面产生直流电弧,在高速喷射的电弧作用下,工件表面发生局部融化而实现切割。可以用来切割多种材料主要包括:不锈钢厚的部分和混凝土。

(1)优点:

①高切割速度;

②低驱动力;

③在空气中切割厚度约为170 mm;

④手持式切割厚度大约为35 mm;

⑤在水下切割厚度大约为100 mm;

(2)缺点:

①产生气溶胶;

②产生大量的二次废物;

③在空气中需要通风;

④在水下切割,池上需要分隔板。

日本JPDR反应堆、比利时BR3反应堆、美国三哩岛反应堆等的退役都使用了水下等离子弧切割。美国阿贡实验室在进行实验沸水堆EBWR退役水下等离子弧切割时,从使用100%氮改变为使用95%氩和5%的氢,改变了等离子弧切割机不能启动和维持电弧的问题。英国BNFL在塞拉菲尔得后处理厂退役时,采用这种氢-氩等离子切割器,产生的烟尘比较少。

2. 氧燃烧切割(Oxygen Burning Cutting)

氧燃烧切割是利用可燃气体和氧气在喷口处混合形成火焰,可燃气体可以包括乙炔、丙烷和氢。切割嘴包括一个主氧气喷射口和环绕的放出热量的氧化气体,当被切割物体温度达到800 ℃时,主氧气喷口打开使物体切割开。

(1)优点:

①容易操作;

②高生产率;

③在水下切割厚度为100~200 mm;

④在空气中切割厚度高于1 000 mm。

（2）缺点:产生大量的二次污染物。

3. 大剪刀和步冲剪切机(Shears and Nibblers)

大剪刀就是和一双剪刀有相同作用的,具有两片刀片的设备。其可以用来切割小直径的管道工程管和钢筋,可以手动或遥控操作。

（1）优点:

①没有二次污染物;

②在切割小管子时,被切割部分被挤压,防止污染的扩散。

（2）缺点:

①切割能力与工具大小有关;

②在切割小管子时,切口被挤压,不能进一步做去污处理。

4. 电弧锯切割(Arc Saw Cutting)

由于其设备简单、成本较低、快速方便等优点,被广泛用于能源、机械等工业部门的实际生产中。在核反应堆退役中,电弧锯切割主要用于不锈钢零部件的解体。

（1）优点:

①电弧锯切割是一种"非接触式"工艺过程,与机械切割工艺相比,切割固定件所需力较小;

②切割速度比氧焊切割等其他工艺快;

③能够切割任何导电金属材料,这对于那些不能用氧焊切割工艺的有色金属材料尤其具有吸引力;

④可在水下或空气中操作;

⑤切割过程不需要预热系统;

⑥旋转锯刃的使用寿命比等离子体电弧切割所使用的钨电极寿命长。

（2）缺点:

①存在如电击、着火、强光照射、产生烟雾和噪声等危险;

②工艺过程要求大量的电能,因而比氧焊切割费用高;

③工艺过程改变了切割去金属的结构,并且由于在金属表面的快速扩张和收缩而产生了内部张力;

④切割深度受锯刃半径限制,而且锯刃半径随着使用时间的延长而逐渐变小;

⑤会产生较多的粉尘和气溶胶,需要有通、排风系统。

电弧锯切割技术在拆除反应堆压力容器方面得到应用,据报道,采用76 mm 和102 mm的弧锯可切割厚度达280 mm 的反应堆压力容器。为了降低操作人员接受的剂量,开发了远距离电弧锯切割装置,并应用于反应堆压力容器内部构件的水下切割,取得了良好效果。

5. 往复锯(Reciprocating Saws)

往复式锯切割是一种较成熟的切割技术,已经用于核反应堆退役拆除中。其锯片固定在刀架的一端或两端,可以由电力驱动或液压驱动。往复式锯可以切割各种各样的材料,包括金属和塑料制品,既可以在空气中作业,也可以在水下作业。

（1）优点:

①割缝较窄;

②产生热量少;

③产生的残渣为固体微粒,方便收集。

（2）缺点：对于不锈钢之类的金属，其切割速度比等离子体切割技术要慢，且锯条磨损快。

6. 带锯（Bandsaw Machine）

由环形锯条、可供环绕的结构和驱动装置组成，可用于切割受污染工件（在空气中）或高度活化的工件（在水下）。

优点：

①带锯切割部件尺寸范围较宽，可根据部件的状态和规格进行调整，可调整性强；

②切割操作灵活，可垂直切割和水平切割；

③锯缝较窄，碎屑容易收集；

④在工作过程中产生的气溶胶和粉尘较少，因而对环境的影响较小。

7. 金刚石线切割［Diamond Wire Cutting（Water Cooled）］

金刚石线切割用于主热交换器切割，切割管束用高压水枪和遥控会很费时。这技术包含一系列的导轮，导轮拽动间隔有金刚石珠粒的线来切割物体。

（1）优点：

①可以实现高速的水平和垂直切割；

②噪声、震动小；

③具有很强的适用性（可用于分割大理石、花岗岩、砂石，也可用于切割金属管和重型混凝土，还可以用于水下管道切割）和灵活性、准确性，并可实现远程操控；

④二次废物产生量较少，易收集处理，对周边环境的影响也较小。

（2）缺点：

①用水冷却，起到润滑作用的同时也从切口处带走了金属屑（通过改进可以不用冷却水）；

②切割金属会增加金刚石线的磨损，金刚石线的断裂会造成伤害；

③安装较困难；

④至少需要有两侧能接触物体。

8. 高压水喷射切割（High Pressure Water Jet Cutting）

高压水喷射切割可以用来切割复杂的几何形状，并可以遥控操作。此技术是利用高压水，水流过一个腔室，在这里水与研磨剂混合（如碎石榴石），混合剂从一个小口打出，使研磨剂喷射在物体上来实现切割。

（1）优点：

①不会造成火灾；

②钢的特性不会受到影响；

③切割厚度在空气中约 200 mm，在水中约 120 mm

（2）缺点：产生大量用过的水和粗砂，水可以通过高纯过滤重复使用。

9. 混凝土切割（Concrete Cutting）

混凝土切割技术和工具很多，例如，水力喷射、磨料喷射、受控爆破、冲头、凿岩机、等离子喷枪、火焰切割机等。采用较多的是机械切割、水力切割、机械冲击、爆破等方法。

随着核反应堆退役技术的发展，机器人和远距离操作系统在核反应堆退役工程中得到较大范围的应用。其作用主要包括以下几个方面：

①在核反应堆退役中对于化学去污或其他去污方法不能达到允许工作人员接近的环

境条件下的作业,必须使用机器人;

②核反应堆退役机器人能够部分或全部取代在危险环境中工作人员的工作,减少或避免工作人员的辐射照射,大大提高工作的安全性;

③可以加快核反应堆退役的进程,缩短退役时间,为环境恢复、区域安全提供充分的条件。

5.2.4 退役废物的处理处置

退役废物管理是核反应堆退役的重要组成部分,它包括废物的预处理、处理、整备、运输、贮存和处理在内的所有行政管理和运行活动。退役废物管理的基本目标是实现安全、经济的处置,防止放射性核素及其他有害物质以不可接受的量进入生态环境,将废物对人类及其环境的危害降低到允许水平以下,以达到保护人类及其环境的目的。

一般情况下,退役废物按照其物理特性可分为:气载放射性废物、液体放射性废物和固体放射性废物。气载放射性废物主要来自解体、拆除(毁)过程以及去污过程;液体放射性废物主要产生于切割和去污过程;固体废物主要来自解体、拆除(毁)过程。在这三种放射性废物中,固体放射性废物的数量最多,因而,对其处理、整备、贮存和处置的任务很艰巨,其处理方法如图5-2所示。

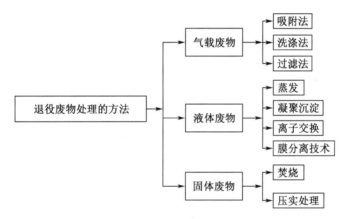

图5-2 退役废物处理的方法

在核反应堆的退役过程中,废物管理应以安全为核心、最终处置为最终目标。核反应堆退役废物管理遵循的原则主要包括:

(1)按照国家、行业的标准、规定对退役废物进行管理,尽可能对退役物项进行回收和再利用。

(2)采用合理可行的措施管理放射性废物,确保人类健康和环境的保护。

(3)在放射性废物管理的各阶段,应从经济性、安全性等方面综合考虑对退役废物的管理,严格分类,防止各类废物混杂,尽量做到废物量最小化。

(4)退役废物管理的措施必须与整个退役过程相配合,避免退役废物的大量堆积、混杂。

5.3 我国核电厂退役

鉴于我国核电厂退役领域的现状,对于运行核电厂来说,为更好地应对今后的退役工程,须重点考虑退役标准体系研究、退役计划管理、退役技术预先研究、退役相关资料的收集与管理、便于退役的措施落实、退役经费、人才培养与队伍建设等问题。

1. 核电厂退役标准体系

对于核电厂退役,配套的标准体系建设必不可少,良好的退役标准体系能够为退役活动提供强有力支撑,可以指导核电厂更好地开展退役相关工作。我国在对其他核设施退役的不断探索过程中,陆续发布了一些退役相关的法规标准,但大部分标准均属于辐射防护与监测类、放射性废物管理及安全类、质量管理类,而关于退役设计和退役技术与工艺标准的法规标准只有极少部分,更缺少系统、完善的核电厂退役标准体系。

为响应核电"走出去"战略,构建完整的、具有高度自主化的核电厂退役标准体系,在国家能源局的组织下,我国开展了核电厂退役标准体系的初步研究,从核电厂退役的全过程考虑,梳理出涉及的主要要素,制订了如图 5-3 所示的核电厂退役标准体系框架,为今后的深入研究奠定基础。

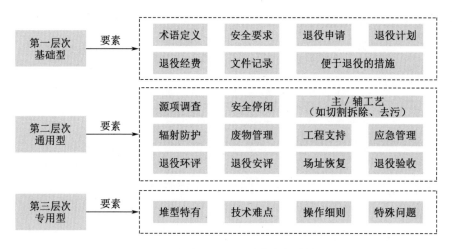

图 5-3 核电厂退役标准体系框架图

建立健全的核电厂退役标准体系是一系列长期的、持续优化的活动,不仅需要国家层面进一步的统筹规划,还需要核电业界的积极参与。在开展研究工作时,要充分考虑与其他标准体系之间的兼容性以及自身的可拓展性,并根据实际工程需要增加对各主要构成要素的补充细化标准,分阶段、分层次不断完善核电厂退役标准体系。

2. 核电厂退役计划管理

核电厂退役计划是核电厂退役全寿期管理的关键组成部分,也是核电厂开展退役准备活动的核心所在,旨在提供一种安全、可行的行动规划,用于指导核电厂安全、有序、全面、有效地实施退役。根据我国现行法规标准以及 IAEA 相关文件的说明,核电厂退役计划的制订通常分为 3 个阶段:初步退役计划、运行期间的中期退役计划及最终退役计划。核电厂应按照要求制订退役计划并进行妥善的管理。目前,国内绝大部分核电厂已编制了初步退役计划,但是还需要加强对退役计划的定期评估和更新维护,在机组运行过程中注重退役相关数据的收集,开展源项调查测量与放射性存留量估算分析,进行现场踏勘,确保退役计划内容与电厂实际状况相匹配。另外,我国对核电厂退役计划的编制还没有统一的要求,所以有必要开展这方面的研究,并基于上述标准体系框架制订行业标准,指导和规范核电厂退役计划的编制工作。

3. 退役技术预先研究

退役涉及多领域、多学科,是涉及核安全监管、辐射防护、源项调查、去污、放射性物项的切割拆除、放射性废物的处理与整备、环境治理与恢复等诸多内容的复杂系统工程,其涉及专业广泛,如核物理、放射性化学、辐射防护、机械电气、环境工程等,需要提前开展大量的相关科研工作。退役技术的研发和应用需要遵循以下几个原则:

(1)尽量采用成熟可靠技术,适当开发利用新技术;

(2)充分利用原有设施,尽量减少临时设施的建设;

(3)辐射防护与安全最优化;

(4)放射性废物最小化;

(5)保护工作人员、公众及环境安全;

(6)缩短退役周期,减少退役成本。

图5-4是典型商用堆运行与退役阶段的总体退役技术路线,其中涉及的各个要素都需要开展针对性的研究。在我国,核电厂退役属于首创性的工作,退役技术的优劣决定着退役的安全性、可靠性和经济性,而部分重要技术的掌握与否,直接决定了退役活动能否顺利进行。运行核电厂需要与国内的优势力量共同开展退役所需技术的预先研究,做好基础研究和工程研发平台的建设与衔接,助推核电产业升级,提高我国核能产业的国际竞争力。

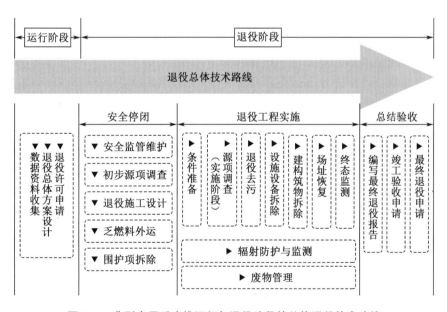

图5-4 典型商用反应堆运行与退役阶段的总体退役技术路线

4. 退役相关资料的收集与管理

退役工程所需资料数量庞大、种类繁多,从选址之时起,设计、建造、调试、运行等阶段的很多资料都与退役有所关联,需要有针对性地进行收集与管理,这是保证退役安全和质量的重要手段和必要工作。核电厂各阶段形成的可支持退役工程的资料主要包括设计文件、竣工文件、调试文件、运行数据(如运行记录、工程改造情况、辐射水平、人员受照剂量、放射性水平情况、异常事件报告以及燃料和废物管理记录等)、退役准备和退役实施过程中产生的重要文件和记录等,每个阶段对应的收集重点也有所不同。核电厂可利用现有文档系统或新建立退役文档管理系统,用于对收集到的资料进行保存和维护。退役相关资料有很多可能需要保存十几年甚至几十年,还要根据需求选择合适的存储介质,用以保证资料的真实性、完整性、可靠性和可用性。

5. 落实便于退役的措施

核电厂从选址就要考虑便于退役,而在设计、建造、运行等各阶段更要重点考虑便于退役的措施,通过综合性的评估,在兼顾安全性和经济性的基础上,确保退役相关文件记录的妥善保存,现场布置时考虑退役实施的可达性和操作便利性等。对于退役工程的顺利实施,核电厂在之前各阶段的一些便于退役的措施将起到十分关键的作用,这些措施能够充分考虑退役实施时可能的需求,在考虑问题时能够更具全面性和合理性,从而确保核电厂能够安全退役。核电厂运行期间,在进行工程改造的设计和施工时,我们除了要参照上述标准落实便于退役的措施,还要在运行管理层面考虑便于退役,如加强对退役相关运行记录的管理、优化电厂相关管理活动等。

6. 退役经费与人才队伍

退役经费是核设施退役需要重点关注的问题之一,如在 2006—2019 年,全国已完成或正在进行 ^{60}Co 辐照装置退役工作的单位共 56 家,大部分集中在华东、华北、东北地区,各区域的退役单位均存在不同程度的退役资金困难,全国存在退役资金困难的单位共 10 家,东北地区情况最为严重,占全国总数的 40%。对于核电厂而言,我国现有的计提方式和管理方式比较具有原则性,但仍然没有相应的细则去保障退役资金的筹措充足且合理,缺乏风险保障。同时,由于退役经费使用要求不明确,并且现阶段开展退役准备工作需要大量资金支持,使这些资源的投入存在较大困难。所以,核电厂退役工作既需要国家层面的政策落实与支持,也需要运行核电厂的积极应对,采取多种方式保障退役资金筹措到位、管理有效、使用有度。

既有经验显示,核设施退役存在困难的一个重要原因是法人和管理者不重视安全以及核安全文化缺失。目前,国内在核设施退役方面已积累了一些专业人才,推进了队伍建设,但在核电厂退役方面如何更具针对性地去培养人才和建设队伍,加强外部监管和持续加大核安全文化建设力度,从根本上提升各单位安全和责任意识,也需要有所考虑,如建立联合研发平台,通过科研项目和承接国外核电退役工程来达到能力培养的目的。通过行业交流会、网络媒体平台等多种途径发布核安全文化相关知识,在行业内部创造良好的文化氛围,将单位核安全文化的培育程序化、指标化,并纳入监督检查范畴。

核电厂退役有别于其他核设施的退役,需要考虑的因素更多,需要做的准备工作也更多,需要在探索中不断前行,通过一系列努力去做好准备工作。尽管业界已有所认识,各单位也陆续开展了一些项目,但运行核电厂仍需要采取积极的态度去拓展退役领域的工作,要将退役准备管理纳入核电厂的日常管理活动当中,快速有效地提升我国在核电厂退役方面的整体能力,为我国核电厂退役工程储备力量,为参与国际市场竞争打下坚实的基础。

本章习题

1.填空题

(1)早期,国际原子能机构综合各国对核设施退役的做法,将核设施退役划分为三级退役,三个级别分别为_____、_____和_____;现在,退役只分为_____和_____两类。

(2)核设施退役具体包括了_____、_____、_____、_____和_____等一系列活动。

(3)整个核设施退役工程基本包括四个阶段,即_____阶段、_____阶段、_____阶段以及_____阶段,其中_____阶段涉及的技术最多、难度最大。

(4)退役工程的实施阶段是核设施退役的主体,是核设施退役实施单位按照监管机构批准的退役方案进行的具体作业,主要包括_____、_____、_____及_____等活动,涉及的技术最多、难度最大。

(5)放射性废物以形态分类可分为_____、_____、_____三大类,俗称"三废"。

(6)核设施退役会出现放射性和非放射性污染物,包括_____安全、_____安全、_____安全及_____安全问题。

2.简答题

(1)简述核设施退役的概念。

(2)简述核设施退役的特点。

(3)简述核设施退役的基本原则。

(4)简述国际原子能机构核设施退役的3种策略及策略选择的参考因素。

(5)简述核设施退役的安全目标。

(6)对比退役时操作人员和公众所受辐照剂量的异同。

(7)简述退役废物管理的主要内容和基本目标。

第6章 放射性废物管理

放射性废物是指含有放射性核素或者被放射性核素污染,其放射性核素浓度或者活度大于国家确定的清洁解控水平,预期不再使用的废弃物。放射性废物管理是指一切与放射性废物的产生、收集、处理、贮存、运输、处置和核与辐射设施退役在内所有行政和技术的活动。这些放射性废物在物理化学特性、放射性浓度或活度、半衰期及生物毒性方面差别很大,其危害作用并不能通过化学、物理和生物的方法消除,只能通过核素自身的衰变或核反应嬗变来降低放射性水平,并最终达到无害化。

放射性废物管理就是按照国家颁布的相关法律法规和标准,以及国际社会一致同意的放射性废物管理基本原则和辐射防护原则,结合现有的处理技术,将可豁免的废物和物料分离出来,将可再利用、再循环的物料分离出来,再经过适当的处理和整备,实现放射性废物的安全处置,以减少对公众及子孙后代健康的有害影响,使核能事业实现可持续发展。

6.1 放射性废物来源和分类

放射性废物是含有放射性核素或为放射性核素所污染、其浓度或活度大于国家监管部门规定的清洁解控水平并且预期不再使用的物质,其来源广泛,所有操作、生产和使用放射性物质的活动,都有可能产生放射性废物,如核燃料循环过程、核设施退役过程、放射性同位素的生产与使用、核研究和开发活动、核武器研制试验与生产活动及伴生放射性矿物资源(如稀土矿、磷肥矿、某些油气田、煤矿、有色金属、黑色金属矿等)开发利用等。其中,核燃料循环是放射性废物最重要的产生过程。在核燃料循环阶段,从数量来说,放射性废物主要产生于核燃料循环(图6-1)"前段"的铀采冶场址,但从放射性活度来说,放射性废物主要集中于核燃料循环的乏燃料后处理厂。

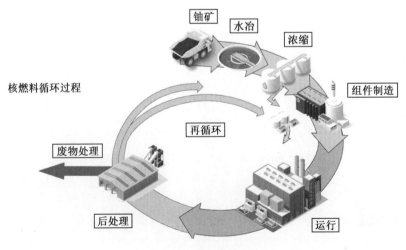

图 6-1 核燃料循环

6.1.1 核燃料循环废物

1. 铀矿开采

传统铀矿开采方式主要有地下开采和露天开采两种,产生的废物主要是废石,其次是废气和废水。我国大部分铀矿品位较低,采矿及选矿过程会产生大量废石。地下开采产生的废石相对较少,每开采 1 t 铀矿石会产出 0.5~1.2 t 废石。相比于地下开采,露天开采产生的废石量更大,每开采 1 t 铀矿石会产生 4~8 t 废石。开采出的矿石,为减少远距离运输废石和减少废石的处理量,通常会用放射性选矿法(简称放选法)在矿场中将废石挑拣出来,只对精矿石进行水冶加工处理,该过程也会产生废石。一般使用放选法产生的废石率为 15%~30%。铀矿开采产生的废石主要含铀和铀衰变子体,其含量比本底高出 2~3 个量级。

2. 地浸、堆浸和原地爆破浸出法

地浸、堆浸和原地爆破浸出法是利用配制好的化学溶液浸取矿石中的铀。其中,地浸和原地爆破浸出无须矿石开采,不会产生很多废石和尾矿,对地面环境影响小,但地浸向地下注入大量化学试剂,可能会污染地下水,而且原地爆破会导致氡和氡子体析出量大,使防护问题突出。因此为降低井下废水、废酸可能造成的环境污染,必须严格设计和加强管理,采矿结束后要及时封闭,保证地下环境的恢复。堆浸是将破碎成一定粒度的铀矿石堆置于预先铺设好的底板上,通过间隙式喷淋溶浸液实现金属铀的浸出。堆浸法省去了矿石破碎、筛分等工艺,但仍须将矿石开采并破碎成适当粒径,其产生的废物比地浸多但比传统的采矿法少。

3. 铀水冶

铀水冶是用湿法加工处理铀矿石以提炼出铀化学浓缩物的过程。铀水冶的传统工艺分为四步:第一步是先将矿石破碎、研磨;第二步是化学浸出,有酸法和碱法两种浸出方法,酸法浸取一般采用硫酸溶液,碱法浸取一般采用碳酸钠和碳酸氢钠溶液;第三步是采取离子交换或溶剂萃取法提取铀,将铀与杂质分离,实现浓集;第四步是沉淀出铀的化学浓缩物,经洗涤、过滤和干燥后,得到"黄饼"。我国铀矿石的品位很低,若从品位为 0.1% 的铀矿石中提取 1 t 铀,需消耗大量的化学物质处理 1 000 t 以上的铀矿石,产生大量的废水和尾矿砂。

铀水冶过程还会产生废气,主要来源于铀矿石加工过程排放的废气和尾矿库释出来的气体。废气中含有铀尘、氡及其子体、气溶胶、氨、氮氧化物等有害杂质。其中以 ^{222}Rn 的影响最大。处理措施是建立良好的通风设施,合理组织风流量,严防污染空气倒流。采用局部通风和全面换气的通风方式有利于排出有害物质。

4. 铀精制

铀水冶厂产生的粗产品"黄饼"或 UO_3,含有相当量杂质,其中很多是中子毒物,因此不能直接用于制作反应堆燃料,必须进一步纯化以达到要求的核纯度。这个过程,称为铀精制。现在,萃取精制法已完全代替了早期所用的化学沉淀法。TBP 萃取法是典型的精制工艺,第一步是把粗铀浓缩物溶解于硝酸中,第二步是用溶剂萃取法分离溶解液中的铀和其他金属杂质离子。精制产品有多种形式,可以是硝酸铀酰、重铀酸铵、三碳酸铀酰铵、八氧化三铀、二氧化铀、三氧化铀或四氟化铀。

在萃取过程中,用 TBP 作为萃取剂,使用过的 TBP 用 5% Na_2CO_3 洗涤,除去降解产物磷

酸二丁酯(DBP)和磷酸一丁酯(MBP)。蒸发脱硝过程产生的 HNO 和 NO 气体送到硝酸回收系统回收硝酸。铀精制过程产生的废物是含有天然放射性核素(主要是铀)低放废物,数量不大。

5. 铀化合物转化

UF_6 有高的热稳定性和挥发性,是实现铀富集的最好化合物形式。现在所有富集方法都基于六氟化铀。转化是把铀氧化物转变为 UF_6,为下一步做富集做好准备。铀转化所产生的废物主要是固体 CaF_2。此外还有含 CaF_2、$Ca(OH)$ 和少量铀的泥浆废物。CaF_2 含铀量很低,但体积较大,符合清洁解控者经审管部门批准可作一般工业废物处理。

6. 铀的富集

天然铀中含 ^{238}U 99.28%,^{235}U 0.71% 和 ^{234}U 0.006%,而轻水堆核电厂燃料元件需要 2%~5% 富集度(丰度)的 ^{235}U,研究堆、试验堆要求用 10% 以上甚至 90% ^{233}U 的高浓铀。铀富集就是把 ^{235}U 的含量从 0.71% 天然丰度提高到所需要的富集度。目前,工业规模富集的办法主要为气体扩散法和离心分离法。

铀浓缩过程的工作物质是含有各种丰度的易裂变物质 ^{235}U。在丰度大于 1% 的情况下,必须考虑核临界安全问题,尤其应该注意产品的收集、封装、贮存等环节。铀浓缩工厂空气监测,主要是铀气溶胶浓度和 α 放射性活度,环境监测主要是监测铀和氟。

7. 燃料元件制造

燃料元件制造厂的工业废气主要含有铀,可能还含有少量 NO、氨气等,经淋洗、吸收、过滤和 HEPA 过滤器过滤后通过排风中心排出。废液中除含铀外,还可能含 F^- 和 NH_4^+,常用硅胶吸附等净化后槽式排放。固体废物主要是含铀固渣、污染设备部件、废树脂、硅胶等,这部分废物的数量不大,放射性水平较低,污染核素主要为铀。

对于制造混合氧化物燃料(MOX 燃料,UO_2+PuO_2)元件,由于使用的堆型不同,PuO_2 占比在 5%~40% 变化,产生的废物可能含有较多量的钚,要做长寿命放射性废物处置。

8. 反应堆运行废物

反应堆运行是核燃料循环的中间环节。反应堆按其运行功能,可大致分为生产堆、研究堆和动力堆。反应堆运行过程主要产生短寿命低中放废物,废物中的放射性核素主要来自堆内的裂变过程和活化过程。活化过程产生的放射性核素绝大多数为短寿命核素(^{63}Ni 和 ^{14}C 等除外),而裂变过程产生的放射性核素以长半衰期为特征,这些核素绝大多数包容在乏燃料元件包壳中。

裂变产物和活化产物构成了反应堆冷却剂放射性主要来源,它们通过蒸汽发生器传热管和有关设备的泄漏、冷却剂的净化等过程造成辅助系统和二回路系统的污染,产生各种各样的废物,包括气载废物、液体废物和固体废物。气载废物和液体废物经过净化处理,达到标准后即可排放,固体废物经过处理、整备后进行处置。核电站所产生的固体废物数量不大,主要产生于换料大修和设备检修。因此,减少换料次数、进行周密计划和严格执行检修程序、缩短检修时间,对减少受照剂量和废物量有着十分重要的意义。

反应堆运行所产生的废物量主要取决于反应堆类型、功率、设计和运行情况。通常研究堆的堆芯尺寸较小,采用较高浓度 ^{235}U 作燃料,但功率和负荷因子一般比较小,和动力堆相比,产生的废物量较少。随着实施废物最小化,废物量正在不断减少。电功率 1 GW 压水堆电站年运行固体废物量如表 6-1 所示。

表 6-1 电功率 1 GW 压水堆电站年运行固体废物量

废物类型	废物体积（m^3/a）	基本特性
湿固体废物 放射性蒸发浓缩物。过滤泥浆/残渣,废树脂,废过滤器芯	40~100	低中放废物(一定量中放废物)
干固体废物 废防护衣物、废活性炭、废空气过滤气芯	20~40	主要是低放废物
金属废物 污染部件和设备,污染工具,堆芯部件	5~10	低放废物(极少量高放废物)
废机油,溶剂	3~5	低放废物

9. 乏燃料后处理废物

核燃料在反应堆中"燃烧"后,并没有耗尽原有的易裂变物质^{235}U,有近 1%的^{235}U残留,并且还由于中子俘获反应,产生新的易裂变物质^{239}Pu(约占 1%)、A_m(约占 0.1%)和裂片元素(约占 3%)。一般来说,处理 1 t 动力堆乏燃料会产生 0.1 m^3 的高放废物、1 m^3 的中放废物和 4 m^3 的低放废物。核燃料循环后段产生的放射性废物见表 6-2。其中,高放废物包含了乏燃料中 95%以上的放射性,中放废物包含的放射性不足 3%,低放废物的放射性不足 1%。

表 6-2 核燃料循环后段产生的放射性废物　　　　　　　　单位：1 GW·a

废物类型	废物量	基本特性
乏燃料贮存废树脂,废过滤器,放射性泥浆	2~5 m^3	低中放废物
乏燃料后处理放射性蒸浓物	20~40 m^3	低中放废物
放射性可燃和可压缩废物	20~30 m^3	低中放废物
废过滤器	5 m^3	中放废物
高放废液玻璃固化体	0.5~3 m^3	高放废物
废包壳	2~10 m^3	高放/长寿命低中放废物
乏燃料直接处置	25~35 t	高放废物

乏燃料后处理的方法由湿法(沉淀法、离子交换法和溶剂萃取法)和干法(氟化物挥发法、氯化物熔盐法和高温电解法)两种,其中以湿法的 Purex 萃取工艺最为常见。1 t 乏燃料湿法处理后产生的废溶剂量为 0.01~0.10 m^3,铀浓度低于 10 mg/L,钚浓度低于 0.5 mg/L,总 α 放射性小于 37 MBq/L,总 β/γ 放射性小于 37 GBq/L。

6.1.2 放射性同位素和核技术利用废物与伴生放射性矿废物

放射性同位素生产及核技术利用产生的放射性废物,废物量小,污染的核素的半衰期短、毒性低,多数废物经过贮存衰变,就可达到清洁解控水平,可作为一般废物处置。核技术利用废物中最受关注的是废放射源,如 Ra 源、Co 源和 Cs 源,特别是废 Ra 源,其安全处理仍是一个尚未圆满解决的问题。同位素废物来源分散,分类差,往往夹带生物废物,如试验动物尸体、生物排泄物和生物试样等,给管理带来诸多不便。

伴生放射性矿是指含有较高水平天然放射性核素浓度的非铀矿,它的开发利用不以生产核燃料或提取放射性核素和利用其辐射为目的。例如,稀土矿、磷酸盐矿、氟石陶土、天然石材和一些有色金属、黑色金属、石煤、油气田等伴存着较多放射性核素(NORM)。这些伴生放射性矿物资源在开采、选矿、冶炼、加工,以及利用过程产生的矿石、废渣、淤泥或垢物中可能放射性超标,构成放射性废物,若被乱堆、乱放、露天堆置,极易给周围水源和环境造成不同程度的放射性污染,给工作人员和公众带来较大的辐照危害。放射性废物的主要来源和种类见表 6-3。当前,人为活动引起天然辐射的防护问题已受到联合国原子辐射效应科学委员会和国际原子能机构的高度关注。我国在《放射性污染防治法》的第五章中,对伴生放射性矿开发利用的放射性污染防治做了法律规定,包括开采和关闭要编制环境影响报告书、审批许可证、实施主体工程与污染防治设施同时设计、同时施工、同时投入使用的"三同时"制度,以及伴生放射性矿开发利用过程中产生的尾矿应当建造尾矿库进行贮存、处置等。

表 6-3 放射性废物的主要来源和种类

放射性物质类别	主要来源	废物状态	废物种类	主要放射性核素
天然放射性物质	铀矿开采和水冶	固态	废石、尾矿渣、污染废旧器材、树脂、滤布、玻璃、废旧劳保用品等	^{226}Ra、^{238}U 等
		液态	矿坑水、选矿水、萃取工艺废液、地面排水、洗衣房排水、洗澡水、实验室废水等	^{234}Pa、^{230}Th、^{226}Ra、^{238}U 等
		气态	废气和 α 气溶胶等	^{222}Rn 等
天然放射性物质	铀精制与核燃料元件制造	固态	纯化残留物、切削物、废硅胶	^{234}U、^{235}U、^{238}U 等
		液态	提纯工艺废液、一般废水等	^{234}U、^{235}U、^{238}U、^{234}Th、^{234}Pa 等
		气态	废气、粉尘和放射性气溶胶等	^{234}U、^{235}U、^{238}U 等
裂变产物和超铀产物	反应堆运行、乏燃料后处理、核设施退役	固态和液态	废离子交换树脂、泥浆、滤渣、蒸发残渣(或蒸发浓缩液)及其固化体、仪器探头、污染废仪表设备、废纸、废塑料、废过滤器、废工具和劳保用品、冷却水、脱壳废液、萃取循环水、洗涤水、地面排水等	^{3}H、^{85}Kr、^{87}Kr、^{90}Sr、^{99}Tc、^{106}Ru、^{129}I、^{133}Xe、^{135}Xe、^{137}Cs、^{144}Ce、^{237}Np、^{239}Pu 等
		气态	废气和放射性气溶胶等	^{3}H、^{85}Kr、^{133}Xe、^{129}I、^{131}I 等

表 6-3（续）

放射性物质类别	主要来源	废物状态	废物种类	主要放射性核素
活化产物	反应堆运行与核设施退役	固态	废反应堆压力容器、废堆芯部件、包壳材料、污染石墨、废设备、钢筋混凝土等	^{3}H、^{14}C、^{56}Mg、^{55}Fe、^{59}Fe、^{60}Co、^{63}Ni 等
		液态	循环冷却水、去污处理废水等	^{58}Co 等
		气态	废气和气溶胶等	^{16}N 等
	同位素制造	固体	加速器的靶件等	^{32}P、^{60}Co、^{90}Mo、^{131}I、^{133}Xe 等
人工放射性物质	放射性同位素的使用	固体	科研、教育、医疗、工业、农业等部门使用的废放射源、放射性同位素、污染动植物、废器材、废矿石标本、废水等	^{60}Co、^{192}Ir、^{90}Sr 等
		液体		^{147}Pm、^{90}Sr 等

6.1.3 我国放射性废物的分类方法

2017 年 11 月 30 日，环境保护部、工业和信息化部与国家国防科技工业局联合发布《放射性废物分类》公告，提出新的分类体系和分类方法。《放射性废物分类》公告将放射性废物分为极短寿命放射性废物、极低水平放射性废物、低水平放射性废物、中水平放射性废物和高水平放射性废物等五类，其中极短寿命放射性废物和极低水平放射性废物属于低水平放射性废物范畴。

1. 放射性废物的豁免与解控

豁免或者解控的剂量准则：在合理预见的一般情况下，被豁免的事件或源（或者被解控的物质）使任何个人一年内所受到的有效剂量在 10 μSv 量级或更小，而且即使在发生低概率的意外不利情况下，所受到的年有效剂量不超过 1 mSv。对于主要含天然放射性核素的大量物质，应当采用年附加有效剂量不超过 1 mSv 作为豁免剂量准则。部分含人工放射性核素固体物质的豁免水平和解控水平见表 6-4。

表 6-4　部分含人工放射性核素固体物质的豁免水平和解控水平

核素	活度浓度[a]（Bq/g）	活度浓度[b]（Bq/g）	活度[b]/（Bq）
氢-3	1E+02	1E+06	1E+09
碳-14	1E+00	1E+04	1E+07
锰-54	1E-01	1E+01	1E+06
铁-55	1E+03	1E+04	1E+06
铁-59	1E+00	1E+01	1E+06
钴-58	1E+00	1E+01	1E+06
钴-60	1E-01	1E+01	1E+05

表 6-4(续)

核素	活度浓度[a]（Bq/g）	活度浓度[b]（Bq/g）	活度[b]/（Bq）
镍-59	1E+02	1E+04	1E+08
镍-63	1E+02	1E+05	1E+08
锶-90	1E+00	1E+02	1E+04
锆-95	1E+00	1E+01	1E+06
铌-94	1E-01	1E+01	1E+06
铌-95	1E+00	1E+01	1E+06
锝-99	1E+00	1E+04	1E+07
锝-99 m	1E+02	1E+02	1E+07
银-110 m	1E-01	1E+01	1E+06
锑-124	1E+00	1E+01	1E+06
锑-125	1E-01	1E+02	1E+06
碘-129	1E-02	1E+02	1E+05
铯-137	1E-01	1E+01	1E+04
镎-237	1E+00	1E+00	1E+03
钚-238	1E-01	1E+00	IE+04
钚-239	1E-01	1E+00	1E+04
钚-240	1E-01	1E+00	1E+03
钚-241	1E+01	1E+02	1E+05
钚-242	1E-01	1E+00	1E+04
镅-241	1E-01	1E+00	1E+04
镅-243	1E-01	1E+00	1E+03
锔-243	1E+00	1E+00	1E+04
锔-244	1E+00	1E+01	1E+04

注：a. 固体物质的解控水平以及批量固体物质的豁免水平。

b. 小批量固体物质的豁免水平（通常适用于小规模使用放射性物质的实践，所涉及的数量最多为吨量级）。

豁免废物或解控废物：废物中放射性核素的活度浓度极低，满足豁免水平或解控水平，不需要采取或者不需要进一步采取辐射防护控制措施。豁免或解控废物的处理、处置应当满足国家固体废物管理规定。

2. 极短寿命放射性废物

废物中所含主要放射性核素的半衰期很短，长寿命放射性核素的活度浓度在解控水平以下，极短寿命放射性核素半衰期一般小于 100 天，通过最多几年时间的贮存衰变，放射性核素活度浓度即可达到解控水平，实施解控。常见的极短寿命放射性废物如医疗使用碘[131]I 及其他极短寿命放射性核素时产生的废物。

3.极低水平放射性废物

废物中放射性核素活度浓度接近或者略高于豁免水平或解控水平,长寿命放射性核素的活度浓度应当非常有限,仅需采取有限的包容和隔离措施,可以在地表填埋设施处置,或者按照国家固体废物管理规定,在工业固体废物填埋场中处置。

极低水平放射性废物的活度浓度下限值为解控水平,上限值一般为解控水平的10~100倍。常见极低水平放射性废物如核设施退役过程中产生的污染土壤和建筑垃圾。

4.低水平放射性废物

废物中短寿命放射性核素活度浓度可以较高,长寿命放射性核素含量有限,需要长达几百年时间的有效包容和隔离,可以在具有工程屏障的近地表处置设施中处置。近地表处置设施深度一般为地表到地下30 m。低水平放射性废物来源广泛,如核电厂正常运行产生的离子交换树脂和放射性浓缩液的固化物。

5.中水平放射性废物

废物中含有相当数量的长寿命核素,特别是发射 α 粒子的放射性核素,不能依靠监护措施确保废物的处置安全,需要采取比近地表处置更高程度的包容和隔离措施,处置深度通常为地下几十到几百米。一般情况下,中水平放射性废物在贮存和处置期间不需要提供散热措施。

中水平放射性废物的活度浓度下限值为低水平放射性废物活度浓度上限值,中水平放射性废物的活度浓度上限值为4E+11 Bq/kg,且释热率小于或等于 2 kW/m³。中水平放射性废物一般来源于含放射性核素钚-239的物料操作过程、乏燃料后处理设施运行和退役过程等。

6.高水平放射性废物

高水平放射性废物所含放射性核素活度浓度很高,使得衰变过程中产生大量的热,或者含有大量长寿命放射性核素,需要更高程度的包容和隔离,以及采取散热措施,所以应采取深地质处置方式处置。

高水平放射性废物的活度浓度下限值为 4E+11 Bq/kg,或释热率大于 2 kW/m³。常见的高水平放射性废物如乏燃料后处理设施运行产生的高放玻璃固化体和不进行后处理的乏燃料。

6.1.4 国际原子能机构推荐的废物分类法

早在 20 世纪 70 年代,国际原子能机构就发布了放射性分类安全标准,将放射性废物分为高放废物、中放废物、低放废物。国际原子能机构早期分类体系基于辐射防护的要求,主要为放射性废物产生、贮存、处理过程中的操作提供基础,没有为最终处置提供明确依据。1994 年 IAEA 开始推荐以放射性废物处置为目的的分类体系。近年来,IAEA 不断发展、改进放射性废物分类体系,建立了一个着眼于放射性废物的长期安全、以废物的最终处置为目标的放射性废物分类体系,并于 2009 年发布新的《放射性废物分类》安全导则(No. GSG-1)。

国际原子能机构 2009 年发布的通用安全导则《放射性废物分类》(No. GSG-1),全面阐述了基于处置的放射性废物分类方法,建立了与各类处置方式一一对应的放射性废物分类体系。IAEA 的放射性废物分类标准对世界各国的放射性废物管理均产生了很大的影响。我国 2017 年发布的公告《放射性废物分类》等效采用上述分类体系,保持了与国际标准的一致性,同时结合我国已有研究成果,并借鉴美国、法国等国家的经验,确定了分类体系中各类放射性废物的限值,增加了可操作性。

6.2　放射性废物管理

放射性废物管理是包含放射性废物预处理、处理、整备、运输、贮存和处置在内的所有行政管理和运行活动的总称。放射性废物管理应用优化方式对放射性废物进行全过程管理,以实现安全处置。保护当代和后代人的健康,保护环境,不给后代带来不适当的负担,使核能的开发利用持续发展。放射性废物管理者的责任要依照国家相关法律、法规和标准,安全、经济、科学、合理地管理废物,首先把属于豁免或可排除审管控制的废物和物料分出来。放射性废气和废液只有经过适当处理,达到规定的标准和(或)经审管部门批准后再允许排放到环境中去。废物经过适当处理达到清洁解控水平者,可以实行有限制再循环再利用或无限制再循环再利用。对于要进行处置的放射性固体废物,需做填埋处置、近地表处置、中等深度处置或深地质处置。放射性废物管理流程如图6-2所示。

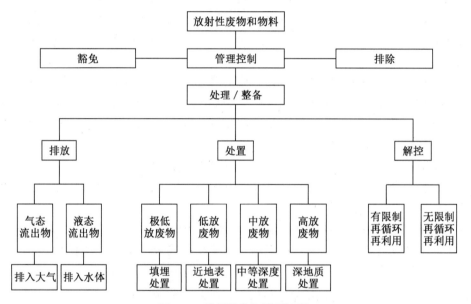

图 6-2　放射性废物管理流程

6.2.1　放射性废物管理的基本原则

IAEA 总结制定了放射性废物管理 9 原则。

(1)原则 1:保护人体健康

放射性废物管理必须确实保护人类健康达到可接受水平。

放射性废物具有电离辐射危害,必须控制工作人员和公众受到的照射在规定限值之内,并且可合理达到的尽可能低。

(2)原则 2:保护环境

放射性废物管理必须确实保护环境达到可接受的水平。

放射性核素释放到环境中,除了人类之外其他生物物种也可能受影响。放射性废物处置可能对天然资源(如土地、森林、矿藏、地表水、地下水)的未来利用产生影响。放射性废物中可能伴有非放射性有害物质。放射性废物管理的环境保护要求至少要达到类似工业活动的水平。

（3）原则3：超越国境的考虑

放射性废物管理必须考虑超越国界对人类健康和环境可能的影响。

在正常释放、潜在释放或放射性核素越境转移时，对其他国家人体健康和环境的有害影响不大于本国内判定的可接受的水平。

（4）原则4：保护后代

放射性废物管理必须保证预测地对后代健康的预计影响不大于当今可接受的水平。

（5）原则5：不给后代增加不适当的负担

放射性废物管理必须确保不给后代造成不适当的负担。

享受核能开发利用好处的人，应承担管理好其所产生的废物的责任。

（6）原则6：建立国家法律框架

放射性废物管理必须在适当的国家法律框架内进行，包括明确职责和规定独立的审管职能。

国家应发布放射性废物管理的法律和法规，建立相应的机构，明确职责分工，实行审管与运营分离，使放射性废物管理接受独立的审查与监督。

（7）原则7：控制废物的产生

放射性废物的产生必须合理达到的最小化。

通过优化管理、适当设计和运行、再循环和再利用以及减容等措施，使放射性废物的活度与体积尽可能地减少。

（8）原则8：废物产生和管理间的相依性

放射性废物管理必须考虑产生和管理各步骤间的相互依赖关系。

在考虑任一项放射性废物管理活动时，都应该考虑其对后续放射性废物管理活动的影响，尤其是对处置的影响。需要实施全过程的管理。

（9）原则9：确保设施寿期内的安全

放射性废物管理必须确保其设施使用寿期内的安全。设施的选址、设计、建造、试运行、运行及退役，或处置场的关闭，均应优先考虑安全问题，包括预防事故及减弱事故的影响等。放射性废物管理设施的运行应有质量保证、人员培训和资格认证，以及对设施的安全分析和环境影响评价等措施。

2007年，IAEA等9组织共同倡议编写《基本安全要求》(SF-1)，将核装置安全、放射性废物管理安全，辐射防护和辐射源安全三个安全标准综合成一套统一的原则，形成了贯穿于原子能机构安全标准所有适用领域的10项基本安全原则。

我国《核安全法》第四十一条确定了放射性废物管理的基本原则："核设施营运单位、放射性废物处理处置单位应当对放射性废物进行减量化、无害化处理、处置，确保永久安全"。对放射性废物"减量化、无害化处理、处置，确保永久安全"的原则是放射性废物管理的核心内容和目标，也是国内外放射性废物管理的经验总结，更是《放射性污染防治法》《循环经济促进法》和《固体废物污染环境防治法》的基本要求。放射性废物管理应该是全过程控制的系统管理，须综合考虑其涉及的各个环节，从源头上尽可能减少废物的产生使其减量化，通过适当的处理、处置措施达到无害化，最终确保放射性废物的永久安全。

我国《电离辐射防护与辐射源安全基本标准》(GB 18871—2002)明确指出，注册者和许可证持有者应确保在现实可行的条件下,使其所负责实践和源所产生的放射性废物的活度与体积达到并保持最小;注册者和许可证持有者要对放射性废物实施良好的管理,进行分类收集、处理、整备、运输、贮存和处置,确保:

(1)使放射性废物对工作人员与公众的健康及环境可能造成的危害降到可以接受的水平;

(2)使放射性废物对后代健康的预计影响不大于当前可以接受的水平;

(3)不给后代增加不适当的负担。

并要求注册者和许可证持有者充分考虑废物的产生与管理各步骤之间的相互关系,并根据所产生废物中放射性核素的种类、含量、半衰期、浓度以及废物的体积和其他物理与化学性质的差别,对不同类型的放射性废物进行分类收集和分别处理,以利于废物管理的优化。

6.3　放射性废物处理

放射性废物处理是放射性废物管理的重要措施。所谓放射性废物处理是指为了安全或经济目的而改变废物特性的操作,如衰变、净化、浓缩、减容、从废物中去除放射性核素和改变其组成等,其目标是降低废物的放射性水平或危害,减少废物处置的体积。同时,放射性废物在处理过程中可能会产生新的废物,这些新产生的废物被称为二次废物。这些废物仍需要进行后期处理。

6.3.1　放射性废气的安全监管

放射性废气处理系统安全监管的内容很多,重要的有以下内容。

(1)要根据废气特性,选择合适工艺流程,安全、经济、有效地进行净化处理。废气处理过程产生的二次废物(如废过滤器芯、废活性炭、废滤袋等)应合理可达到尽可能少。

(2)废气经过净化处理,放射性组分和非放射性组分都应达到合格标准后,才允许向大气排放。

(3)厂房通风系统应根据空气污染程度设定风量和换气次数,气流从低污染区向高污染区流动,必要时设置临时排风措施,防止交叉污染。

(4)废气处理系统应有一定负压,防止外泄。

(5)废气处理系统可能有 H_2、CO、甲烷等燃爆性气体与烟炭、烟油等易燃物的积累,严防燃爆事故的发生。

(6)对于贮存衰变,应保证有足够的滞留时间。核动力厂换料大修期间废气量集中,瞬间流量大,设计时应考虑有足够的贮存衰变容积。

(7)对过滤器应定期做检测,适时更换过滤器芯,保证有满足要求的过滤效率。

(8)维修或更换过滤器和吸附床必须重视工作人员的辐射防护和防止污染的扩散。当辐射场高时,更换过滤器芯应远距离或遥控操作。

(9)处理后的废气经监测合格后由烟囱排放,烟囱的设置和高度应周密策划,必须能达到满足要求的扩散因子。核动力厂烟囱排放设连续监测和取样监测。连续监测在主控室自动记录放射性活度和流量,设置低报警和高报警阈值。达到高报警阈值时,烟囱会自动关闭停止排放。如果发生排放事件或事故,触发了报警阈值,必须立即停止排放,查明原因,采取纠正措施。

可能含有放射性物质的空气由建筑物顶部直接排放时,排出口的高度应高于附近50 m内最高建筑物3 m。

（10）气态流出物的排放必须控制在审管部门批准的限值内,并按合理可达到尽量低的原则制定排放管理目标值。

6.3.2　放射性废液的安全监管

放射性废液处理的安全监管问题,重要的有以下内容。

（1）各类废液必须分类收集、分类贮存和处理,防止交叉污染。

（2）废液的贮存是权宜之计,应及时处理与处置。

（3）废液贮槽和输运管网必须按标准与规范设计、建造和验收,严防泄漏;设置监测和报警装置;设置备用槽与倒罐措施。

（4）各类废液应根据自身的特性优选合适工艺流程,安全、经济、有效地进行净化处理。处理过程产生的二次废物（如废过滤器芯、蒸发浓缩物、废离子交换剂等）应该合理可达到尽可能少。

（5）处理后的废液必须经监测,达到合格标准后才能排放。超过限值的废液不准用稀释法降低等级和稀释排放。严格执行禁止利用渗井、渗坑、天然裂隙、溶洞等方式排放放射性废液的国家规定。

（6）核动力厂的液态流出物排放应执行《核动力厂环境辐射防护规定》（GB 6249—2011）的要求。

（7）核技术利用产生的放射性废液通常量少、放射性水平低,但不得随意排入普通下水道。若要排入普通下水道必须经审管部门确认满足《电离辐射防护与辐射源安全基本标准》（GB 18871—2002）相关的规定。

6.3.3　放射性固化/固定废物的安全监管

放射性固化/固定废物的安全监管应重视以下内容。

（1）固化/固定工艺安全,避免燃爆事故,堵塞、腐蚀、泄漏事故,机电事故,放射性非控制释放事故和其他工业事故的发生。

（2）固化配方要经优选和验证,废物包容量符合设计要求,生产的固化体满足规定的性能指标。

（3）被固化废物的核素类型和放射性水平符合规定的要求（如水泥固化适用于固化低放废物,玻璃固化适用高放废物）。

（4）固定废物的水泥浆或其他介质,充满容器空隙,形成坚实的固体块。

（5）操作人员受照剂量不超过规定的剂量目标值,并合理可达到的尽量低。

（6）二次废物和流出物排放量尽可能少。

对于高放玻璃固化的安全监管,还应关注以下情况。

（1）高放玻璃固化涉及高放废液和高温（1 100 ℃~1 200 ℃）熔铸,需要远距离操作和远距离维修,必须重视:

①高放废液的安全提取、泵送和进料;

②熔炉的安全运行和维修;

③熔铸产品的安全浇注；

④尾气的安全处理等。

(2)熔融的玻璃要浇注在特制的容器中，经过焊封、去污、检测，然后放进强制通风或自然通风的贮存设施中，冷却贮存30~50年才能送去处置，必须保证中间贮存的安全性以及送贮和回取操作的安全性。

(3)高放废物依靠多重屏障体系安全包容隔离放射性核素万年以上，对作为工程屏障中第一道屏障的玻璃固化体有严格要求，包括：有较高废物包容量；玻璃固化体无黄相，抗浸出性好；有合格的热稳定性、不易析晶；有合格的辐照稳定性等。

国外电熔炉运行虽没有发生过3级以上的事故，但电极烧坏、进料口堵塞、尾气出口堵塞、出料口堵塞、熔炉冷却水管泄漏、熔炉严重腐蚀、产品出现黄相等事件多次出现，导致几座电熔炉提前报废或较长时间停工检修，这些情况都是值得重视的。

6.3.4 固体废物的减容处理及监管要求

随着核能与核技术利用发展与核设施退役扩展，放射性废物数量不断增长，实现废物最小化愈益重要，减容越来越受到人们的重视。放射性废物减容的技术很多，如焚烧、压缩、废金属熔融、高放废物的分离-嬗变等。

1. 焚烧

焚烧是氧化分解可燃性废物的一种处理技术。固体废物中大约40%~60%是可燃的，可燃性废物种类很多，包括：纤维类物质(如纸、棉织物、木材等)，塑料、橡胶类物质，离子交换树脂，活性炭，污油，废溶剂，废有机闪烁液，动物尸体等。焚烧可使废物获得很大减容(20~100倍)和减重(10~80倍)，大大降低运输、贮存和处置费用；焚烧把废物无机化转变，使有机物转化为惰性灰烬物，避免发酵、腐烂、热解、辐解和着火的风险，提高贮存、运输和处置的安全性；焚烧还可实现回收钚和铀-235等有用物质。焚烧法的不足之处是焚烧炉的建造和运行投资较高；焚烧炉宜连续运行，适宜于废物产生量多的单位使用；焚烧炉灰和废过滤器芯等二次废物需要进一步处理。

2. 湿法氧化

湿法氧化又称湿燃烧法，这是用热浓硝酸和硫酸煮解，或用过氧化氢催化氧化、超临界水氧化分解有机废物。20世纪七八十年代美国、德国开发的酸煮解技术用来处理含钚的聚氯乙烯、聚乙烯、橡胶、纤维类废物，在250℃用热浓硫酸和硝酸浸煮废物，大部分转变为气体产物排出，留下少量硫酸盐和氧化物残渣，从残渣中回收钚。酸煮解工艺包括预处理、酸浸煮、尾气处理和残渣处理。此法能使95%以上钚得到回收，操作温度和压力较低。缺点处理量较小、腐蚀性大，对设备材料要求高。浸煮器和残渣中存在钚，要注意临界安全问题。

3. 压缩

压缩是通过外部压力提高废物整体密度来减小废物的体积。可压缩的废物种类很多。如污染的劳保用品、擦纸、拖布、器皿、电缆、废气过滤器芯等。

压缩减容的优点是：建造投资和运行费用低；设备简单，易实现自动化；压缩减容的缺点是：减容不减重；未消除废物着火、热解、腐烂的可能性；压缩之后出现的回弹作用会降低减容效果(这是需要重视的问题)。

放射性固体废物的压缩减容需注意以下问题：

（1）在压缩过程会释放出存在于废物货包中的气体，可能导致气溶胶污染，因此需要对排风设施做适当的净化处理；

（2）吸收或附着在固体废物中的液体在压实过程中会被挤压出来，应该用适当捕集器收集，收集之后要做适当处理；

（3）压缩中放废物需要有屏蔽措施或遥控操作；

（4）压缩 α 废物必须在气密室中进行；

（5）被压缩物的化学活性压缩之后并不消失，而且可能提高，自燃或爆炸性物质必须在预处理步骤分拣出来，压缩机房要设置消防灭火设施；

（6）坚硬的不可压缩物混在一起进行压缩可能会损坏压缩机，应该在预处理步骤中分拣出来。

4. 废金属熔融处理

低污染的废金属经熔融处理，可被再利用，减少要处置废物的体积并节约资源。

废金属熔炼前需要适当去污和切割成适当大小。熔炼设备有中频炉、电弧炉、等离子体炉等。通过加入适当助熔剂造渣去污，使大部分放射性核素进入熔渣中。废金属熔炼时放射性核素进行重新分配、均匀化和固定化。铀、超铀元素和 ^{90}Sr 等大部分进入炉渣中；^{58}Co、^{60}Co、^{63}Ni、^{55}Fe、^{64}Mn 等核素大部分进入铸锭中；^{137}Cs、^{65}Zn 等易挥发核素大部分进入尾气中。熔融法产生的废物主要是熔渣和废过滤器芯，两者体积约为熔炼前金属体积的 $4\% \sim 5\%$。

放射性污染废金属的熔融处理和一般废钢铁的熔炼回收有所不同，应重视以下安全监管要求。

（1）熔炼过程为低放射性的开放型作业，除需重视一般高温作业安全问题外，还应重视辐射防护和环境保护问题，熔炼过程产生大量粉尘和烟气，风量和换气次数必须满足设计要求，排出气体必须满足相关标准的要求。

（2）接收的废金属在进炉熔炼前要做仔细分类检测与必要的去污处理。含水废金属烘干处理。

（3）为了有效使放射性核素赶进熔渣，要选择好造渣助熔剂。

（4）熔炼出来的金属铸锭应控制使用，进入社会无限制使用者必须满足标准要求和得到审管部门批准，如果返回核工业内部用来制造废物容器或屏蔽体，则可适当放宽要求。

（5）炉渣含放射性核素，要做安全处置。

5. 高放废物的分离-嬗变

分离-嬗变（Paritioning & Transmutation，简称 P-T 技术）是把高放废物中钢系核素、长寿命裂变产物和活化产物核素分离出来，制成燃料元件送到反应堆去燃烧或者制成靶件放到加速器上去轰击散裂，转变成短寿命核素或稳定同位素，减少高放废物地质处置负担和长期风险，并可能更好地利用铀资源。

现在世界上不少国家在进行高放废液分离研究，我国清华大学开发的 TRPO 萃取分离流程已做了冷台架试验和热试验。对于嬗变，可以利用快中子堆、聚变堆和强流质子加速器等来实现。中国原子能科学研究院和中国科学院合作开发的加速器驱动次临界反应堆（ADS）技术，其目标之一也是为了嬗变高放废物中的长寿命放射性核素。

高放废物的分离-嬗变难度很大，其工程应用的实现，尚需做大量的研究开发工作。

6.4 放射性废物处置

放射性废物处置是指将废物放置在一个经批准的、专门的设施(如近地表或地质处置库)里,预期不再回取。处置也包括经批准后将气态和液态流出物直接排放到环境中进行弥散。处置的目标是将废物与人类及环境长期、安全地隔离,使它们对人类环境的影响减小到可合理达到的尽量低水平。处置是放射性废物治理最后一个环节。低放固体废物中不含或只含极少量长寿命超铀核素。低放固体废物安全处置所要考虑的主要核素是^{137}Cs和^{90}Sr。一般来说,隔离300年以上就可以达到安全水平,国际社会普遍接受采用近地表处置。

6.4.1 放射性废物的处置要求

《核安全法》四十五条明确:"放射性废物处置单位应当按照国家放射性污染防治标准的要求,对其接收的放射性废物进行处置。放射性废物处置单位应当建立放射性废物处置情况记录档案,如实记录处置的放射性废物的来源、数量、特征、存放位置等与处置活动有关的事项。记录档案应当永久保存"。

废物接收必须满足经过监管部门批准的废物接收标准。送处废物必须提前递交废物处置申请单,其内容包括:

(1)废物来源(废物产生者);

(2)废物包体积和质量;

(3)放射性活度和主要核素;

(4)表面剂量率;

(5)废物包编号;

(6)废物处理和整备说明;

(7)发送日期。

废物接收时要根据申报单做以下检查:

(1)核对废物包的编号;

(2)检查运输过程中废物包是否有损坏;

(3)检测废物包表面剂量率和表面是否有玷污。

经过检查验收的废物包或者直接送到处置单元处置,或者需要做临时贮存,或者需要对废物包作超级压缩或再包装。

废物包用吊车、叉车或遥控抓钩整齐堆放在处置单元中的设定位置,堆放位置记录贮存在计算机中。作业区设置可移动的防雨帐房,以防止雨水进入处置单元。废物包之间的空隙浇注水泥沙浆(对金属桶)或填充砾石或沙土(对混凝土容器),以稳定废物包。在处置单元堆放满一层后上面浇灌一层混凝土。然后再堆放第二层、第三层,直到处置单元达到设定废物量之后,加覆混凝土盖板。有的还在混凝土盖板上涂覆聚氨酯层,加强密封性。一个处置单元封闭后,防雨帐房移到下一个处置单元继续运作。

6.4.2　放射性废物处置安全监管要点

放射性废物处置安全监管需要做到以下几点。

(1)处置场选址是否经筛选和批准,场址条件和设计、建造是否满足标准要求。

(2)处置场建造和运行是否得到许可,运行之前是否做了试运行(试运行合格才能投入正式运行)。

(3)人员配置是否满足法规要求,是否执行培训和考核上岗制度。

(4)是否按规程和标准接收和处置废物。

(5)是否执行批准的质保大纲。

(6)处置设施营运单位是否按照计划进行安全检查和对周围环境进行监测。

(7)是否建立符合相应要求的安保措施,有应急预案和应急准备。

(8)是否按规定每年如实上报废物的接收和处置情况。

6.4.2　极低放废物处置

极低放废物是放射性水平很低,但没有达到解控水平的放射性废物,IAEA 在 2009 年发布的废物分类标准中,列出了极低放废物。极低放废物产生于核动力厂、核燃料循环设施、核技术利用和核研究开发的许多活动和部门。特别是核设施退役和环境整治会产生大量极低放废物。按国际统计数据,核动力厂退役所产生的废物量相当于其运行所产生的废物量的总和,而极低放废物所占的比例要占核动力厂退役废物量的 50% ~ 75%。极低放废物比活度很低,只需要简单包装和简易填埋处置。在法国,极低放废物的处置费用约为低、中放废物处置费用的 1/10。所以,分出极低放废物做填埋处置,可大大减少低、中放废物处置场的负担和降低处置费用。极低放废物的放射水平极低,可用简易包装和简易填埋,集中处置在专设的极低放废物填埋场或处置在核设施中的极低放废物填埋场中(地表下 10 ~ 15 m)。在处置过程中,应遵循以下基本原则:

(1)极低放废物应在保证公众和环境安全的前提下,经济、合理地处置;

(2)极低放废物应尽可能就近填埋处置;

(3)极低放废物的填埋处置应根据废物数量和废物特征等因素选择适宜的处置方式,如专设填埋场或利用适当的废矿井,也可以利用工业固体废物填埋场处置极低放废物;

(4)不得通过故意稀释来达到规定的极低放废物活度浓度指导值;

(5)极低放废物的填埋处置,如果涉及其他危害(如化学和生物危害等),还应满足相关标准的要求。

极低放废物填埋安全监管要点如下:

(1)极低放废物填埋场的选址和建造必须得到批准,不允许自行随意挖坑填埋;

(2)填埋场所接收的废物必须执行国家标准所规定的要求;

(3)填埋场主要填埋极低放射性水平的污染土和建筑垃圾,不得填埋有潜在利用价值的物料,以防被挖出利用,造成放射性污染;

(4)填埋场应重视减少渗漏液的产生和防止其渗透泄漏进入蓄水层,造成对地下水和周围环境的污染。这除了填埋场严格按标准选址外,设计和建造要采取有效的防渗措施以及做好监测。

目前我国低、中放固体废物管理主要存在以下问题：

（1）固体废物现场暂存不超过5年的规定未得到执行，不少单位的固体废物贮存设施贮存容量不足；

（2）低放废物处置场选址困难；

（3）亟待开展中放废物选址和研发工作；

（4）废物包表面剂量率大大提高，贮存、运输和处置操作的安全措施需要解决；

（5）分出极低放废物和清洁解控的执行力度不够，需要完善相关法规标准。

6.4.3　低放废物处置

对于低放废物，一般是将废物容器或无容器废物固化体，堆置于地表挖出的混凝土壕沟（或钢筋混凝土竖井）内。壕沟（或钢筋混凝土竖井）可分成若干处置隔间，堆置时用黏土和砂石混凝土等回填废物容器之间的空隙，每堆满一个隔间便用黏土和混凝土覆盖和封顶，并用防水材料适当密封以防止渗入雨水。在壕沟底部自下而上地设置不透水黏土层、砾石层、砂层以及完善的集水排水系统。处置场的排水渠应位于不透水层以上，将场内所有地下水收集排出。对于中放废物，一般采用中等深度处置。一般在30～300 m，目前使用较多的是各类废矿井，如盐矿、铁矿和铀矿等。

6.4.4　中放废物处置

对于主要含长寿命放射性核素的中放废物，我国《核安全法》和《放射性废物分类》公告都提出中等深度处置要求。此类废物主要包括军工遗留以及未来后处理设施运行产生的大量含长寿命超铀核素的中放废液、核设施退役过程中产生的堆内大量中子活化组件和废放射源等，采用近地表处置无法满足相应的安全要求，而按其活度水平和释热率不属于高放废物，实施深地质处置经济代价相对较高。在国外许多国家采用中等深度（地下几十米到百多米深度）地质处置，用较高程度的包容和隔离来满足处置的安全性。IAEA在1994年和2009年的废物分类标准中都提出了这样的要求。法国、英国、德国都已在建这样的处置场，韩国、瑞典和芬兰等均已建成运行相应类型设施。

我国已将中等深度处置相关导则的制定工作列入《核与辐射安全法规制修订"十三五"规划》中逐步实施，同时，相关部门正规划开展相关工程研发工作，待筛选适宜的场址后对中放废物进行集中安全处置。

6.4.5　高放废物处置

高放废物是指乏燃料后处理第一个溶剂萃取循环产生的含有锕系元素和大部分裂变产物的高放废液及其固化体，其被认定作为废物的乏燃料以及其他有相似放射性特性的废物。其半衰期长者达百万年，很多核素属极毒、高毒类，并且有强释热率。

高放废物处置是实现高放废物与人类生活区域的隔离，不使其以对人类有危害的量进入人类生物圈，不给现代人、后代人和环境造成危害，并使其对人类和非人类生物种与环境的影响可合理达到的尽可能低。为此，IAEA和经济合作与发展组织（Organization for Economic Cooperation and Development, OECD）/全国教育协会（National Education Association, NEA）等国际组织发布了一系列安全标准和导则。ICRP发布了《固体放射性废物处置的辐射防护原则》《放射性废物处置的放射防护政策》《用于长寿命固体放射性废物处置的辐射防护建议》等报告书。ICRP 第 64 号出版物指出："高放废物处置构成延伸到非常遥远的辐射源项,在对这种潜在照射的评价方面,关于事件和概率的确定出现了相关的方法学问题"。ICRP 第 76 号出版物 51 指出："对潜在照射防护的最优化仍有大量问题没有解决,特别是概率低而后果大情况"。ICRP 第 77 号出版物指出："在长寿命放射性核素危险评价中潜在照射的作用现在还不清楚"。ICRP 第 81 出版物指出："在处置系统的开发过程中,特别是在选址和处置库的设计阶段,最优化原则要反复地使用"。

目前被广泛接受的地质处置是把高放废物处置在足够深地下(通常指 500～1 000 m)的地质体中,通过建造一个天然屏障和工程屏障相互补充的多重屏障体系,使高放废物对人类和环境的有害影响低于审管机构规定的限值,并且可合理达到尽可能低。而为实现对高放废物中核素万年以上的安全包容和隔离,采用纵深防御多重屏障隔离体系。这多重屏障分为工程屏障(包括高放废物固化体、包装容器、外包装、回填材料和处置工程构筑物)和天然屏障(主岩和外围土层)两大部分。据计算和安全评价,工程屏障的包容和隔离作用可达 1 000 年,以后的包容和隔离作用主要依靠天然屏障。

6.5　放射性废物安全监管

我国政府高度重视环境保护,确定环境保护是一项基本国策。宪法中明确规定"国家保护和改善生活环境和生态环境,防治污染和其他公害"。《中华人民共和国环境保护法》明确提出了"经济建设与环境保护协调发展""预防为主、防治结合、严格管理、安全第一"等原则。在放射性废物管理方面,我国已颁布了《放射性污染防治法》,发布了《放射环境管理办法》《建设城市放射性废物库的暂行规定》《城市放射性废物管理办法》《关于我国中低水平放射性废物处置的环境政策》《放射性废物管理规定》《放射性废物分类标准》《放射性废物安全监督管理规定》以及《核科学技术术语 放射性废物管理》(GBT 4960.8—2008)等法规、条例和标准,建立了较完整的法律法规和标准体系。

我国放射性废物法制管理具体体现在在国家法律框架下,按法律法规、标准办事,建立审管机构,独立行使审管的执法和监督职能,明确废物产生者和废物管理设施营运者的职责,实行环境影响评价制度和许可制度。放射性废物不恰当的管理会在现在或将来对人类健康和环境产生不利的影响,放射性废物管理必须履行旨在保护人类健康和环境的各项措施。

本章习题

1. 填空题

（1）废物包装容器应由具有制造许可证的单位生产，并按相应标准规定的要求进行_____验收。

（2）我国《电离辐射防护与辐射源安全基本标准》（GB 18871—2002）明确指出，_____和_____应确保在现实可行的条件下，使其所负责产生的放射性废物的活度与体积达到并保持_____。

（3）放射性废物管理是包含放射性废物_____、_____、_____、_____和_____在内的所有行政管理和运行活动的总称。

（4）IAEA 在征集成员国意见的基础上，经理事会批准，在_____年发布了放射性废物管理以下 9 条基本原则。

2. 简答题

（1）放射性废物的主要类型有哪些？

（2）核燃料循环过程中产生哪些放射性废物？

（3）放射性废物的处理技术有哪些？

（4）放射性废物处置的基本要求和安全监管要点是什么？

（5）放射性废物安全监管的原则包含哪几个部分？

第 7 章　核辐射效应与探测

7.1　放射性的基本概念和单位

7.1.1　衰变规律及基本概念

原子核通过 α 或 β 衰变成为另一种原子核,这种变化存在先后顺序。对于任何放射性物质,其原有的放射性原子核的数量将随时间的推移变得越来越少。原子核数量与时间存在如下关系方程

$$lnN = LnN_0 - \lambda t \tag{7-1-1}$$

式中,N_0 是时间 $t \approx 0$ 时原子核的量,N 是 t 时刻的原子核的量,$-\lambda$ 是直线的斜率。化为指数形式则有

$$N = N_0 e^{\lambda t} \tag{7-1-2}$$

任何放射性物质在单独存在时其统计规律都服从指数衰减规律。其中 λ 是一个常量,称为衰变常量,其量纲是时间的倒数。λ 的大小决定了衰变的快慢,且只与放射性核素的种类有关,是放射性原子核的特征量。衰变数正比于时间间隔 dt 和 t 时刻的原子核数 N,其比例系数正好是衰变常量 λ。因此,λ 可以写为

$$\lambda = \frac{-dN/N}{dt} \tag{7-1-3}$$

式中,分子 $-dN/N$ 表示每个原子核的衰变概率。衰变常量 λ 是在单位时间内每个原子核的衰变概率,这就是衰变常量的物理意义。因为 λ 是常量,所以每个原子核不论何时衰变,其概率均相同。这意味着,衰变过程是独立的。通常把指数衰减规律也称作放射性衰变的统计规律。

放射性活度(A)表示在单位时间内有多少核发生衰变,亦即放射性核素的衰变率 $-dN/dt$。这个量可以通过测量放射线的数目来决定。可表示为

$$A = \frac{-dN}{dt} = \lambda N = \lambda N_0 e^{-\lambda t} = A_0 e^{-\lambda t} \tag{7-1-4}$$

式中,$A_0 = \lambda N_0$ 是 $t=0$ 时的放射性活度。可见放射性活度和放射性核数具有同样的指数衰减规律。

半衰期 $T_{1/2}$ 是放射性原子核数衰减到原来数目所需的时间的 $1/2$,它与 λ 存在如下关系:当 $t = T_{1/2}$ 时,

$$N = \frac{1}{2}N_0 = N_0 e^{-\lambda T_{1/2}} \tag{7-1-5}$$

所以有

$$T_{1/2} = \frac{ln2}{\lambda} = \frac{0.693}{\lambda} \tag{7-1-6}$$

可见 $T_{1/2}$ 与 λ 成反比。λ 越大,表示放射性衰减得越快,衰减到 $1/2$ 所需的时间就

越短。

平均寿命 τ 是指放射性原子核平均生存的时间。对大量放射性原子核而言,有的核先衰变,有的核后衰变,各个核的寿命长短一般是不同的,从 $t=0$ 到 $t=\infty$ 都有可能。但是,对某一核素而言,平均寿命只有一个。在 t 时刻的无穷小时间间隔 dt 内有 $-dN$ 个核发生衰变,则可认为这 $-dN$ 个核的寿命是 t,总寿命是 $(-dN)t=t\lambda Ndtdt$。设 $t=0$ 时的原子核数是 N_0,则这 N_0 个核的总寿命为 $\int_0^\infty t\lambda Ndt$,所以平均寿命表示为

$$\tau = \frac{1}{N_0}\int_0^\infty t\lambda Ndt = \int_0^\infty t\lambda e^{\lambda t}dt = \frac{1}{\lambda} \qquad (7-1-7)$$

可见平均寿命和衰变常量互为倒数。存在半衰期与平均寿命的关系为

$$T_{1/2} = \frac{ln2}{\lambda} = \tau = \frac{0.693}{\lambda} \qquad (7-1-8)$$

7.1.2 放射性活度单位

衡量放射性物质的多少是放射性物质的放射性活度(即单位时间的衰变数)的大小。过去放射性活度的常用单位是居里(Curie,简称为 Ci),包括其分数单位毫居里(1 mCi = 10^{-3}Ci)和微居里(1 μCi = 10^{-6}Ci)。居里原先的定义是:1 Ci 的氡等于和 1 g 镭处于平衡的氡的每秒衰变数,即 1 g 镭的每秒衰变数。在早期测得此衰变数为每秒 3.7×10^{10} 次。但这一定义会随着测量的精度而改变。1950 年以后规定:1 Ci 的放射源每秒产生 3.7×10^{10} 次衰变来表示放射源的活度,即

$$1\ Ci = 3.7\times10^{10}s^{-1}$$
$$1\ mCi = 3.7\times10^7 s^{-1}$$
$$1\ \mu Ci = 3.7\times10^4 s^{-1}$$

除单位"居里"外,早期还曾使用过另一放射性活度的单位"卢瑟福"(简记为 Rd),它的定义为

$$1\ Rd = 1\times10^6 s^{-1}$$

它和 mCi 的关系为

$$1\ mCi = 37\ Rd$$

1975 年国际计量大会(General Conference on Weights and Measures)通过决议,规定国际单位制的"贝可勒尔"(Becquerel)为每秒一次衰变,符号为 Bq。因此,它与"居里"和"卢瑟福"的关系为

$$1\ Ci = 3.7\times10^{10}\ Bq$$
$$1\ Rd = 1\times10^6\ Bq$$

放射源所含放射性物质的原子核数及其质量能够通过其放射性活度和半衰期计算获得,故射性活度 A 等于衰变常量 λ 和原子核数 N 的乘积,原子核数可通过下式计算获得:

$$N = A/\lambda = AT_{1/2}/ln2 \qquad (7-1-9)$$

式(7-1-9)可用于计算放射性物质的质量:

$$m = (M/N_A)\cdot N = MAT_{1/2}/(N_A ln2) \qquad (7-1-10)$$

式中,M 为原子质量,N_A 为阿伏伽德罗常量。

在实际应用中,还会经常使用到"比活度"和"射线强度"这两个物理量。

（1）比活度（有时叫放射性比度）是指放射源的放射性活度与其质量之比，即单位质量放射源的放射性活度。该物理量的重要性在于它的大小表明了放射源物质纯度的高低。在实际应用中，某一核素的放射源不大可能全部是由该种核素组成的，一般还包含有其他物质。其他物质相对含量大的放射源，其比活度则低，反之则高。

（2）射线强度是指放射源在单位时间内放出某种射线的个数，其物理量与放射性活度存在区别，如果某放射源的一次衰变只放出一个粒子，则该源的射线强度和放射性活度相等。然而，对大多数放射源，一次衰变往往放出若干个粒了，例如，^{60}Co源的一次衰变放出两个γ光子，所以^{60}Co源的γ射线强度是放射性活度的两倍。

7.1.3 电离辐射

电离是指从一个原子、分子或其他束缚状态释放一个或多个电子的过程。电离辐射，就是由能通过初级过程或次级过程引起电离的带电粒子或不带电粒子组成的，或者由它们混合组成的辐射。有时也将电离辐射简称为辐射。电离辐射无论是在空间，还是在介质内部通过、传播以至经由相互作用发生能量传递的整个空间范围，称为（电离）辐射场。辐射量是为了表征辐射源特征，描述辐射场性质，量度辐射与物质相互作用的程度及受照物质内部发生的辐射效应而建立的。

7.1.4 能量

辐射能量的测量单位是电子伏（eV），其定义为电子通过1伏的电位差加速度而获得的动能。在电离辐射能量测量中，常用千电子伏特（KeV）和兆电子伏特（MeV）作为单位。对于微粒辐射，电子伏特是辅助单位，通过将电位差乘以粒子携带的电子电荷数，可以计算出从粒子电场中获得的能量。例如，电子电荷为+2的α粒子在以1 000伏特的电位差加速时将获得2 keV的能量。能量的国际单位制是焦耳（J）。

$$1eV = 1.602 \times 10^{-19} \text{ J}$$

X射线或γ射线光子的能量与辐射频率的关系可表示为

$$E = h\nu \tag{7-1-11}$$

式中，h 为普朗克常数（6.626×10^{-34} J·s，或 4.135×10^{-15} eV·s），ν 为辐射频率。

波长 λ 与光子能量相关，其关系可表示为

$$\lambda = \frac{1.240 \times 10^{-6}}{E} \tag{7-1-12}$$

式中，λ 的单位为米（m），E 的单位为电子伏（eV）。

7.1.5 谱分布

实际上，到达辐射场某点的粒子，它们的能量往往不是单一的。因此，辐射场中某点的粒子注量存在着按粒子能量的谱分布。谱分布存在积分分布 $\Phi(E)$ 和微分分布 Φ_E 两种形式，如图7-1所示。

积分分布 $\Phi(E)$ 表示能量在 $0 \sim E$ 的粒子所组成的那部分粒子注量，数值上它等于进入球体的能量介于 $0 \sim E$ 的粒子数除以该球体的截面积所得的商。

微分分布 Φ_E 是积分分布 $\Phi(E)$ 对能量 E 的导数，它表示单位能量间隔内的粒子注量。即

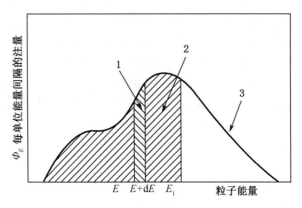

图7-1　粒子注量的谱分布示意图

$$\Phi_E = \mathrm{d}\Phi(E)/\mathrm{d}E \qquad (7\text{-}1\text{-}13)$$

因此,由能量从 E 到 $E+\mathrm{d}E$ 之间的粒子所组成的那部分粒子注量为

$$\mathrm{d}E = [\mathrm{d}\Phi(E)/\mathrm{d}E]\mathrm{d}E \qquad (7\text{-}1\text{-}14)$$

数值上它等于进入小球的能量介于 E 到 $E+\mathrm{d}E$ 之间的粒子数除以该球体的截面积所得的商。因此,粒子注量的积分分布与其微分分布的关系还可写为

$$\Phi(E) = \int_0^E \Phi_E \mathrm{d}E' \qquad (7\text{-}1\text{-}15)$$

式中,符号 E' 用以区别积分变量和积分上限。粒子的注量 Φ 可以表示为粒子注量的微分分布在 $0 \sim E_{\max}$ 对所有粒子能量的积分,即

$$\Phi = \int_0^{E\max} \Phi_E \mathrm{d}E \qquad (7\text{-}1\text{-}16)$$

粒子注量的积分分布和粒子注量具有相同的单位,但粒子注量的微分分布的单位是 $\mathrm{m}^{-2} \cdot \mathrm{J}^{-1}$。

7.1.6　粒子注量及注量率

（1）粒子注量

粒子注量是根据入射粒子数的多少描述辐射场特性的物理量。注量的定义为:在给定的时间间隔内进入空间某点为中心小球体的粒子数除以球体最大截面积的商。它给出每平方厘米的粒子数。

在单向平行辐射场中,粒子注量 Φ,数值上等于通过与粒子入射方向垂直的单位面积的粒子数。对于非单向平行辐射场。辐射场中某一点处的粒子注量,是进入以该点为球心的一个小球的粒子数 $\mathrm{d}N$ 除以该球截面积 $\mathrm{d}a$ 的商,即

$$\Phi = \mathrm{d}N/\mathrm{d}a \qquad (7\text{-}1\text{-}17)$$

粒子注量 Φ 的单位是 m^{-2}。

（2）粒子注量率

粒子注量率是指单位时间内进入单位截面积小球的粒子数,其定义为 $\mathrm{d}\Phi$ 中除以 $\mathrm{d}t$ 所得的商,即

$$\varphi = \mathrm{d}\Phi/\mathrm{d}t \qquad (7\text{-}1\text{-}18)$$

式中，$\mathrm{d}\varPhi$ 是时间间隔 $\mathrm{d}t$ 内粒子注量 $\varPhi$ 的增量。粒子注量率 φ 的单位是 $\mathrm{m}^{-2} \cdot \mathrm{s}^{-1}$

7.1.7 能量注量

（1）能量注量

除粒子数外，也可用辐射场中某点的粒子能量来定量描述辐射场的性质，即能量注量。进入辐射场中某一点处的能量注量，是以该点为球心的球体内的所有粒子能量（不包括静止能量）之和 $\mathrm{d}E_{fl}$ 除以该球截面积 da 所得的商，即

$$\varPsi = \mathrm{d}E_{fl}/\mathrm{d}a \tag{7-1-19}$$

能量注量 $\varPsi$ 的单位是 $\mathrm{J} \cdot \mathrm{m}^{-2}$，表示进入单位截面积小球的所有粒子能量之和。

（2）能量注量率

能量注量率 ψ 是指单位时间内进入单位截面积小球的所有粒子能量之和，其定义为 $\mathrm{d}\varPsi$ 除以 $\mathrm{d}t$ 所得的商，即

$$\psi = \mathrm{d}\varPsi/\mathrm{d}t \tag{7-1-20}$$

式中，$\mathrm{d}\varPsi$ 是时间间隔 $\mathrm{d}t$ 内能量注量的增量。能量注量率 ψ 的单位是 $\mathrm{J} \cdot \mathrm{m}^{-2} \cdot \mathrm{s}^{-1}$。

（3）能量注量与粒子注量的关系

能量注量 $\varPsi$ 和粒子注量 $\varPhi$ 都是描述辐射场性质的量，它们之间的关系针对辐射场的不同可表示为：对于单能辐射场，辐射场中某点的能量注量 $\varPsi$，就是同一点的粒子注量 $\varPhi$ 和粒子能量 E 的乘积，即

$$\varPsi = \varPhi \cdot E \tag{7-1-21}$$

对于非单能辐射场，某点处的能量注量为

$$\varPsi = \int_0^{E_{\max}} \varPhi_E E \mathrm{d}E \tag{7-1-22}$$

式中，$\varPhi_E$ 是同一点处粒子注量按粒子能量的微分分布。

如果知道辐射场中某点处粒子注量的谱分布，则可用下式计算同一点处以粒子注量 $\varPhi_E$ 加权的平均粒子能量 $\overline{E_\varPhi}$，即

$$\overline{E_\varPhi} = \int_0^{E_{\max}} \varPhi_E E \mathrm{d}E \Big/ \int_0^{E_{\max}} \varPhi_E \mathrm{d}E = \frac{1}{\varPhi} \int_0^{E_{\max}} \varPhi_E E \mathrm{d}E \tag{7-1-23}$$

7.1.8 吸收剂量

（1）授予能

授予能 ε 是电离辐射以电离、激发的方式授予某一体积中物质的能量。其定义为

$$\varepsilon = R_{\mathrm{in}} - R_{\mathrm{out}} + \sum Q \tag{7-1-24}$$

式中，R_{in} 是进入该体积的辐射能，即进入该体积的所有带电和不带电粒子的能量（不包括静止质量能）的总和；R_{out} 是从该体积逸出的辐射能，即离开该体积的所有带电和不带电粒子的能量（不包括静止质量能）的总和；$\sum Q$ 是在该体积中发生任何核变化时，所有原子核和基本粒子静止质量能变化的总和（"+"表示减少，"–"表示增加）。授予能 ε 的单位是 J。

由于辐射源发射的电离粒子以及它们与物质的相互作用都是随机的，在某一体积内发生的每一个过程，无论其发生的时间、位置，还是其能量传递的多少，都具有统计涨落的性质。因此，授予能 ε 是一个随机量。但它的数学期望值，即平均授予能 $\overline{\varepsilon}$ 是非随机量。

（2）吸收剂量

吸收剂量 D 是单位质量受照物质中所吸收的平均辐射能量。其定义为 $\mathrm{d}\bar{\varepsilon}$ 除以 $\mathrm{d}m$ 所得的商，即

$$D = \mathrm{d}\bar{\varepsilon}/\mathrm{d}m \qquad (7-1-25)$$

式中，$\mathrm{d}\bar{\varepsilon}$ 是电离辐射授予质量为 $\mathrm{d}m$ 的物质的平均能量。吸收剂量 D 的单位是 $\mathrm{J \cdot kg^{-1}}$，专门名称是戈瑞（Gray），符号 Gy。$1\ Gy = \mathrm{J \cdot kg^{-1}}$。

吸收剂量适用于任何类型的辐射和受照物质，并且是个与一无限小体积相联系的辐射量，即受照物质中每一点都有特定的吸收剂量数值。因此，在给出吸收剂量数值时，必须指明辐射类型、介质种类和所在位置。

（3）吸收剂量率

吸收剂量率 $\dot{D}$ 是单位时间内的吸收剂量，定义为 $\mathrm{d}D$ 除以 $\mathrm{d}t$ 所得的商，即

$$\dot{D} = \mathrm{d}D/\mathrm{d}t \qquad (7-1-26)$$

式中，$\mathrm{d}D$ 是时间间隔 $\mathrm{d}t$ 内吸收剂量的增量。吸收剂量率 $\dot{D}$ 的单位是 $\mathrm{J \cdot kg^{-1} \cdot s^{-1}}$，亦即 $Gy \cdot s^{-1}$。

（4）带电粒子平衡

带电粒子平衡是剂量学中很重要的一个概念，这里仅对它做简单的介绍。设不带电粒子通过体积为 V 的物质，如图 7-2 所示。假设在体积 V 中任取一点 O，并以 O 点为中心取一小体积元 ΔV。

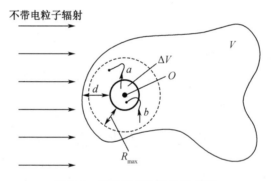

图 7-2　带电粒子平衡的示意图

不带电粒子传递给小体积元 ΔV 的能量，等于它在 ΔV 内所产生的次级带电粒子动能的总和。这些次级带电粒子有的产生在 ΔV 内，也有产生在 ΔV 外的。另外，在 ΔV 内产生的次级带电粒子有些可能离开体积元 ΔV，如径迹 a；也有可能在 ΔV 外产生的次级带电粒子进入该体积元，如径迹 b。若每一个带电粒子离开以 O 点为中心的小体积元 ΔV 时，就有另一个同种类、同能量的带电粒子进入该体积元来补偿，则称 O 点存在带电粒子平衡。如果涉及的带电粒子特指电子，则就称为电子平衡。带电粒子平衡总是同辐射场内特定位置相联系的。

受照射物质中某一特定位置上的小体积元 ΔV 内存在带电粒子平衡的条件是：

①在以小体积元 ΔV 的边界向各个方向伸展的距离 d，至少应大于初级入射粒子在该物质中所产生的次级带电粒子的最大射程 $R_{\max}$，并且在 $d \geqslant R_{max}$ 的区域内辐射场应是恒定的，

即入射的粒子注量和谱分布为恒定不变;

②在上述的 $d \geqslant R_{max}$ 区域内,物质对次级带电粒子的阻止本领以及对初级入射粒子的质量能量吸收系数也应该是恒定不变的。

7.1.9 比释动能

(1)转移能

转移能 ε_{tr} 是不带电粒子在某一体积元内转移给次级带电粒子的初始动能的总和,其中包括在该体积内发生的次级过程所产生的任何带电粒子的能量。转移能 ε_{tr} 同授予能 ε 一样也是随机量。其数学期望值,即平均转移能 $\overline{\varepsilon}_{tr}$ 是非随机量。

(2)比释动能

不带电粒子授予物质能量的过程可以分成两个阶段:第一阶段,不带电粒子与物质相互作用释出次级带电粒子,不带电粒子的能量转移给次级的带电粒子;第二阶段,带电粒子将通过电离、激发,把从不带电粒子那里得来的能量授予物质。吸收剂量是表示第二过程的结果。比释动能是表示第一过程结果的辐射量。比释动能 K 定义为 $d\overline{\varepsilon}_{tr}$ 除以 dm 所得的商。即

$$K = d\overline{\varepsilon}_{tr}/dm \qquad (7-1-27)$$

式中,$d\overline{\varepsilon}_{tr}$ 是不带电粒子在质量 dm 的物质中释出的全部带电粒子的初始动能总和的平均值,它既包括这些带电粒子在轫致辐射过程中辐射出来的能量,也包括在该体积元内发生的次级过程所产生的任何带电粒子的能量。

比释动能 K 的单位与吸收剂量的单位相同,为 $J \cdot kg^{-1}$ 或 Gy。比释动能只适用于不带电粒子,但适用于任何物质。它也是一个与无限小体积相联系的辐射量。在受照物质中每一点上都有它特定的比释动能数值。所以在给出比释动能数值时,也必须同时指出与该比释动能相联系的物质和该物质的部位。

(3)比释动能率

比释动能率 $\dot{K}$ 是 dK 除以 dt 所得的商,即

$$\dot{K} = dK/dt \qquad (7-1-28)$$

式中,dK 是在时间间隔 dt 内比释动能的增量。比释动能率的单位与吸收剂量率相同,即 $J \cdot kg^{-1} \cdot s^{-1}$,亦即 $Gy \cdot s^{-1}$。

(4)比释动能与能量注量的关系

对于仅有一种单能不带电粒子的辐射场,某点处物质的比释动能 K 与同一点处的能量注量 Ψ 有如下关系:

$$K = \Psi(\mu_{tr}/\rho) \qquad (7-1-29)$$

式中,μ_{tr}/ρ 是物质对入射的不带电粒子的质量能量转移系数,$m^2 \cdot kg^{-1}$;Ψ 是粒子能量注量 $J \cdot m^{-2}$。

对于具有谱分布的不带电粒子的辐射,物质的比释动能则可用下式表示:

$$K = \int \Psi_E(\mu_{tr}/\rho) dE \qquad (7-1-30)$$

式中,Ψ_E 是能量注量按粒子能量的微分分布;μ_{tr}/ρ 是相应的质量能量转移系数。

当能量注量 Ψ 确定不变时,比释动能与物质的质量能量转移系数 μ_{tr}/ρ 成正比。因此,

$$K_1/K_2 = (\mu_{tr}/\rho)_1/(\mu_{tr}/\rho)_2 \qquad (7-1-31)$$

式中,1 和 2 分别表示物质 1 和物质 2。只要知道在一种物质中的比释动能,就可以求出同样情况下在另一种物质中的比释动能。

对于单能中子,中子辐射场中某点处物质的中子比释动能 K_n,即

$$K_n = f_K \Phi \qquad (7-1-32)$$

式中, $f_K = E(\mu_{tr}/\rho)$ 称为中子的比释动能因子,它表示与单位中子注量相应的比释动能值,其单位是 $Gy \cdot m^2$。

(5)比释动能与吸收剂量的关系

在带电粒子平衡条件下,不带电粒子在某一体积元的物质中,转移给带电粒子的平均能量 $d\bar{\varepsilon}_{tr}$,就等于该体积元物质所吸收的平均能量 $d\bar{\varepsilon}$。若该体积元物质的质量为 dm,则

$$K = \frac{d\bar{\varepsilon}_{tr}}{dm} = \frac{d\bar{\varepsilon}}{dm} = D \qquad (7-1-33)$$

除了满足带电粒子平衡条件外,上式成立的另一个条件是带电粒子产生的轫致辐射效应可以忽略。在这个前提下,认为比释动能与吸收剂量在数值上相等。但这只对低能 X 或 γ 射线来说是成立的,而对于高能 X 或 γ 射线,则由于次级带电粒子是电子,有一部分能量在物质中转变为轫致辐射而离开所关心的那个体积元,故使 $K \neq D$,此时的表达式为:

$$D = \frac{d\bar{\varepsilon}}{dm} = \frac{d\bar{\varepsilon}_{tr}}{dm}(1-g) = K(1-g) \qquad (7-1-34)$$

式中,g 是次级电子在慢化过程中,能量损失于轫致辐射的能量份额。

高能电子在高原子序数的物质内,g 值比较大,但在低原子序数物质内,g 值一般比较小,通常可忽略,这样可近似地认为吸收剂量与比释动能在数值上相等,即 $D=K$。对于中子,当能量低于 30 MeV 时,D 与 K 的数值差别完全可以忽略。此时,计算出的中子比释动能值就可当作同种物质的吸收剂量值。

7.1.10 照射量与照射量率

(1)照射量

照射量是一个用来表示 X 或 γ 射线在空气中产生电离能力大小的辐射量。照射量 X 定义为 dQ 除以 dm 所得的商,即

$$X = dQ/dm \qquad (7-1-35)$$

式中,dQ 的值是 X 或 γ 射线在质量为 dm 的空气中,释放出来的全部电子(正、负电子)完全被空气阻止时,在空气中产生一种符号的离子的总电荷的绝对值。dQ 不包括光子在空气中释放出来的次级电子产生的轫致辐射被吸收后产生的电离。不过,这仅在光子能量很高时才有意义。照射量的单位是 $C \cdot kg^{-1}$。

照射量只用于量度 X 或 γ 射线在空气介质中产生的照射效能。但对于除空气之外的其他介质中,某点处的照射量应理解为在所考察的那点处放置少量空气后测得的照射量值。

只有在满足电子平衡的条件下,才能严格按照定义精确测量照射量。基于现有技术条件和对精度的要求,被精确测量照射量的光子能量限于 10 keV ~ 3 MeV。在辐射防护中,能量上限可扩大到 8 MeV。

（2）照射量率

照射量率 $\dot{X}$ 是 dX 除以 dt 所得的商,即

$$\dot{X} = dX/dt \tag{7-1-36}$$

式中,dX 是时间间隔 dt 内照射量的增量。照射量率的单位是 $C \cdot kg^{-1} \cdot s^{-1}$。

（3）照射量因子

对于单能 X 或 γ 射线,空气中某点的照射量 X 与同一点处的能量注量 Ψ 有下述关系:

$$X = \Psi(\mu_{en}/\rho)_a \cdot (e/W_a) \tag{7-1-37}$$

式中,$(\mu_{en}/\rho)_a$ 是空气对给定的单能 X 或 γ 射线的质量能量吸收系数,单位是 $m^2 \cdot kg^{-1}$,e 是电子的电量,其值为 $1.602 \times 10^{19} C$;W_a 是电子在干燥空气中每形成一对离子所消耗的平均能量,其值为 33.85 eV。

将单能光子的能量注量与注量的关系 $\Psi = E \cdot \Phi$ 代入式(7-1-36),即得

$$X = f_X \cdot \Phi \tag{7-1-38}$$

式中,$f_X = E(\mu_{en}/\rho)_a \cdot (e/W_a)$ 成为照射量因子,它表示与单位光子注量相应的照射量,其单位是 $C \cdot kg^{-1} \cdot m^2$。

对于具有谱分布的 X 或 γ 射线,则应写成如下形式:

$$X = \int \Phi_E f_X(E) dE \tag{7-1-39}$$

式中,Φ_E 是光子注量按光子能量的微分分布;$f_X(E)$ 是光子能量为 E 的照射量因子。

（4）照射量与吸收剂量的关系

在带电粒子平衡条件下,单能 X 或 γ 射线在某物质中吸收剂量 D 和能量注量 Ψ 的关系为

$$D = \Psi(\mu_{en}/\rho) \tag{7-1-40}$$

式中,μ_{en}/ρ 是单能 X 或 γ 射线对某物质的质量能量吸收系数,单位是 $m^2 \cdot kg^{-1}$。该式是计算单能 X 或 γ 射线吸收剂量的基本公式。当能量注量 Ψ 确定不变时,吸收剂量 D 与物质的质量能量吸收系数 μ_{en}/ρ 成正比。故有:

$$D_1/D_2 = (\mu_{en}/\rho)_1/\mu_{en}/\rho_2 \tag{7-1-41}$$

式中,脚码 1 和 2 分别表示物质 1 与物质 2。因此,只要知道在一种物质中的吸收剂量,就可以求出在带电粒子平衡条件下另一种物质中的吸收剂量。也可得出在带电粒子平衡条件下,空气中照射量和吸收剂量的关系为

$$D_a = \frac{W_a}{e} X \tag{7-1-42}$$

式中,D_a 是在空气中同一点处的吸收剂量。且

$$D_m = f_m \cdot X \tag{7-1-43}$$

式中,D_m 是处于空气中同一点处所求物质中的吸收剂量,单位是 Gy;X 是照射量,单位是 $C \cdot kg^{-1}$。f_m 以 $C \cdot kg^{-1}$ 为单位的照射量换算到以 Gy 为单位的吸收剂量的换算因子,其单位是 $J \cdot C^{-1}$。

7.2 电离辐射与物质的相互作用

辐射可分为电离辐射和非电离辐射。频率在 $3×10^{16}$ Hz 以下的辐射,如红外线、可见光、紫外线等,其光子能量很低,不能引起物质电离,这类辐射叫非电离辐射;凡是能直接或间接使物质电离的一切辐射,统称为电离辐射(Ionizing Radiation)。电离辐射是由带电的电离粒子,或者不带电的电离粒子,或者前两者的混合组成的任何辐射。电离辐射包括能使物质直接电离的带电粒子(如 α 粒子、质子、电子等)和能使物质间接电离的非带电粒子(如频率大于 $3×10^{16}$ Hz 的光子、中子等)。

辐射剂量学、辐射屏蔽、辐射生物效应等都涉及电离辐射与物质的相互作用,电离辐射与物质相互作用时所引起的物理、化学、生物变化都是通过能量转移和吸收过程实现的。

7.2.1 带电粒子与物质的相互作用

带电粒子的种类很多,最常见的有电子(指核外电子)、β 射线(核衰变发射的高速电子)、质子(氢核)、α 粒子(氦核)此外还有 μ 子、π 介子、K 介子、Σ 介子及其他原子核等,常见粒子的基本特性如表 7-1 所示。在辐射防护领域,凡是静止质量大于电子的带电粒子,习惯上都称作重带电粒子。最轻的重带电粒子是 μ 子,其质量为电子质量的 206.9 倍。

表 7-1　常见粒子的基本特性

粒子种类		符号	电荷/e	质量/m	平均寿命/s
轻子	(负)电子	$e^-(\beta^-)$	-1	1	稳定
	正电子	$e^+(\beta^+)$	+1	1	稳定
	μ 子	$\mu^{\pm}$	±1	206.9	$2.26×10^{-6}$
	中微子	v	0	≈0	稳定
介子	π 介子	$\pi^{\pm}$	±1	273.1	$2.56×10^{-8}$
		π^0	0	264.3	$<4×10^{-6}$
	K 介子	$K^{\pm}$	±1	967	$1.22×10^{-8}$
		K^0	0	975	$1.00×10^{-8}$
核子	质子	P	+1	1836.12	稳定
	中子	n	0	1838.65	$1.04×10^{-3}$
重粒子	氘核	d(D)	±1	3 670	稳定
	氚核	t(T)	±1	5 497	109
	α 粒子	α	±2	7 294	稳定
光子	紫外线	—	0	0	—
	γ 射线	γ	0	0	—
	X 射线	X	0	0	—

带电粒子与物质相互作用的过程是很复杂的,主要过程有:弹性散射、电离和激发、轫致辐射、湮没辐射、契伦科夫辐射、核反应[(α,n)、(p,n)、(d,n)等]、化学变化(价态、分解、聚合)等。

带电粒子主要通过电离和激发过程损失能量,其次是轫致辐射,这两种过程是带电粒子在物质中能量损失的主要途径。

(1)电离和激发与碰撞阻止本领

电离(Ionization)是中性原子或分子获得或失去电子而形成离子的现象。电离过程中形成的带正电或带负电的电子、原子、分子等,分别称为正离子或负离子。从一个中性原子或分子产生的具有相等电荷量的正、负离子,称为离子对。电离可在许多情况下发生,如电离辐射、高温、强电场等。

具有一定动能的带电粒子通过物质时,带电粒子通过与轨道电子库仑场静电相互作用或与电子直接碰撞,将部分能量传递给轨道电子。如果轨道电子获得足够的能量,就能摆脱原子核的束缚,逃离原子壳层而成为自由电子,失去电子的原子带正电荷,自由电子与带正电的原子形成一个离子对,这个相互作用过程称为电离。电离作用是带电粒子与轨道电子之间的非弹性碰撞。如果轨道电子获得的能量不足以摆脱原子核的束缚,没有逃离原子,而是从低能级跃迁到高能级,从而使整个原子处于激发态,这个相互作用过程称为激发。处于激发态的原子是不稳定的,它会自发地跃迁到低能级而回到基态,并将获得的多余能量以电磁波的形式放出。这样释放出的高频电磁波称为X射线,它的能量是不连续的,X射线光子的能量等于电子跃迁的两个能级之差,因此这种X射线也叫标识X射线或特征X射线。

在电离过程中产生的某些自由电子如果具有足够的动能,它会进一步引起物质电离。具有较高能量并能进一步引起物质电离的这些自由电子叫作次级电子或δ电子(δ-ray)。由次级电子产生的电离叫次级电离(Secondary Ionization)或间接电离,而由入射带电粒子在其运动过程中直接与物质相互作用所产生的电离叫初级电离(Primary Ionization)或直接电离。

带电粒子与原子轨道电子通过库仑碰撞不断产生电离和激发而传递能量,其本身的能量就会不断地损失,这种能量损失叫碰撞过程的能量损失或电离损失(Ionization Loss)。

阻止本领(Stopping Power)表示带电粒子通过物质时在单位路程上损失的能量。阻止本领通常用 $S=dE/dx$ 来表示,其中,E 为带电粒子的动能,x 为粒子在物质中通过的距离。阻止本领表示物质使通过它的带电粒子动能减少的本领,它与带电粒子的性质(电荷、质量、能量等)和物质的性质(原子序数、密度等)有关。物质对带电粒子的阻止本领又有线性阻止本领(Linear Stopping Power)、质量阻止本领(Mass Stopping Power)和相对阻止本领(Relative Stopping Power)之分。根据带电粒子在物质中损失能量的方式,阻止本领又分为电离阻止本领(Ionization Stopping Power)和辐射阻止本领(Radiation Stopping Power)两种。

线性碰撞阻止本领定义为入射带电粒子在介质中每单位路径长度上由于电离损失的平均能量,并记作$(dE/dx)_{col}$,脚标col表示库仑作用。为消除物质密度 ρ 的影响,常用线性碰撞阻止本领除以密度的商来描写能量损失,并称之为质量碰撞阻止本领,记作$(dE/dx)/\rho_{col}$。质量碰撞阻止本领可粗略地表示为

$$\frac{1}{\rho}\left(\frac{dE}{dx}\right)_{cod} \propto \frac{mz^2}{\beta^2} \qquad (7-2-1)$$

式中,n 为单位体积中的电子数;z 为带电粒子的电荷数,以电子电荷的倍数表示;β 为以光速为单位的带电粒子的运动速度,$\beta=v/c$,v 为带电粒子的运动速度,c 为光速。由式(7-2-1)可以看出:

(1)电离损失与带电粒子的电荷数 z 的平方成正比,带电粒子的电荷数 z 越大,与轨道电子的库仑作用力就越大,因而传递给电子的能量也越多;

(2)电离损失与物质中电子的密度成正比,即电子的密度越大,入射带电粒子与电子发生库仑散射的概率越大,传递给电子能量的机会就越多;

(3)电离损失与带电粒子的运动速度的平方成反比,即带电粒子传递给轨道电子的能量与相互作用的时间有关,速度越慢,作用时间越长,传递给轨道电子的能量也越大,因此,带电粒子在停止运动之前的某一段路径上,电离损失将会达到最大值。

(2)轫致辐射与辐射阻止本领

轫致辐射(Bremsstrahlung)是高速运动的带电粒子受原子核或其他带电粒子的电场(库仑场)作用,突然改变其运动速率或运动方向时产生的电磁辐射。这时带电粒子将部分动能转变为电磁辐射能。轫致辐射的能量是连续分布的,其最大能量等于带电粒子的初始能量。轫致辐射的产生与带电粒子的运动速度有关,只有在带电粒子运动速度很高时才有明显的效应。轫致辐射的强度与带电粒子的质量平方成反比,与阻滞物质的原子序数的平方成正比。因此快速运动的电子被物质阻滞而突然减低其速度时,则有一部分能量转变为连续能量的轫致辐射,辐射强度大于同速度的重带电粒子的辐射。从 β 放射源发出的 β 粒子打到原子序数较高的靶材料时,可发射轫致辐射和特征辐射。轫致辐射的强度和能谱主要与 β 粒子的能量和阻滞物质的原子序数有关。β 粒子的能量越高,阻滞物质的原子序数越高,轫致辐射的强度就越大。β 粒子轫致辐射的平均能量约为 β 粒子最大能量的 1/3。轫致辐射是带电粒子与原子核之间的非弹性碰撞,也叫辐射碰撞。

高能带电粒子由于轫致辐射而引起的能量损失称为辐射损失(Radiation Loss)。这种能量损失通常只是对电子(β 粒子)才是重要的,对重带电粒子可以忽略不计。

带电粒子的辐射损失正比于 $(Zz)^2/m^2$,式中 Z 为阻滞物质的原子序数,z 为带电粒子的电荷数,m 为带电粒子的质量。这个关系表明,带电粒子质量越大,辐射损失越小,在同一物质中和相同的能量条件下,α 粒子的辐射损失比电子的辐射损失小得多。因此,重带电粒子的辐射损失可忽略不计,主要是考虑电子的辐射损失。

在辐射防护中,更多关心的是电子产生轫致辐射的份额(F)

$$F=KZE \qquad (7-2-2)$$

式中,E 为电子的能量,单位为 MeV;Z 为物质的原子序数;K 为比例常数,一般为(0.4~1.1)$\times10^{-3}$/MeV。

对单能电子束入射在厚靶上的轫致辐射份额,可用式(7-2-3)计算

$$F=5.8\times10^{-4}ZE \qquad (7-2-3)$$

对 β 射线入射在厚靶上的轫致辐射份额,可用式(7-2-4)计算

$$F\approx3.33\times10^{-4}ZE_{\beta max} \qquad (7-2-4)$$

式中,$E_{\beta max}$ 为 β 射线的最大能量,单位为 MeV。线性辐射阻止本领表示入射带电粒子在介质中每单位路径长度上因辐射而损失的平均能量,并记作 $(dE/dx)_{rad}$,脚标 rad 表示辐射。

为消除介质密度 ρ 的影响,常用线性辐射阻止本领除以密度的商来描述相应的能量损失,称为质量辐射阻止本领,记作 $(dE/dx)/\rho_{col}$。质量辐射阻止本领可表示为

$$\frac{\left(\dfrac{dE}{dx}\right)}{\rho_{rad}} \propto \frac{EZ^2}{m^2} \qquad (7-2-5)$$

(3)总质量阻止本领

总质量阻止本领 S/ρ 定义为带电粒子在密度为 ρ 的介质中,穿过路径 dx 时,所损失的所有能量 dE 除以 ρdx 的商

$$\frac{S}{\rho} = \frac{1}{\rho} \cdot \frac{dE}{dx} \qquad (7-2-6)$$

这里的所有能量损失,是指带电粒子与物质相互作用的一切过程中能量损失之和,在 $E < 10$ MeV 的能量范围内,主要能量损失通常是电离损失和辐射损失,而其他过程的能量损失可忽略不计。因此,总质量阻止本领等于质量碰撞阻止本领 $(S/\rho)_{col}$ 与质量辐射阻止本领 $(S/\rho)_{rad}$ 之和,并表示为

$$\frac{S}{\rho} = \frac{1}{\rho}\left(\frac{dE}{dx}\right)_{col} + \frac{1}{\rho}\left(\frac{dE}{dx}\right)_{rad} = \left(\frac{S}{\rho}\right)_{col} + \left(\frac{S}{\rho}\right)_{rad} \qquad (7-2-7)$$

总质量阻止本领与带电粒子的类型和能量有关。对于重带电粒子,质量辐射阻止本领 $(S/\rho)_{rad}$ 可忽略。对于电子,质量辐射阻止本领与质量碰撞阻止本领之比有以下关系:

$$\frac{\left(\dfrac{S}{\rho}\right)_{rad}}{\left(\dfrac{S}{\rho}\right)_{col}} \approx \frac{ZE}{1\,600\ mc^2} = \frac{ZE}{800} \qquad (7-2-8)$$

式中,E 为电子的能量,单位为 MeV;Z 为物质的原子序数。由式(7-2-8)可以看出,$(S/\rho)_{rad}$ 随入射电子能量的增大而增大。当 $(S/\rho)_{rad} = (S/\rho)_{col}$ 时,电子的能量叫临界能量 E_{cri}。电子在水、空气、铝、铅等物质中的临界能量 E_{cri} 分别为 150 MeV、150 MeV、60 MeV、10 MeV。

(4)总质量阻止本领的换算

初速度相同的两种不同带电粒子 1 和 2 在同一种物质中的碰撞阻止本领之比可表示为

$$\frac{\left(\dfrac{S}{\rho}\right)_1}{\left(\dfrac{S}{\rho}\right)_2} = \frac{z_1^2}{z_2^2} \qquad (7-2-9)$$

此式表明,对以一定初速度射入某种物质中的带电粒子,粒子在物质中的碰撞阻止本领与其所带电荷数的平方成正比。初速度相同的同一种带电粒子在两种不同物质 a 和 b 中的阻止本领之比可表示为

$$\frac{\left(\dfrac{S}{\rho}\right)_a}{\left(\dfrac{S}{\rho}\right)_b} = \frac{\left(\dfrac{Z}{M}\right)_a}{\left(\dfrac{Z}{M}\right)_b} \qquad (7-2-10)$$

式中,Z、M 为物质的原子序数和原子质量数。当 $Z/M \approx 0.5$ 阻止本领近似相等时,则在两

种物质中的质量碰撞阻止本领近似相等。

$$\left(\frac{S}{\rho}\right)_a \approx \left(\frac{S}{\rho}\right)_b \qquad (7\text{-}2\text{-}11)$$

(5)弹性散射

具有一定动能的带电粒子与原子核发生库仑相互作用时,如果作用前后系统的动能与动量不变,这个相互作用过程就称为弹性散射。

重带电粒子由于质量大,只有当它从非常靠近原子核的地方掠过时才会发生明显的散射,因此重带电粒子发生弹性散射的概率较小。所以像 α 这样的重带电粒子在物质中的运动径迹是比较直的。

轻带电粒子,如单能电子或 β 射线,由于质量小,它即使从离原子核较远的地方掠过,也会受到原子核的散射,同时还会受到核外轨道电子的散射。经多次弹性散射,电子在物质中的运动方向会发生多次改变,运动径迹是曲折的。

电子在物质中弹性散射的角分布与电子的速度、散射物质的原子序数有关。散射到某一角度的概率与散射物质的原子序数的平方 Z^2 成正比,与电子速度 v 成反比。小角度散射概率远远大于大角度的散射概率。散射角 $\theta > 90°$ 时的散射叫反散射。

当某一能量的电子穿过某一厚度的物质时,由于多次散射,穿过物质后的净偏转角 θ 也是变化的,其分布服从高斯分布。

(6)湮没辐射

湮没辐射是正、反粒子相遇发生湮没,产生新粒子的辐射。正、反两个碰撞粒子之间的湮灭辐射遵循动量守恒定律和能量守恒定律。例如,电子的静止质量 $mc^2 = 0.511$ MeV,当一个正电子与一个负电子相碰撞时,正、负电子湮没,产生两个能量各为 0.511 MeV 的 γ 光子。这就是最早发现的正、负电子对湮没为两个光子的湮没辐射。再如,正、反质子对通过强相互作用湮没成其他种类的强子等。

(7)契伦科夫辐射

当高速带电粒子在透明介质中以大于光在该介质中的速度运动时,所产生的电磁辐射叫契伦科夫辐射。契伦科夫辐射具有连续光谱,其频带范围主要在可见光区,峰值为蓝光。辐射光的波阵面与粒子运动方向成 θ 角,形成一个圆锥面,θ 角的大小与粒子的速度 v 及介质的折射率 n 的关系为

$$\cos\theta = (\beta n)^{-1} \qquad (7\text{-}2\text{-}12)$$

式中,$\beta = v/c$ 为相对速度,c 是光在真空中的速度。对于水 $n = 1.33$,当 $\beta = 1$ 时,$\theta = 41.15°$。

契伦科夫辐射强度与带电粒子静止质量无关,仅取决于粒子的电荷和速度。

产生契伦科夫辐射的条件是

$$v = \beta \cdot c > \frac{c}{n} \qquad (7\text{-}2\text{-}13)$$

7.2.2 X、γ 射线与物质的相互作用

辐射粒子运动的空间称为辐射场。如果这个空间充满着物质,那么在辐射粒子和物质的原子之间就会发生相互作用过程。由辐射源发出的辐射粒子称一次辐射;如果由于相互作用而从被一次辐射照射的物体上发射出的射线(该物体同样可看作辐射源)叫作次级辐射源;同样,次级辐射还可以引起三次辐射等(图 7-3)。

原子核衰变放射出来的射线在与物质相互作用时,一方面射线能量不断损耗,另一方面射线消耗的能量使物质的分子或原子产生电离或激发。这种过程对于射线的应用以及辐射防护等都具有十分重要的意义。射线在这里是指电离辐射。它是带电电离粒子、不带电电离粒子或由两者混合成的任何辐射。通常所说的带电电离粒子,如电子、质子以及 α、β 粒子等,它们具有足够大的动能,以致能由碰撞产生电离;而那些能够释放出带电电离粒子或引起核变化的不带电粒子如光子、中子等,则称为不带电电离粒子。我们讨论 γ 射线和物质相互作用时,主要过程有光电效应、康普顿效应、电子对效应和核光电效应(图7-4)。

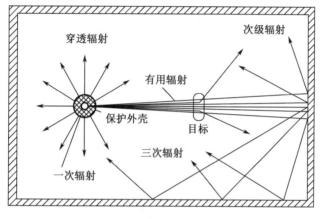

图 7-3　辐射场示意图

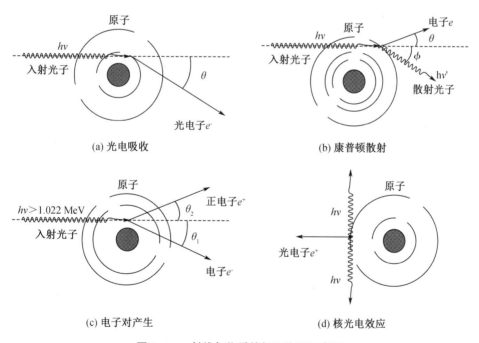

(a) 光电吸收　　　　　　　　　　(b) 康普顿散射

(c) 电子对产生　　　　　　　　　　(d) 核光电效应

图 7-4　γ 射线与物质的相互作用示意图

(1)光电效应

光电效应是当一个 γ 光子与物质中一个束缚电子作用时,它可能将全部能量交给电子,而光子本身被吸收。得到能量的电子脱离原子核的束缚而成为自由电子,这个电子称为光电子,这一过程称为光电效应。在发生光电效应时,入射光子能量的一部分用于克服电子的结合能,其余部分转化为电子的能量。

(2)康普顿效应

康普顿效应是入射光子把一部分动能交给原子外层电子,电子从原子中与入射光子成 ϕ 角方向射出,这一电子称为反冲电子。入射光子能量则变成 hv 并朝着与入射方向成 θ 角方向散射,这一过程最早为康普顿发现,故称为康普顿效应。

(3)电子对效应

当 hv 射线能量大于两倍电子静止能量,即 hv 超过 1 MeV 时,γ 光子从原子核旁经过时,光子被吸收转化为两个电子:电子和正电子,这一过程称为电子对效应。

(4)核光电效应

光电效应,一方面使原子在沿光子飞行方向进行电离或激发;另一方面也可再次生成光子(韧致辐射)。此外,在正电子与电子结合时要发生湮没辐射——核光电效应。

在 γ 射线(光子)作用下发生上述每一过程出现的概率,取决于光子的能量和被照射物质的种类(物质原子序数的变化)。当光子(γ 射线)能量较低和介质原子序数高时,主要是以光电效应为主;但是,随着光子能量的增加,光电效应发生的概率要减少。能量在 1 MeV 左右时(中等能量和较低原子序数介质),则主要以康普顿效应为主,而只有在能量超过 5 MeV 时(高能 γ 射线和较高的原子序数介质)才会发生电子对的生成效应。当原子具有较大的原子质量和较大的核电荷数时,上述这些相互作用发生的概率就特别大,因而使得这些物质非常适合用来减弱光子束。因此,在实用辐射中,可以把光电效应理解为吸收过程,这是因为在此过程中光子全部消失,并且所形成的次级辐射(电子,荧光光子)的射程比较小的缘故。与此相对应,在康普顿效应碰撞过程中,光子仅失掉其很少的一部分能量,以至于经过碰撞后的光子在物质内的其他方向上还能运动相当大的一段距离。由此而形成的飞行方向发生改变的辐射场称为散射辐射场。对于低能光子,如在伦琴管内发出的光子,除了康普顿效应之外,没有能量损失的散射过程(瑞利散射)也是产生散射辐射场的主要原因。另外,要是光子具有较高的能量,大约超过 10 MeV 时(如在加速器内形成的光子),那么,就必须考虑到核光电效应。在这个效应下,一个或几个核子(中子,质子,α 粒子)就会被从原子核内撞出来。剩余下来的核一般是具有放射性的。

7.2.3　中子与物质的相互作用

中子通过物质时,由于中子不带电荷,因此,几乎不能与原子壳层轨道电子相互作用,只与原子核发生作用,这一特点是有别于 γ 射线的。中子与物质相互作用不能直接使物质电离,需通过相互作用产生次级粒子而使物质电离。相互作用使中子的能量在物质中转变为质子、α 粒子、重反冲核及光子等次级粒子的能量,次级粒子的多样性是中子与物质相互作用的另一特点。中子与原子核的相互作用可分为两类。一类是散射,包括弹性散射和非弹性散射,这是快中子在物质中损失能量的主要形式。快中子在轻元素物质中主要通过弹性散射损失能量,在重元素物质中主要通过非弹性散射损失能量。另一类是吸收,是指中子被吸收后仅产生其他种类的次级粒子,不再产生中子的过程。快中子减速成低速中子的过程叫中子的慢化,中子只有慢化后才能有效地被物质吸收。

中子按能量的分类：

（1）慢中子 $0<E<10^3$ eV，冷中子 $E \cdot 2 \times 10^{-3}$ eV，热中子 $E \approx 0.025$ eV，超热中子 $E \geqslant 0.5$ eV，共振中子 $1<E<1\ 000$ eV；（2）中能中子 $10^3<E<5 \times 10^5$ eV；

（3）快中子 $5 \times 10^5<E<10^7$ eV；

（4）非常快中子 $10^7<E<5 \times 10^7$ eV；

（5）超快中子 $5 \times 10^7<E<10^{10}$ eV；

（6）相对论中子 $E>10^{10}$ eV。

1. 弹性散射

中子的弹性散射可分为势散射和复合核散射两种。势散射是中子受核力场作用发生的散射，中子未进入核内，散射过程发生在核外。复合核散射是中子进入核内形成复合核，复合核再放出中子。中子与原子核发生弹性散射时，中子把部分能量转交给原子核并改变运动方向，因此，弹性散射又称为 (n,n) 反应。在弹性散射过程中，中子与原子核虽有能量交换，但原子核内能不变，相互作用体系的动能和动量保持守恒。

当中子与原子核（靶核）发生弹性散射时，中子把部分能量转交给原子核，然后中子改变方向继续运动。若用 E_1、E_2 表示单次碰撞前后的中子能量，则 E_2/E_1 与靶核原子量 M_A 和散射角 θ_c 的关系为

$$\frac{E_2}{E_1}=\frac{M_A^2+2M_A\cos\theta_c+1}{(M_A+1)^2} \tag{7-2-14}$$

若发生正对碰撞时，$\theta_c=\pi$，中子能量损失最大，用 E_{min} 表示此时的 E_2，则有

$$\frac{E_{min}}{E_1}=\frac{(M_A-1)^2}{(M_A+1)^2} \tag{7-2-15}$$

对于氢核，$M_A=1$，发生一次正对碰撞时，中子的能量几乎全部损失掉。

能量为 E_1 的快中子被减速到 E_N 时，所需要的平均碰撞次数 N 和每次碰撞的平均对数能量损失 ξ 与有如下关系

$$\xi=\frac{1}{N}\ln\left(\frac{E_1}{E_N}\right) \tag{7-2-16}$$

式中，ξ 是一个仅与靶核质量 M_A 有关而与中子能量无关的量。当 $M_A>2$ 时，ξ 可用式（7-2-17）近似计算

$$\xi=\frac{2}{M_A+\dfrac{2}{3}} \tag{7-2-17}$$

对于能量为 2 MeV 的快中子在不同物质中减速到热中子（0.25 eV）时，所需的平均碰撞次数列于表 7-2。

表 7-2　快中子在不同物质中的减速参数

元素	氢	氘	锂	铍	碳	氧	铀
M_A	1	2	7	9	12	16	238
ξ	1.00	0.725	0.268	0.209	0.158	0.120	8.38×10^{-3}
N	18	25	67	86	114	150	2 172

可以看出,随着靶核质量的增大,每次碰撞的平均能量损失减少。轻元素,特别是氢,是良好的快中子减速剂。重元素与中子的弹性散射,中子能量损失很小。

在中子防护中,常选用含氢物质或原子量小的物质,如水、聚乙烯、石蜡、石墨、氢化锂等,作为快中子的减速剂(或慢化剂)。屏蔽层中的氢对中能中子的慢化起着重要作用,在中能范围内,弹性散射是中子能量损失的主要形式,随着中子能量降低,氢的弹性散射截面快速增加,可使中能中子很快降速到热能范围。因此,在含氢的屏蔽层中,与快中子处于平衡的低能中子积累很少,这对快中子减弱的计算很有实际意义。

2. 非弹性散射

非弹性散射可分为直接相互作用过程和形成复合核过程。直接相互作用是入射中子与靶核的核子发生非常短暂($10^{-22} \sim 10^{-21}$ s)的相互作用,中子损失的能量较小。复合核过程是入射中子进入靶核形成复合核,入射中子发生较长时间($10^{-20} \sim 10^{-15}$ s)的能量交换。在这两种过程中,靶核都将放出一个动能较低的中子而处于激发态,处于激发态的靶核以发射一个或几个光子的形式释放出激发能而返回基态。在非弹性散射过程中,入射中子损失的能量不仅使靶核受到反冲,还使靶核受激而获得激发能,因此,中子和靶核虽然总能量守恒,但靶核内能发生了改变,总动能并不守恒。

非弹性散射的发生与入射中子的能量有关,只有入射中子的能量大于靶核的第一激发能级时才能发生非弹性散射。靶核的第一激发能级越低,越易发生非弹性散射。重核的第一激发能级比轻核的第一激发能级低,重核的第一激发能级比基态高约 100 keV,并随原子量的增加,能级间隔越来越小;轻核的第一激发能级一般在几 MeV 以上。因此,快中子与重核相互作用时,与弹性散射相比,非弹性散射占优势。一次非弹性散射可使中子损失很大一部分能量,快中子经几次非弹性散射就可使其能量降至靶核第一激发能级以下,从而不能再产生非弹性散射,继而靠弹性散射来继续损失能量。

可以看出,高能中子主要发生非弹性散射,低能中子主要发生弹性散射。非弹性散射截面随入射中子能量的增大而增大,并随散射物质的原子序数的增大而增大。

在中子的屏蔽设计中,往往要在减速剂中掺入重金属元素或用重金属与轻材料组成交替屏蔽层,重金属材料具有减速高能中子和吸收 γ 射线的双重作用,而轻材料慢化剂具有快速高效降低低能中子能量的作用。

3. 辐射俘获

中子射入靶核后,与靶核形成激发态的复合核,如果处于激发态的复合核通过发射一个或几个 γ 光子而回到基态,而不再发射其他粒子,中子被吸收,这种相互作用过程称为辐射俘获,也叫(n, γ)反应。(n, γ)反应使靶核内多了一个中子,因此,(n, γ)反应后形成的新核一般是放射性的,有时也会产生稳定的新核。

任何能量的中子,几乎都能与原子核发生辐射俘获,辐射俘获截面仅和中子能量有关,一般随 $1/\sqrt{E}$ 变化。各种核素的热中子俘获截面变化很大,可从 2.65×10^{6} 靶(^{135}Xe)到 10^{-4} 靶(^{18}O)。金属镉(Cd)的俘获截面 $\sigma_r = 19\ 910$ 靶,很大,约 2 mm 厚的镉片就可将热中子吸收掉。因此,镉常用作热中子的吸收剂或者用来控制反应堆的功率。

4. 其他核反应

不同能量的中子与靶核发生的核反应是多种多样的,除了(n, n)、(n, γ)反应外,还有一些其他反应过程。

（1）发射带电粒子的核反应

入射中子与靶核形成激发态的复合核,复合核通过发射带电粒子的衰变过程回到基态,如慢中子引起的(n,α)和(n,p)反应。

在中子的防护上,^{10}B和^6Li的(n,α)反应有重要的实际意义,除Cd外,也常用 B 和 Li 作为中子的吸收剂和减速剂。

$$_0^1n+_5^{10}B=\begin{cases} _3^7\text{Li}+\alpha_1+2.792\text{ MeV} \\ _3^7\text{Li}^*+\alpha_2+2.310\text{ MeV} \\ _3^7\text{Li}^* \rightarrow _3^7\text{Li}+\gamma+0.478\text{ MeV} \end{cases}$$ (7-2-18)

^{10}B的丰度虽然只有 19.8%,但$^{10}B(n,\alpha)^7Li$反应对热中子的反应截面较大,其热中子吸收截面$\sigma_a=3\ 840\pm11$靶。这个反应是放热反应,若忽略入射中子的能量,反应后的反应能转变成了α粒子和^7Li核的动能,对重带电粒子是极易屏蔽的。BF_3正比管内充的是BF_3气体,通过$^{10}B(n,\alpha)^7Li$反应生成带电粒子,正是利用这个核反应对带电粒子的探测来间接探测中子的。对于^6Li,相应的核反应为

$$_0^1n+_3^6\text{Li}=^3\text{H}+\alpha+4.786\text{ MeV}$$ (7-2-19)

^6Li的丰度虽然只有 7.52%,但它对热中子的(n,α)反应截面也比较大,$\sigma_a=940$靶。锂玻璃闪烁体就是利用这个核反应,并与光电倍增管组成闪烁探测器来间接探测中子的。

（2）裂变反应

重核($如^{235}U、^{239}Pu$等)俘获一个中子后形成的复合核可分裂为两个中等质量的原子核,并伴随放出 2~3 个中子及约 200 MeV 的巨大能量,这种相互作用过程叫裂变反应,表示为(n,f)。裂变产物或裂变碎片有一半以上是具有不同性质的放射性核素。

除发射带电粒子的核反应和裂变反应之外,当入射中子的能量大于中子的结合能（大于 8~10 MeV）时,复合核也可能会发生发射两个或两个以上粒子的核反应,如$(n,2n)$、(n,np)反应等,这样的过程称为多粒子发射。

7.3　辐射探测方法

辐射是不能由感觉器官直接察觉的,必须采用专门的探测仪器或设备测量与辐射有关的一个或几个量来发现和确定辐射的存在。

辐射探测方法的基础是测量辐射与物质相互作用产生的各种可观测效应。辐射与物质相互作用产生的可观测效应主要包括电学效应、化学效应、热学效应和核反应效应四大类,因此从测量原理上讲,相应地就有四类探测辐射的方法。目前的辐射探测方法中,以电学方法为主,名目繁多的大部分具体方法都可归于电学方法这一大类中。核反应效应方法往往也要结合电学方法才能完成辐射的有关量的测量。化学方法和热学方法,由于它们的测量精度低,目前在辐射探测中用得较少。

辐射测量的电学方法是一种根据辐射与物质相互作用产生的电学效应（如电离和激发等效应）测量辐射的一个或几个有关量的方法,是使用最普遍的一种辐射探测方法。这是基于以下原因。

（1）电离辐射在物质中产生一个激发原子或分子、一个离子对或电子-空穴对所消耗的能量很小,有的仅几 eV（如在半导体中）,故电离辐射可在这些物质中产生大量的激发态原

子或分子、离子对或电子-空穴对。

（2）这些初级效应可以用比较简单的方法直接记录或变成电信号来进行分析和记录。

（3）观测这些效应的电子仪器具有相应的灵敏度。基于电学方法的辐射探测器有三类：

①第一类是利用电离效应做成的，如电离室、计数管、半导体探测器、云室、气泡室等；

②第二类是利用激发效应做成的，如闪烁探测器、热释光探测器、契伦科夫探测器等；

③第三类是利用放电效应做成的，如火花室、电荷发射探测器、次级发射探测器等。

辐射测量的核效应方法是一种根据辐射与物质相互作用所产生的核反应测量该辐射的一个或几个有关量的方法。它常用于探测中子和高能粒子。利用这种方法的探测器有自给能中子探测器、自给能 γ 探测器，BF_3 电离室、BF_3 计数管、衬硼电离室、衬硼计数管、反冲质子电离室、衬硼（锂）半导体探测器、中子闪烁探测器等。这种方法常与辐射测量的电学方法结合使用。

辐射测量的化学方法是一种根据辐射与物质相互作用产生的化学效应测量辐射的一个或几个有关量的方法，这种方法中常使用的探测器有核乳胶、固体径迹探测器、染色剂量计等。

辐射测量的热学方法是一种根据辐射与物质相互作用产生的热学效应来测量辐射的能量或强度的方法。这种方法的灵敏度低，仅适用于测量强辐射源。这种方法采用的探测器有中子热偶探测器、γ 热偶探测器等。

辐射探测器就是一种根据辐射与物质相互作用的各种效应能够直接或间接给出某种信号或指示，以确定辐射的一个或几个有关量的器件，这种器件可以是组合体，也可以是一种材料。由于辐射的种类和探测方法的不同，辐射探测器的种类很多，其工作原理也各不相同。在各类辐射探测方法中，都有相应的直接获取辐射信息的探测器、实验测量安排、信息获取、记录核信息的电子学设备及数据处理方法等。辐射探测器是辐射探测方法的具体运用，核信息的获取、测量与分析则是核电子学工具的具体运用。

辐射探测器所测量的辐射量（核信息）有：入射辐射的种类、强度、比电离、射程、时间分布与空间分布、照射量与吸收剂量等。其中，吸收剂量是单位质量受照射物质吸收辐射能量多少的一个量。吸收剂量在辐射效应的研究中，特别是生物效应的研究中，是一个很重要的量。因为辐射作用于物体所引起的效应主要取决于该物体吸收的辐射能量，而吸收剂量正是指每单位质量受照射物质吸收的辐射能量。

辐射剂量仪器是核辐射测量仪器仪表的一个分支，是专门用来发现辐射和测量辐射的剂量的辐射仪表。主要用于从事放射性操作的实验室和车间内进行辐射剂量的测量，以避免工作人员受到过量的射线照射而影响健康，在放射性治疗和辐照试验中也得到广泛应用。防护标准的执行情况和防护措施是否安全可靠，都必须通过实际的测量来检验，有效的监测有助于及早发现问题和及时采取措施。因此，在原子能事业和放射性工作中，为确保放射性的安全工作条件，辐射剂量测量和防护监测是十分重要的，这都离不开辐射剂量仪器。辐射剂量测量方法和原理也基于辐射与物质相互作用产生的各种可观测效应，因此离不开各种辐射探测器，常用的探测器有电离室、计数管、闪烁探测器、半导体探测器等。监测的辐射种类有 X、γ 射线、β 射线、中子等。

7.3.1 γ射线探测与剂量测量

1. γ射线的吸收剂量测量

电离室是一种由充有一定压力的适当气体的腔室组成的电离探测器,电离室所施加的外电场不足以产生气体放大,但能把探测器的灵敏体积内由电离辐射产生的正离子和电子的电荷收集到电极上。常用电离室来测量γ射线的照射量和吸收剂量。当把电离室引入到测量物质中进行测量时,电离室就像在测量物质中构成一个气体空腔,在γ射线作用下,在空腔单位体积气体中所产生的电离量与单位体积的周围物质中所吸收的辐射能量是具有相关性的。

(1)布勒格-格雷原理与特种电离室

布勒格-格雷原理是测量固体吸收辐射能量的一种原理:若在适当厚度的固体中置入充有气体的微空腔,且空腔的尺寸小到不足以影响初级辐射和次级辐射在固体中的分布,则单位固体体积所吸收的能量 E 与单位质量气体中的电离量 J 具有正比关系:

$$E = SJW \tag{7-3-1}$$

式中,S 为固体和气体对二次电子阻止本领之比;J 为单位体积气体中所产生的离子对数;W 为在该气体中产生一对离子所需的平均能量。

利用布勒格-格雷原理可以构成布勒格-格雷空腔电离室、空气壁电离室、组织等效电离室、外推电离室等。

(2)照射量的测量

按照布勒格-格雷空腔电离理论,空腔中的电离量反映了室壁材料所吸收的能量,当电子平衡时,空腔中的电离量就反映了γ射线转交给室壁材料的次级电子能量。因此,当室壁材料为空气等效材料和空腔气体为空气时,所测得的空腔内单位质量空气中的电离量正好反映了γ射线交给室壁单位质量的空气等效材料的次级电子的能量,这也正是所要测量的γ射线照射量。

测量照射量所用的电离室有两种类型:空气等效壁材料的空腔电离室(即空气壁电离室)和自由空气标准的电离室。自由空气标准电离室一般仅用于基准刻度;空气壁电离室既可用在刻度中,又可用在常规监测中。

在理想空气等效材料壁和充以标准状态空气时,照射量 X 和空腔中总电离量 Q 的关系为

$$X = \frac{Q}{0.001\,293 \times 0.001 \times 2.58 \times 10^{-4} V} = 3 \times 10^9 \frac{Q}{V} \tag{7-3-2}$$

$$Q = 3.33 \times 10^{-10} VX \tag{7-3-3}$$

式中　Q——次级电子在空腔中电离空气产生的总电量,单位库仑(C);

　　　V——电离室空腔的体积,单位立方厘米(cm³);

　　　X——照射量,单位伦琴(R);

　　　0.001 293×0.001——标准状态下1 cm³ 空气的质量,单位千克,(kg);

　　　2.58×10⁻⁴——照射量的专用单位与国际单位的转换系数,1 R = 2.58×10⁻⁴ C/kg。

由式(7-3-4)可以得出,电离室的输出电流 I(单位为安培)与照射量率 $\dot{X}$(单位伦琴/秒)的关系为

$$I = 3.33 \times 10^{-10} V \dot{X} \qquad (7\text{-}3\text{-}4)$$

根据需要和用途,电离室的输出可采用两种记录方式:一是测量一段时间内电离室输出的总电量,即累积照射量;二是测量电离室的输出电流,即照射量率。

所谓的理想空气等效材料,是指除了密度以外在元素组成上和空气相同的材料,实际上理想空气等效材料是没有的。一般只能采用有效原子序数接近空气有效原子序数的材料,如石墨、聚乙烯等。

(3)影响照射量测量的因素

①室壁材料的影响。不同材料的质能吸收系数(μ_{en}/ρ)不同,而空腔中的电离量J与(μ_{en}/ρ)成正比。由于(μ_{en}/ρ)反映了γ射线的能量被单位质量物质所吸收的份额,因而影响到产生次级电子的数目和穿入到空腔中的次级电子数目。

不同材料的阻止本领(S/ρ)不同,而空腔中的电离量J与(S/ρ)成反比。这是由于(S/ρ)越大,电子通过单位路程时损失的能量也越大,因而次级电子在材料中穿行距离就越小,在室壁外层产生的次级电子不能进入空腔。

②空腔体积的影响。按照布勒格-格雷空腔电离理论,空腔的线度应当足够小,以便可以忽略在空腔气体中形成的次级电子,因此可认为空腔的存在不影响介质中次级电子的注量和能谱分布。实际的空腔体积较小,有的只有零点几立方厘米。用于辐射防护的剂量仪器,有的空腔体积达几百立方厘米到数升的范围,这是为满足灵敏度的要求。

当室壁材料和空腔气体是同一种材料时,对空腔大小没有什么限制。

③室壁厚度的影响。最初,电离量随壁厚的增大而增大,这是由于随着壁厚的增大,室壁中会产生更多的次级电子进入到空腔内。当壁厚增加到等于次级电子的最大射程时,空腔内电离量增至最大值。当壁厚继续增加时,在室壁外层产生的次级电子不能进入空腔,再加之γ射线被室壁材料的吸收,空腔内的电离量开始缓慢下降。对应最大电离量的厚度称作室壁平衡厚度,它与γ射线能量有关,随γ射线能量的增加而增加(表7-3)。

表7-3 平衡厚度和室壁减弱与γ射线能量的关系

E_γ/MeV	平衡厚度/(g/cm^2)	室壁减弱/%
0.2	<0.05	<0.2
1	0.2	0.6
2	0.4	1
5	1	3

在实际应用中,室壁厚度应等于平衡厚度。为适应不同能量的测量,有的电离室只做成很薄的室壁,使它能测量较低能量的射线,在测量高能量射线时,可在室壁外面再加一个适当厚度的外套筒。

(4)吸收剂量的测量

使用电离室测量吸收剂量与测量照射量相比,只是对室壁厚度和空腔大小的要求有所不同,其他情况基本相同。为了测量介质中的吸收剂量,必须在介质中引入由某种室壁材料围成的小空腔。电离量随室壁厚变化关系如图7-5所示。

测量吸收剂量时,并不要求室壁厚度一定要满足电子平衡条件。按照布勒格-格雷空腔电离理论,空腔中所产生的电离量只和介质中实际吸收的能量有关。测量吸收剂量并不要求测量 γ 射线传递给在室壁材料中产生的次级电子的全部能量,而是只要求测量室壁介质实际吸收的次级电子的能量。因此当壁厚不满足电子平衡条件所要求的厚度时,空腔中的电离量不反映室壁中的照射量,但反映了在这具体的室壁条件下室壁材料中所实际吸收的能量,即吸收剂量。

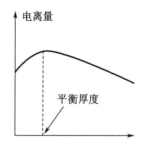

图 7-5 电离量随室壁厚的变化关系

测量吸收剂量时,要求空腔必须足够小,要远小于次级电子的最大射程。如测量 1 MeV 的 γ 射线,空腔充以一个标准大气压空气时,空腔尺寸是 1 cm 或更小些。当室壁材料和空腔气体在成分上相近时,空腔的体积原则上可以大一些,为了不因空腔的存在而影响辐射场,还是希望空腔体积足够小。

①由照射量计算吸收剂量。在组织介质中引入一个测量照射量的空腔,测定照射量,然后再换算成组织中的吸收剂量。在电子平衡条件下,照射量 $X(R)$ 与空气中吸收剂量 D_A 的关系为

$$D_A = 0.869 X (\text{rad}) \tag{7-3-5}$$

由此可得组织中的吸收剂量 dt 为

$$D_T = 0.869 \frac{(\mu_{en}/\rho)_T}{(\mu_{en}/\rho)_A} \cdot X (\text{rad}) \tag{7-3-6}$$

应当指出,在测量组织深部剂量时,除利用人体模型外,一般并不需要真正引入电离室去测量,而是在组织表面位置处测量照射量,然后再利用已编制好的深度剂量关系表查得所求深度处的照射量。

②由室壁材料中的吸收剂量求组织中的吸收剂量。由某种室壁材料和在空腔内充有空气的电离室,放在组织介质中,室壁材料的吸收剂量 DZ 可表示为

$$D_Z = 1.6 \times 10^{-14} \frac{(S/\rho)_Z}{(S/\rho)_A} JW (\text{rad}) \tag{7-3-7}$$

式中 $(S/\rho)_Z$——室壁材料的质量阻止本领;

  $(S/\rho)_A$——空气质量阻止本领;

  J——在空腔单位质量的空气中产生的离子对数,单位为离子对数/克;

  W——平均电离能,单位为电子伏/离子对;

  1.6×10^{-14} 为单位换算系数,即 1 eV = 1.6×10^{-12} erg,1 rad = 100 erg/g。

由此可换算出在组织中的吸收剂量 D_T 为

$$D_T = \frac{(\mu_{en}/\rho)_T}{(\mu_{en}/\rho)_Z} D_Z \tag{7-3-8}$$

当 γ 射线的能量在 0.3~1.5 MeV 时,康普顿效应占优势,可认为质能吸收系数(μ_{en}/ρ)与每克介质中的电子数(Z/A)成正比,代入前两式可得

$$D_T = 1.6 \times 10^{-14} \frac{(Z/A)_T}{(Z/A)_Z} \cdot \frac{(S/\rho)_Z}{(S/\rho)_A} \cdot JW \tag{7-3-9}$$

应当指出,以上各关系式都是在电子平衡条件下得出的,因此要求室壁要足够厚,以使

所有穿过空腔空气的次级电子全来源于室壁,而不是来自组织介质。若室壁不足够厚,电离量不仅取决于室壁材料,而且还与组织材料有关。若室壁非常薄,所得到的电离量就相当于以组织材料为室壁的空腔电离室型用在 γ 照射量和吸收剂量的测量,还有一些探测器,如计数管、闪烁探测器、平导体探测器等,它们所测量的不是剂量,而是辐射的其他量,如粒子注量或能量注量。这些探测器所测量的量经过适当的标定后,输出量可近似地反映 γ 射线的照射量或吸收剂量。在某些不作为基准或容许有一定误差的测量场合,它们在某些剂量测量中也是很有实用价值的。

2. γ 射线标准(放射)源

在生产和应用放射性物质时,常需要一些活度已知的放射源作为同类放射源的基准,这些可作为基准的放射源称为标准源。把活度未知的源或放射性样品与标准源一起做比较测量就可简便而又准确地得到待测源的活度。作为标准源,要求其物理化学性质稳定,测量准确度高。由于各种核素的衰变类型和射线能量不同,原则上讲,每种核素射线类型都应有自己的标准源。对那些半衰期短的核素,则要用能量相近的其他核素做成模拟标准源,这样测量的结果才能接近实际值。标准源按射线类型分类,有 α 标准源、β 标准源、γ 标准源和标准中子源;按物理状态分类,有固体标准源、液体标准源和气体标准源;按使用要求分类,有强度标定用标准源和能谱仪刻度用标准源。

为鉴定 γ 探测器在各能阈的探测效率并准确地对样品进行定性或定量分析,必须使用强度准确、能量分布广的一系列 γ 标准源,即 γ 系列源,目前用的 γ 系列标准源包括:^{241}Am、^{133}Ba、^{137}Cs、^{60}Co、^{88}Y、^{22}Na、^{54}Mn、^{203}Hg、^{57}Co。

标准源的测定方法比较严格,每个源都要经过绝对测量和相对测量,并要给出误差范围。最早的放射性基准是用称量法确定的,以 1 g 镭的放射性为基准,活度为 $3.7×10^{10}s^{-1}$,即 Ci(1 Ci = $3.7×10^{10}$ Bq)。它放出的 γ 射线通过厚度为 0.5 mm 的 Ir-Pt 合金过滤,在没有散射的环境下距其 1 cm 处的照射率为 $2.13×10^{-13}$C/(kg·h)。α、β 标准源强度以放射性活度来表示,有时也用 2π 立体角内源表面粒子发射率来表示;γ 标准源强度用放射性活度来表示,有时也用 γ 剂量率表示;标准中子源强度是用单位时间内发射的中子数表示的。

(1)放射性核素源

在 0.3~2.5 MeV 的能量内,经常使用放射性核素标准源来标定仪器。理想的标准放射源最好是利用那些发射单色光子并有适当长半衰期的放射性核素制成的。表 7-4 列出了一些常用的 γ 标准源的放射性核素。

若放射源的活度为 A(Ci),探头中心离源距离为 B(m),则探头处的照射率 $\dot{X}$ (R/h) 为

$$\dot{X} = \frac{A\Gamma}{R^2}e^{-\mu R} \tag{7-3-10}$$

式中,μ 为该源的 γ 射线在空气中的线减弱系数(m^{-1}),Γ 为该源的照射率常数(R·m^2/Ci·h)。

若放射源的活度为在 1 m 远处的照射率为 $\dot{X}_0$(在源的出厂证明书上常列出),则在离源 Rm 处的照射率 $\dot{X}$ 为

$$\dot{X} = \dot{X}_0\left(\frac{1}{R^2}\right)e^{-\mu(R-1)} \tag{7-3-11}$$

如果放射源的半衰期不够长,式(7-3-11)和式(7-3-1)还要乘以半衰期校正因子 $\exp(-0.693\,t/T_{1/2})$,式中,t 为放射源出厂证明书上签署的生产(或检验)日期至标定日期之间的时间间隔。

(2)6 MeVγ 源

放射性核素 γ 射线能量一般都在 3 MeV 以下,许多反应堆都有高能 γ 射线产生,因此堆用剂量仪器对高能 γ 射线的响应是很重要的。在离子加速器上用 355 keV 的质子与氟产生共振反应$^{19}F(p,\alpha\gamma)^{16}O$,生成物激发态的$^{16}O$ 跃迁时会产生 6 MeV 的高能 γ 射线,可作为高能 γ 标准源,其产额(强度)可通过测量 α 粒子的计数求出。

表 7-4 标定仪器常用的 γ 放射性核素源

核素	有效光子能量/keV	半衰期 $T_{1/2}$	γ 照射率常数 Γ/(R·m²/Ci·h)
^{241}Am	60	438 y	0.012 9
^{57}Co	122	269 d	0.097
^{195}Au	412	2.7 d	0.231
^{137}Cs	662	29.9 y	0.323
^{60}Co	1 250	5.23 y	1.30
^{226}Ra*	800	1 608 y	0.825
^{24}Na	1 380,2 800	15 h	1.83

3. γ 剂量仪器的主要技术指标

(1)灵敏度

灵敏度是指测量仪器(或装置)所得到的观测量的变化与相应的被测量的变化之间的比值。若某一给定的被测量的变化量为 $\triangle P$,而相应的观测量的变化量为 $\triangle N$,则灵敏度可表示为

$$S=\frac{\Delta N}{\Delta P} \tag{7-3-12}$$

当测量仪器或测量装置的观测量与被测量的关系图线呈直线关系时,灵敏度就是回归直线的斜率,是一个恒定常数;否则 S 将随着被测量的变化而变化,并不是常数。对剂量仪器而言,通常将每单位剂量或照射量所对应的仪器(或仪表)指示值或读数称为仪器的灵敏度。对低剂量测量,希望灵敏度越高越好,对宽能量范围的测量,希望灵敏度越平稳(不变)越好。

(2)能量响应

能量响应是辐射探测有关的响应量(如探测效率、输出脉冲信号幅度、计数率或平均电流等)随入射辐射能量的变化。对剂量仪器而言,把灵敏度或仪器指示随辐射能量的变化关系称为仪器的能量响应。对空气壁电离室,电离量与照射量成正比,当采用的不是理想空气等效壁材料时,在约 0.1 MeV 的低能区,射线极易与物质发生相互作用而被室壁或气体显著吸收,因而在低能区能量响应较大,总是希望剂量仪器的能量响应平坦一些,因为在实际测量中,特别是在测量含有低能成分的未知能谱时,仪器的指示很难准确。为改善仪

器的能量响应,一是采用尽可能合适的空气等效材料作为室壁,如石墨比铝好;二是对能量响应进行补偿,在室壁上再加一层由铅、锡等重元素做成的薄壁来屏蔽低能成分。

(3)量程

量程是指仪器能测量的最小值与最大值之间的跨度,即测量范围。在环境测量监测中经常会遇到低剂量的情况,而在核工程中经常会遇到高剂量的情况。剂量仪器的量程通常包含几个数量级并分成若干档。通常希望测量范围越大越好,但扩大测量范围,会增大仪器设计和制造的难度,一般是将剂量仪器设计成与专门的应用场合相适应的测量范围。

(4)测量误差

仪器的测量误差是指测量值与真实值或标准仪器测量值之差,越小越好。为减少测量误差,除提高仪器的性能外,还要用标准仪器进行仔细标定。仪器的测量误差通常用均方根误差来表示。很多情况下,对剂量仪器的测量误差要求并不高,±20%的误差也足以满足要求。

除此之外,对不同的剂量仪器和不同的应用场合也有不同的要求,差异也很大。如试验室用的固定式剂量仪器,对外形尺寸、重量、耗电没有什么特殊限制,在野外流动场所使用的便携式剂量仪则要求体积小、重量轻、电池供电、低功耗,在大剂量下的堆用剂量仪器则要求高量程、耐高温、抗辐射损伤等。

7.3.2　β射线和电子束的探测与剂量测量

β射线由放射性核素衰变放出,β射线具有连续的能谱分布,β射线的能量 E_β 从 0 直到 β 粒子的最大能量 $E_{\beta max}$,射线的平均能量 $E_\beta \approx E_{\beta max}/3$。绝大多数放射性核素发出的 β 射线最大能量在 2 MeV 以下。

高能电子束主要由加速器产生,不同加速器产生的电子能量也不同,从几 MeV 到几百 MeV 甚至更高,所有的加速器设备都可产生具有一定截面积的单能电子束射线。

1. 外推电离室测量 β 射线的吸收剂量

(1)β射线剂量分布的特点

β射线与γ射线在物质中的吸收剂量分布有很大不同。γ射线的贯穿能力较强,在一个适当大小的探测器或空间范围内,可认为γ射线的照射都是均匀的,各点的照射量或吸收剂量相同或接近相同;而β射线在物质中容易被吸收和散射,即使在很小的空间内(如线度为 1~2 mm 的固体介质内),也不能认为β射线的剂量是均匀分布的,随着穿透深度的增加,β射线剂量迅速减小,变化率很大。如果用普通电离室测量,即使窗膜很薄使β粒子容易射入,但由于β射线在室外空气中也有显著减弱,它在室内不同深度处的剂量变化很大,电离室所给出的电离量实际上是电离室整个体积内的平均剂量,它远小于接近表面处的最大剂量,因此普通电离室给出了一个不安全的结果。β射线剂量监测仪器主要是用来探测衣服、人体皮肤、地面、设备表面的放射性污染,因此β射线剂量测量比γ射线测量要困难得多,必须有特殊的要求并采取特殊的方法。

(2)外推电离室的结构

外推电离室是测量组织等效材料或其他材料的表面和深度的β剂量的标准仪器,它的测量结果准确可靠,使用方便。外推电离室实际上是一个薄窗和极间距离可调节的平板电离室,电极材料通常都是使用组织等效材料,如聚乙烯、聚苯乙烯、有机玻璃等。上电极很薄,以便β粒子射入,并且其厚度可变,以进行外推测量。下电极和侧壁较厚,应大于β射线最大射程的一半,以使测量值包括反散射的贡献。电极上涂有石墨或铝膜导电层。在下电极和室壁之间开设有保护环槽沟,槽沟的内径决定了灵敏区的收集面积。下电极位置可上下调节。

(3)外推电离室吸收剂量的计算

在外推电离室中,入射的 β 粒子相当于空腔电离室中由 γ 射线从室壁打出的次级电子,如果能满足:

①β 粒子在电离室灵敏区的入射界面上是均匀照射的;

②电离室深度 d(上下两极板间的距离)远小于 β 射线的射程,空腔的存在不影响 β 辐射场的分布,则布勒格-格雷空腔电离理论也适用,并有

$$E_m = S_{Tm} J_m W \tag{7-3-13}$$

式中　E_m——单位质量的窗材料中吸收的 β 粒子能量,单位 eV/g;

　　　J_m——单位质量的气体中产生的离子对数,单位 1/g

　　　W——β 粒子在空腔气体中的平均电离能,单位电子伏/离子对;

　　　S_{Tm}——窗和空腔中气体的质量阻止本领之比(β 谱的平均值)。

假设外推电离室极间距离为 d(cm),灵敏区收集面积 A(cm^2),空腔内气体密度为 ρ(g/cm^3),电离室收集极收集的全部电荷为 Q(C),测量时间为 t(s),及 $Jm = Q/(Ad\rho \times 1.6 \times 10^{10})$,则吸收剂量率 $\dot{D}$(rad/h)可表示为

$$\dot{D} = \frac{1.6 \times 10^{-12} \times 3\,600 E_m}{100\,t} = 3.6 \times 10^8 \frac{S_{Tm} QW}{Ad\rho t} \tag{7-3-14}$$

式中的常数都是单位转换系数,其中 1 eV = 1.6×10^{-12}erg, 1 rad = 100 erg/g, 1 h = 3 600 s。如果外推电离室空腔充以空气,测量时空腔压力为 P(毫巴)、温度为 T(K);如果取 $W = 34$ eV,并用标准状况下的压力 B(1 013.3 毫巴)、温度 T,(273.15 K)、密度 p_0(0.001 293 g/cm^3)来表示测量时空腔中气体的密度 p(g/cm^3)代入式(7-3-14),则得

$$\rho = \frac{PT_0}{P_0 T} = 0.001\,293 \times \frac{273.15}{1013.3} \times \frac{P}{T} = 3.485 \times 10^{-4} \frac{P}{T} \tag{7-3-15}$$

式中的 T、P、A、d 都可直接测出,而 S_{Tm} 可查表查出,因此只要测出电流或电量 Q 和测量时间 t,就可确定 β 射线的吸收剂量率 D。

2. 标准 β 源

外推电离室是一种标准设备,主要用来定出标准剂量和标定(刻度)仪器,要求在均匀的 β 辐射场中使用,并不适合用于现场测量。

均匀活度的薄平面 β 源可产生均匀的辐射场(在同一平面上各点的 β 剂量相同)。通常是把放射性溶液均匀地滴在特制滤纸上或把滤纸放在放射性溶液中浸过制成,常用的 β 放射性核素有天然铀、$^{90}Sr+^{90}Y$、^{204}Tl。天然铀块的射线用质量厚度 7 mg/cm^2 的覆盖物过滤后,其表面的 β 剂量率数为 212 mrad/h,比较稳定,也是常用的标准 β 源。

3. β 射线监测仪探测器

(1)G-M 计数管。窗质量厚度约为 30 mg/cm^2 的钟罩形 G-M 管适宜探测最大能量为 200 keV 以上的 β 射线。云母窗的质量厚度为几 mg/cm^2 的 G-M 管适于探测 ^{14}C、^{35}S 等核素的低能 β 射线,对 α 射线也有响应。

(2)正比计数管。正比管对 α、β 有不同的坪区,α 坪区出现在低压端,β 坪区出现在较

高电压端,在不同电压下使用可区分 α 和 β 射线。

（3）闪烁探测器。薄塑料闪烁体常用于探测 β 射线,它对 γ 射线不灵敏,因而本底较低,采用 ZnS 和塑料双层闪烁体可同时测量 α 和 β 射线。

（4）电离室。在灵敏体积的 β 射线入射方向开窗,窗膜很薄,以便 β 射线容易射入,可以得到接近表面-薄层处的 β 剂量。优点是能量响应好,在很宽的 β 能量范围内,剂量和 β 能量关系不大,主要缺点是灵敏度低。

（5）半导体探测器。为测 β 射线,应选电阻率高的半导体材料并在较高电压下工作的金硅面垒型半导体探测器,其特点是体积小、功耗少、便于携带、能测局部点的剂量和准确寻找污染点。

4. 电子束吸收剂量的测量

电子束流的能量可从加速器运行电压得知或用磁偏转法测定,如能测出电子束的注量率,就可计算出吸收剂量。电子束的注量率可通过法拉第筒或电离室测量。

（1）法拉第筒

法拉第筒是收集带电粒子流的一种器件,可用来测量带电粒子流的强度。

法拉第筒内为真空,带电粒子通过薄窗射入筒内,被轰击的金属物件应很好地绝缘并有一定的厚度,防止带电粒子穿透而影响测量精度。为更好地抑制次级电子,可在筒口上加一磁场来偏转次级电子,或者加一抑制电极,在其上加一定的负压来偏移次级电子,但要防止束流打在抑制电极上,以防在抑制电极上产生的次级电子进入筒内产生误差。

穿过法拉第筒入射窗的每个入射电子都会使被轰击的金属物件获得一个负电子,这样从金属收集物件上流出的电流就等于穿过小窗的那部分电子束的电流。若已知电子束的截面积和入射窗的截面积,就可根据流出的电流求出电子束的注量率,再已知电子能量,即可求出能量注量率。

（2）电离室

测量电子束注量率的电离室类似于自由空气电离室。假设电子穿过灵敏区的长度为 L,电子束截面积为 A,电子束注量率为 φ,电离室气体对电子的阻止本领为 $\mathrm{d}E/\mathrm{d}L$,

平均电离能为 W,则在 t 时间内电离室收集的电离电量 Q 为

$$Q = \frac{\varphi A L e t \left(\dfrac{\mathrm{d}E}{\mathrm{d}L}\right)}{W} \tag{7-3-16}$$

式中,e 为电子电量,$e = 1.6 \times 10^{-19}\ C$,$\mathrm{d}E/\mathrm{d}L$ 可根据电子能量查表或计算得到,取 $W = 34\ \mathrm{eV}$,A、L、t 均可精确测定。因此通过测量收集的电离电荷,就可求出注量率 φ。

7.3.3 中子的探测与剂量测量

1. 中子剂量测量的特点

（1）中子与物质相互作用是极其复杂的,中子引起的次级辐射是多种多样的,中子的能量范围甚广,中子的能量可转化为带电粒子（如质子、α 粒子、重反冲核等）和非带电粒子（如 X、γ 光子等）的能量。中子与物质相互作用截面与其能量也有复杂的关系。因此中子剂量测量比 γ 和 β 射线剂量测量都复杂,更加困难。

（2）对不同能量的中子,即使有相同的吸收剂量,由于其所引起的次级辐射种类不同,生物效应差异也会很大,品质因数相差很大。中子剂量的测量通常以 Sv（或 rem）为单位的

剂量当量来表示。

（3）实际测量的中子往往与γ射线共存于混合辐射场中，它们的品质因数不同，必须加以区分或排除γ射线的干扰。

（4）在不同的测量场所和不同的能量范围，所用的中子探测器也很不相同。

2. 中子吸收剂量的测量

中子按能量可粗略地分为 4 类：慢中子（$0 \sim 10^3$ eV，含热中子）、中能中子（$10^3 \sim 5 \times 10^5$ eV）、快中子（$0.5 \sim 10$ MeV）、高能中子（>10 MeV）。中子的能谱是连续的。一般来说，快中子对中子总剂量的贡献是主要的，而热中子仅占次要地位，在靠近反应堆和加速器中子源这类核技术装置的地方，中能中子剂量也占有相当的比例。

（1）布勒格–格雷关系式

利用电离室和正比计数管等探测中子在介质中的吸收剂量时，室壁材料一般选用含氢物质，快中子可在室壁上打出反冲质子。当空腔足够小时，反冲质子穿过它，仅有一小部分能量损失在其中时，则室壁材料中的中子吸收剂量和空腔气体内的电离量仍满足布勒格–格雷关系式，即 $E_m = S_{Tm} J_m W$，这里 E_m 为单位质量室壁材料所吸收的能量（比释动能）；J_m 为单位质量空腔气体中所产生的离子对数；W 为反冲质子的平均电离能；S_{Tm} 为室壁材料和气体的质量阻止本领之比。

若室壁材料选用组织等效材料，则可测量机体组织的吸收剂量。聚乙烯（C_2H_4）n、聚苯乙烯（C_8H_9）n 等是机体组织（$C_{35}H_{353}O_{16}N_{10}$）$n$ 的较好等效材料，因此，为测组织中的吸收剂量，室壁材料常选用聚乙烯材料，室内充乙烯气体。

（2）消除γ干扰

电离室测中子吸收剂量时，由于γ射线的存在和对γ射线的响应，所测的结果将是中子和γ射线两者吸收剂量之和。通常采用两个互相补偿的电离室，其中的一个室壁材料不含氢，因而对中子不灵敏，利用两电离室读数之差就可排除γ射线的影响。

正比计数管测中子吸收剂量时，可把仪器做得对γ射线很不灵敏，从而将中子和γ射线区分开。这是根据γ射线在室壁中打出的次级电子所形成的脉冲幅度远小于由中子打出的反冲质子所形成的脉冲幅度，很容易通过电子学线路将小幅度脉冲甄别掉。除非γ射线很强（达到 10 rad/h），有数个次级电子的脉冲同时发生，以致叠加起来的合成脉冲可以和反冲质子的脉冲相比拟时，才需考虑γ射线的干扰。

为了剔除γ射线引起的计数脉冲，仪器需要设置一定的甄别阈，这也会剔除一部分小幅度的质子脉冲，这样就低估了中子的吸收剂量，产生测量误差。对 Po-Be 之类能量较高的中子源，剂量约低估 10%，对高度慢化的裂变中子谱，会低估 50%。因此这类探测仪器只适合快中子吸收剂量的测量，对应的能量下限约为 200 keV。

3. 中子剂量当量率仪

对不同能量的中子，由于其品质因数相差很大，从辐射生物效应及防护角度出发，只测出吸收剂量是不够的，最好是能够测量以 Sv（或 rem）为单位的剂量当量 H（$H = QND$）来描述。实际遇到的中子辐射场，往往既是 n、γ 混合场，又是各种能量中子的混合场，而不是纯单能中子场。中子剂量当量的计算是相当麻烦的，准确计算难以实现。具体计算时，不仅要准确地知道中子的能量和能谱，还必须知道组织的元素组成和各种反应截面。

在实际测量中，通常采用剂量转换因子（d_H）方法，这种方法的特点是既简单，又能保证有一定的精度。中子剂量当量 H 与 d_H 的关系可表示为

$$H = \int_{E_{n1}}^{E_{n2}} d_H(E_n) \Phi(E_n) dE_n \qquad (7-3-17)$$

式中,积分的上、下限 E_{n2} 和 E_{n1} 分别表示中子辐射场的最大能量和最小能量; $\Phi(E_n)dE_n$ 表示中子能量从 E_n 到 E_n+dE_n 区段的中子注量; d_H 的物理意义是单位中子注量对剂量当量的贡献。如果中子探测器的探测效率 (ε) 满足关系 $\varepsilon(E_n) = \alpha d_H(E_n)$, α 为比例常数,可无须知道中子能谱 (E) 就直接测出剂量当量。通过适当设计探测器,这个正比关系是很容易满足的。假设在一定测量时间内,测得的计数为 N ,则有

$$N = \int_{E_{al}}^{E_{al}} \varepsilon(E_n) \Phi(E_n) \frac{d\Phi(E_n)}{dE_n} dE_n \qquad (7-3-18)$$

再利用 ε 和 d_H 的正比关系,可得

$$N = \alpha \int_{E_{nl}}^{E_{al}} d_H(E_n) \Phi(E_n) dE_n = \alpha H \qquad (7-3-19)$$

由此可以看出,中子探测器的计数 N 与剂量当量具有正比关系,这就使得中子剂量当量的测量变得非常简单,如果中子探测器的探测介质为组织等效材料,则所测得的 H 就是组织所受的剂量当量。 α 为仪器的刻度常数。中核(北京)核仪器厂生产的 FJ342G 型中子雷姆计就是依据这种原理设计制作的。

4. 中子剂量仪器的刻度源

标定中子剂量仪器需在中子辐射场中进行,确定中子辐射场中有关各点的剂量当量通常要分两步进行,先确定辐射场中所考虑点的中子注量和中子能量,然后再利用相应的剂量当量换算因子做适当的计算。剂量当量换算因子数据表中的数据是对平行中子束垂直照射到一定的体模(无限宽的、厚 30 cm 的组织等效材料)上计算得到的,标定时的条件要求和这样的体模相同或相近。对具有复杂谱的中子,剂量当量换算因子要按照单能的情况对全部能谱进行积分和求平均得到。

(1)放射性核素中子源

理想的放射性核素中子源应该是满足半衰期长、中子产额高、尺寸小、能谱已知、无强 γ 辐射等条件的放射源,但实际上,能同时满足这些要求的源是没有的。

要准确了解源的中子发射率,可采用同种核素的基准源进行比对测量或采用锰浴法进行测定。锰浴法是一种测量中子源活度的活化方法。将要测的中子源放在装有 $MnSO_4$ 蒸馏水溶液的球形或圆柱形容器中心,中子源发射的中子则先在溶液中慢化成热中子,然后这种热中子被 ^{55}Mn 俘获, $^{55}MnSO_4$ 溶液被中子源照射足够长时间后,它的激活放射性达到饱和,测量这种饱和放射性活度就可求出中子源的活度。这种方法的优点是设备简单、价格便宜、 $MnSO_4$ 在水中溶解度高、 ^{55}Mn 的热中子俘获截面大、 ^{55}Mn 的半衰期适中、衰变纲图不复杂,因此对其激活分析比较容易。缺点是操作比较烦琐、测量周期长、灵敏度低。一般仅适用于测量中子活度高于 $10^3 \sim 10^4$ n/s 的中子源。

在中子辐射场中,距源 $R(cm)$ 处的中子注量率 $\varphi(1/s \cdot cm^2)$ 可由中子源的中子发射率 $Q_0(1/s)$ 计算得

$$\varphi = \frac{BQ_0 e^{-\Sigma R}}{4\pi R^2} \qquad (7-3-20)$$

式中, B 为考虑散射辐射贡献的修正因子; $\sum$ 为空气的宏观减弱系数 (cm^{-1}) ,忽略。通常很小。

①用一个小探测器测试,找出读数与距离平方成反比关系的距离范围,在此范围内标定。用小探测器可更好地确定探测器的有效中心位置,但误差可能较大,这是由于散射中子的能量和方向不同于入射中子,因而在数据处理中会涉及仪器的能量响应和方向性问题。

②利用影锥体实测 B 值。锥体用石蜡或聚乙烯制成,其后部加镉或硼或两者均匀掺和,锥体要有足够的长度和大小,以便足以阻挡直接入射的中子,比较有无锥体时探测器的读数便可确定 B。

在散射辐射的贡献大于源辐射 20% 的情况下,最好不计算中子注量率,而是使用已标定好的标准中子仪器直接测试辐射场。

放射性核素中子源有两个缺点,一是中子发射率不高,一般只能达到 10^7 中子/s,如果要求源和探测器保持适当距离,又要标定高量程,源强就不够用了;二是中子能谱复杂。

(2)加速器中子源

加速器中子源可提供较大的注量率和单能中子,并且能量可在相当宽的范围调节。中子的能量取决于所进行的核反应(靶材料)、轰击粒子的能量、靶轴线的偏转角度。如在 400 kV 的高压倍加器上,可用 $D(d,n)^3He$ 反应产生能量约为 2.5 MeV 的中子,用 $T(d,n)^4He$ 反应产生能量约为 14 MeV 的中子。这些反应中所得到的中子发射率,最好用一个已刻度过的长计数管测量。

长计数管是一种由 BF_3 正比计数管和中子慢化剂组成的中子探测器,这种探测器对快中子的探测效率不随快中子能量变化而发生变化,如图 7-6 所示。BF_3 正比计数管一般用来探测慢中子,若加上附属设备,也可用来探测快中子。一般是将 BF_3 计数管放入含氢物质(如石蜡或聚乙烯)圆筒内,快中子首先在含氢物质中减速而后扩散到 BF_3 计数管内并被记录。

整个装置可以调节,使其对各种能量的中子探测效率都相等。长计数管探测效率的平坦区在 0.25 eV 的热中子到 14 MeV 的快中子之间,即在相当宽的中子能量范围内有不变的探测效率。它很适于测量中子注量率。

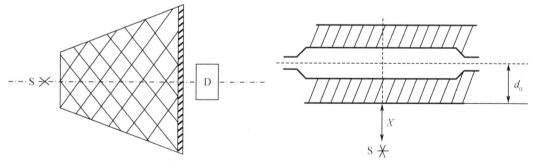

图 7-6 影锥法测试散射修正因子　　　图 7-7 测试长计数管有效中心

长计数管的探测效率可利用发射率已知的放射性核素中子源求出度长计数管时,首先要确定它的有效中心位置(图 7-7)。可用以下方法求出:改变距离,测量长计数管对点源的计数率 n(cps),用下式表示:

$$n = a + b(x + d_0)^{-2} \qquad (7\text{-}3\text{-}21)$$

式中,a 是散射中子引起的计数率,可用影锥体方法测量得出;b 是与源的发射率有关的常数,$b = Q_0 \varepsilon / 4\pi$,$Q_0$ 为点源中子发射率,ε 为探测效率;x 是点源到长计数管前沿表面的距离(cm);d_0 是以长计数管前沿表面到有效中心的距离(cm),它随入射中子能量而变。观测在不同 x 值下的计数率,利用最小二乘法拟合求出 d_0,从而确定长计数管的有效中心位置。

7.4 核辐射探测器

7.4.1 气体探测器

辐射监测常用的气体探测器包括电离室、正比计数器、盖革计数管。电离室可以看出它的作用是用来测量电离辐射在空气中或空气等效壁中产生的次级粒子的电离电荷。而在空气中每产生一正负离子对所消耗的电子动能,对所有能量的电子来说,基本是一常数,即平均电离能为 $We = 33.85$ eV。用电离室测量吸收剂量可分两步:首先测量由电离辐射产生的电离电荷,然后利用空气平均电离能计算出电离辐射所沉积的能量,即吸收剂量。X 或 γ 辐射射入气体探测器,经与探测器的室壁及气体介质相互作用产生次级电子,这些电子在其运动径迹上使气体电离,产生一系列正负离子对,在灵敏体积内的电场作用下,电子、正离子分别向两极漂移,引起相应极板的感应电荷量发生变化,从而在外接电路中形成电离电流。正比计数器、盖革计数管除带电粒子产生的原始电子和正离子外,还有倍增现象存在。正比计数器、盖革计数管输出脉冲信号,电离室可工作在电流输出和脉冲输出两种方式。

1. 电离室

电离室是一种探测电离辐射的气体探测器。气体探测器的原理是,当探测器受到射线照射时,射线与气体中的分子作用,产生由一个电子和一个正离子组成的离子对。这些离子向周围区域自由扩散。扩散过程中,电子和正离子可以复合重新形成中性分子。但是,若在构成气体探测器的收集极和高压极上加直流的极化电压 V,形成电场,那么电子和正离子就会分别被拉向正负两极,并被收集。随着极化电压 V 逐渐增加,气体探测器的工作状态就会从复合区、饱和区、正比区、有限正比区、盖革区(G-M 区)一直变化到连续放电区。

所谓电离室即工作在饱和区的气体探测器,因而饱和区又称电离室区。如图 7-8 所示,在该区内,如果选择了适当的极化电压,复合效应便可忽略,也没有碰撞放大产生,此时可认为射线产生的初始离子对 $N0$ 恰好全部被收集,形成电离电流。该电离电流正比于 $N0$,因而正比于射线强度。加速器的监测探测器一般均采用电离室。标准剂量计也用电离室作为测量元件。电离室的电流可以用一台灵敏度很高的静电计测量。

不难看出,电离室主要由收集极和高压极组成,收集极和高压极之间是气体。与其他气体探测器不同的是,电离室一般以一个大气压左右的空气为灵敏体积,该部分可以与外界完全连通,也可以处于封闭状态。其周围是由导电的空气等效材料或组织等效材料构成的电极,中心是收集电极,二极间加一定的极化电压形成电场。为了使收集到的电离离子全部形成电离电流,减少漏电损失,在收集极和高压极之间需要增加保护极。

当 X 射线、γ 射线照射电离室,光子与电离室材料发生相互作用,主要在电离室室壁产生次级电子。次级电子使电离室内的空气电离,电离离子在电场的作用下向收集极运动,到达收集极的离子被收集,形成电离电流信号输出给测量单元。

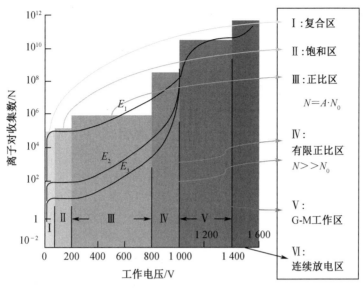

图 7-8　电力室的电流

2. 气体正比让数管

气体正比让数管(简称正比管)是一种工作在气体放电正比区的计数管。正比管电极上收集到的电荷正比于初始电离的电荷,其气体放大系数与初始电离无关,因而正比管输出的脉冲幅度正比于入射辐射的能量。正比管有较好的能量分辨率和较高的信噪比,可用于测量 α、β、n 和低能 X、γ 射线的强度和能量。

气体正比计数管可以视为一种内部具有气体放大作用的离室。布拉格-格雷空腔电离理论对正比管也是适用的。

正比管的空腔尺寸并不大,管内气体中的电离主要是由 γ 射线在管壁中打出的次级电子所引起的,而在气体中打出的次级电子的电离作用(气体作用)可以忽略。因此可以认为,空腔的存在不影响管壁次级电子注量和能谱分布,次级电子在空腔内损失的能量正比于管壁材料的吸收剂量。

正比管气体内产生的离子对数正比于次级电子在空腔内损失的能量,若 M 为气体放大倍数,则气体放大只是使原来初始产生的离子对数扩大了 M 倍,总的离子对数与次级电子损失能量之间的正比关系仍成立。

因此管壁材料中的吸收剂量与管内产生的离子对数仍成正比,可有

$$E_Z = S\left(\frac{J}{M}\right)W \qquad (7-3-22)$$

所以正比管能够用于吸收剂量的测量。如果管壁和管内气体是组织等效材料,它就给出组织中的吸收剂量。改变管壁厚度就能给出组织中所关心的各种深度上的吸收剂量。为了测量吸收剂量,不能只记录正比管输出脉冲信号的数目,必须记录所有脉冲包含的总电荷量或近似记录所有脉冲的幅度之和。将脉冲信号在一个电容上积分,在输出端接一个计数率计就可指示出吸收剂量率,或用一个积分器就可指示出吸收剂量。

正比管测量吸收剂量的主要优点是灵敏度高,正比管所给出的电离量将比同体积的电

离室大 M 倍,气体放大倍数 M 主要取决于正比管的尺寸、气体种类与压强、工作电压等,一般为 103~104;此外,正比管在混合辐射场中可利用幅度甄别方法区分 α 和 β 辐射,利用波形甄别方法区分中子和 γ 辐射。主要缺点是:工作电压高,要求高压稳定性高,对绝缘要求高,管内充气纯度较高;不能测出甄别阈以下脉冲所对应的吸收能量,这就影响了剂量测量的精度。

正比管主要用在中子剂量的测量。

3. G-M 计数管

盖革-弥勒计数管(简称 G-M 管)是一种工作在盖革-弥勒(G-M)区的计数管。当电离粒子射入管内使气体分子电离时,产生的电子向阳极漂移,经雪崩放电,离子大量增殖并沿阳极丝发展,在阳极丝周围形成正离子鞘。正离子鞘向阴极移动并在外电路中形成一个脉冲电压,脉冲电压的大小与工作电压和负载电阻有关,而与带电粒子产生的初始离子对数无关,即与辐射类型和能量无关。

空腔电离室与 G-M 管的工作机制不同,在电离室内,每个次级电子引起的电离量正比于它穿过空腔时所损失的能量;而在 G-M 管内,由于其工作在 G-M 区,所有穿过管腔的次级电子,不管其能量和能量损失如何,都会产生一个幅度基本相同的脉冲输出。因此空腔电离理论不适用于 G-M 管。G-M 管输出脉冲计数率实际上是反映 γ 射线强度(或能注量率)的一个量。

G-M 管的主要优点是结构简单、价格便宜、输出脉冲幅度大、具有较高的灵敏度。对 $0.1\ \mu R/s$ 的照射率,使用截面积为 $5\ cm^2$ 的计数管,对 $1\ MeV$ 射线的探测效率 $\varepsilon_0 \approx 1\%$,可测到的计数率约 60 cps。G-M 管的主要缺点是死时间长,不适合在高计数率下工作,测强辐射场时,漏计数严重,甚至阻塞;其次是能量响应较差。

7.4.2 闪烁探测器

闪烁探测器是一种由闪烁体和光敏器件(如光电倍增管)组成的辐射探测器。闪烁体和光敏器件之间可以直接耦合或通过光导耦合。经选配合适的闪烁体和光敏器件,闪烁探测器能探测各种带电粒子和中性粒子,既能测量粒子的强度、能量,也能进行粒子甄别。与其他辐射探测器相比,其主要优点是探测效率高,分辨时间短。它是应用极为广泛的辐射探测器。

闪烁探测器对 γ 射线的测量比 G-M 管灵敏,其能量响应取决于闪烁体的性能和尺寸,采用适当的闪烁体和测量电路,可以使其输出正比于组织中的吸收剂量。

假设能注量为 ψ_0 的平行射线束垂直地照射在面积为 A,厚度为 d 的闪烁体上,在穿过厚度为 x 处的能注量为 ψ_x,按指数衰减规律,有

$$\psi_x = \psi_0 e^{-(\mu_{en})_M x} \tag{7-3-23}$$

式中,$(\mu_{en})_M x$ 为射线在闪烁体中的线能量吸收系数,而之所以没有使用线吸收系数 μ,是因为在闪烁体中散射光子可继续穿透,其行为与入射线相似,仍可归于原射线中,这只是一种近似。因此在单位时间内在 x 处的 dx 层内,闪烁体吸收的能量 $dE_M = A\psi_x(\mu_{en})_M dx$,在单位时间内整个闪烁体吸收的能量 E 为

$$E_M = \int_0^d A(\mu_{en})_M \psi_x dx = A\psi_0 \int_0^d (\mu_{en})_M e^{-(\mu_{en})_M x} d \tag{7-3-24}$$

假设闪烁体的光输出量正比于所吸收的辐射能量,光阴极对光的收集、光电转换、电子

倍增、阳极电荷收集等过程也都是线性的,这样可认为探测器的所有输出脉冲所包括的总电荷 Q 正比于闪烁体所吸收的辐射能量 E_M。因此用闪烁探测器测量照射率 $\dot{X}$ 的灵敏度 $Q/\dot{X}$ 可表示为

$$\frac{Q}{\dot{X}} \propto \frac{E_M}{\dot{X}} \propto \frac{A\left[1-e_M^{-(\mu_m)}d\right]}{(\mu_{en})_A} \qquad (7\text{-}3\text{-}25)$$

式中,$(\mu_{en})_A$ 为射线在空气中的线能量吸收系数。当闪烁体很薄时,即 $(\mu_m)_M d \ll 1$ 时,$e^{-(\mu_{en})_M d} \approx 1-(\mu_{en})_M d$,式(7-3-25)可简化为

$$\frac{Q}{\dot{X}} \propto \frac{E_M}{\dot{X}} \propto V\frac{(\mu_{en})_M}{(\mu_{en})_A} \qquad (7\text{-}3\text{-}26)$$

式中,$V=Ad$ 为闪烁体的体积。由此可以看出,为了使测量的照射率有好的能量响应,闪烁体的组成成分应该是空气等效的材料,这样可使 $(\mu_{en})_M/(\mu_{en})_A$ 是一个与入射辐射能量 hv 无关的常数。一般来说,塑料、蒽等有机闪烁体在组成成分上接近空气或软组织,可以视为空气等效或组织等效的材料。在很大的能量范围内,其能量响应较好,如对蒽晶体,入射辐射能量 hv 从 0.2~5 MeV,能量响应随能量的变化关系曲线比较平坦。而 $NaI(Tl)$ 晶体,等效原子序数较高,能量响应不好。

由于闪烁探测器输出脉冲所包含的电荷量正比于闪烁体所吸收的辐射能量,因此用闪烁探测器测量照射量或吸收剂量就应记录所有输出脉冲的总电荷量,而不是记录脉冲数,是要记录所有脉冲幅度之和;测量照射率或吸收剂量率应记录输出电流,使探测器工作在电流工作状态。

7.4.3 半导体探测器

半导体探测器是一种用半导体材料制成的电离辐射探测器,亦称固体电离室,实质上它是一种特殊的半导体二极管。射线进入半导体探测器的灵敏区后,损耗能量,产生电子-空穴对。加在二极管上的反向电压在灵敏区中产生较强电场,使这些电子-空穴对迅速分离,并分别向两电极运动而被收集,从而产生电脉冲信号。半导体探测器具有能量分辨率高、能量线性好、脉冲上升时间短、体积小、轻便等优点。用它可以探测带电粒子、中子、X 射线和 γ 射线。

硅 P-N 结和 CdS 半导体探测器测量 X、γ 射线的吸收剂量的测量原理与气体空腔电离室完全相同,可视为固体空腔电离室,布勒格-格雷空腔电离理论对它们完全适用,特别是空腔物质与室壁物质在成分上和密度上可以做得几乎完全一样,因而能更好地满足电子平衡条件。半导体探测器可以做得很小,因而更容易实现组织中某点吸收剂量的测量。由于固体介质和气体介质的密度差别和平均电离能的差别(如硅和空气,密度分别为 2.33 g/cm^3 和 0.001 293 g/cm^3,平均电离能分别为 3.61 eV 和 34 eV),在同样 γ 射线作用下,在半导体器件中每单位体积产生的离子对数要比同体积空气电离室产生的大 2×10^4 倍。

硅锂 Si(Li)漂移型半导体探测器由于锂漂移后产生本征区,因此灵敏体积较大,耗尽层厚度一般为 0.25~2.5 mm。对 γ 射线的探测效率与 G-M 管相近。用作脉冲计数时,Si(Li)能记录到 10^{-6}~10^4 R/h 的照射率。

在医学领域,可把硅作为骨骼的等效材料,硅的原子序数为 14,很接近骨骼的有效原子序数 13.8。

半导体器件一般对低能光子的能量响应高,如 CdS 在 60 keV 时的响应比在 1.2 MeV 时高 25~50 倍。半导体器件受温度变化影响较大,在强辐射场下也易受到辐射损伤,要注意其适用的能量范围。

7.4.4 其他核辐射探测器

(1)契伦柯夫探测器

契伦柯夫探测器是一种利用契伦柯夫辐射现象进行高能带电粒子测量的仪器。

产生契伦柯夫辐射的过程可以分为两个阶段:首先带电粒子引起透明介质的原子极化;极化原子的退极化过程中发射电磁辐射的相干干涉得到加强而形成契伦柯夫辐射。

介质原子的极化过程是受运动带电粒子(下以电子为例)电磁场的影响,在带电粒子路程经过附近的原子不再呈球形,原子中电子的负电荷位于核的正电荷较远的一侧,呈椭球的形态分布,谓之"极化"的现象。当粒子由一点运动到回来到该点,原来在此点的极化原子将恢复原有的状态。这一过程类似于偶极子振动,使每个退极化的原子成为辐射中心而发射电磁辐射。当粒子速度较低时,极化的原子不论在方位角方向,还是沿轴向均呈对称分布由此,由极化原子退极化过程发射的电磁辐射在远处合成的辐射场为零,即对外没有辐射产生。

然而,当入射带电粒子速度变得更大,以至于与光在介质中的速度可相比拟时,将发生明显的变化。这时原子极化的分布,在沿粒子轨迹方向的轴向呈现严重的不对称分布,由此,在粒子轨迹方向的远处将会形成一个合成的偶极子场,这样在粒子运动的各个段元将依次发射一个个短暂的电磁脉冲。但沿粒子径迹各段元发射的辐射波元(Radiated wavelets)是不相干的,所以在远处合成的辐射场的强度仍为零。

只有当粒子速度大于光在透明介质中的速度时,粒子径迹上任何一点的段元发射的偶辐射同相位,根据惠更斯原理,才有可能在远处观察到合成的辐射场。所以,契伦柯夫辐射许多相邻原子发出的辐射经过干涉加强后合成的结果。

当带电粒子在介质中的速度超过光速时,产生契伦柯夫辐射,契伦柯夫辐射是在可见光谱范围内的光子,通常是蓝色光。其可见光光子被通过光学系统导入光电倍增管或其他光探测器中进行检测。这种探测器在高能物理实验、核物理研究、天文学以及核反应堆监测等领域具有广泛应用,提供了对高能带电粒子能量、轨迹和速度的关键信息。

(2)热释光探测器

热释光探测器是一种用于测量辐射剂量的设备,它工作原理涉及辐射激发、能级结构和热释放过程。TLD 材料首先被暴露于辐射场中,如受到 X 射线或 γ 射线的照射。这导致 TLD 中的电子被激发到一个高能级。电子升到一个高能级之后,吸收了辐射能量。这个高能级是一个激发态,电子在这个态上停留。TLD 材料在暴露后通常会被储存在低温环境中,以防止能量的释放。在这个过程中,被激发的电子保持在高能级,形成一种激发态的状态。在测量之前,TLD 材料被加热。这个过程通常称为热释放过程。加热导致原先被激发的电子从高能级返回到低能级,释放出先前吸收的辐射能量。释放的能量以形式的光信号释放出来。这是因为激发态的电子返回到基态时,能量差以光子的形式被释放。这个光信号可以被测量和记录。通过测量释放的光信号,可以推断出 TLD 材料在暴露期间吸收的辐射剂量。释放的光强度与辐射剂量之间存在关系,这使得 TLD 成为辐射剂量测量的有效工具。

热释光探测器在辐射防护、医学辐射学、核能领域等具有广泛的应用。

(3)核乳胶

核乳胶是用特制的照相乳胶制成的,能记录单个带电粒子径迹的粒子径迹探测器。当有带电粒子穿入时就会引起"感光"而留下径迹,经过显影和定影,可用显微镜观察,根据测定粒子在核乳胶中的径迹长度、银粒密度和径迹曲折程度可判定粒子的种类并测定它们的速度。乳胶是固体的,其限止本领比空气大千倍,高能粒子在空气中的射程是几米的话,在核乳胶中只有几毫米,一个复杂的现象可以在一个小体积中显示出来,因此核乳胶是研究高能粒子的很好工具,曾用它发现 π±、k±、°等粒子(介子,重子),是核物理、粒子物理和宇宙线研究中的重要工具。

核乳胶具有空间分辨率好、连续、灵敏、探测结果自动保存等性能,适用于产生多个带电粒子的复杂反应研究及粒子衰变系列研究,以及轻便、简单、经济等优点;缺点是需经显影定影,不能即时得到测量结果,需靠人工测量,要用显微镜,难于实现自动化等。

(4)气体径迹探测器

除核乳胶外,气体径迹探测器中云室和气泡室也能显示入射带电粒子的径迹。云室利用过饱和蒸汽的凝结,而气泡室利用过热液体的沸腾,都能得到带电粒子穿过时留下的径迹。例如,威尔逊云室,从原理上讲,威尔逊云室就是一个充有气体与某种饱和蒸汽且体积可以变动的密闭容器。带电粒子射入云室,沿其路径产生一串离子对。此时,让云室中的气体突然发生绝热膨胀,导致室内气体温度骤然下降,原来的饱和蒸汽变成"过饱和"状态,过饱和蒸气将以离子为凝结中心而形成液滴。当用强光照射这些液滴时,由液滴组成的带电粒子径迹就显示出来,可用照相机拍摄记录。而气泡室则是利用过热液体的不稳定性来产生气泡,从而显示入射带电粒子径迹。这些探测装置的设备比较庞大,应用面也相当窄,这里只作一些原理性的介绍。

本章习题

1. 填空题

(1)放射性核素的衰变是指原子核通过_____或_____衰变成为另一种原子核。

(2)任何放射性物质在单独存在时其统计规律都服从_____规律。

(3)1 Ci 的放射源每秒产生_____次衰变来表示放射源的活度。

(4)在给出吸收剂量数值时,必须指明辐射_____、_____和_____。

(5)带电粒子与物质相互作用的过程主要有:_____、_____、_____、_____、_____、_____。

(6)_____是中性原子或分子获得或失去电子而形成离子的现象。

(7)辐射监测常用的气体探测器包括_____、_____和_____。

(8)_____是一种由闪烁体和光敏器件(如光电倍增管)组成的辐射探测器。

(9)_____是一种用半导体材料制成的电离辐射探测器,亦称固体电离室,实质上它是一种特殊的_____。

2. 简答题

(1)放射性活度是指?

(2)什么是电离辐射?

(3)粒子注量和注量率、能量注量和注量率的定义分别是什么?

(4)什么是吸收剂量?

(5)什么是照射量及照射量率?

(6)带电粒子的相互作用有哪些?

(7)X、γ射线与物质的相互作用主要有哪些类型?

(8)核辐射探测的方法主要有哪些?

参 考 文 献

[1] 环境保护部核与辐射安全中心. 核安全专业实务[M]. 修订版. 北京:中国原子能出版社,2018.

[2] 环境保护部核与辐射安全中心. 核安全相关法律法规[M]. 修订版. 北京:中国原子能出版社,2018.

[3] 国家核安保技术中心. 核安保事件辐射应急响应[M]. 北京:中国原子能出版社,2017.

[4] 陈伯显,张智,杨祎罡. 核辐射物理及探测学[M]. 2版. 哈尔滨:哈尔滨工程大学出版社,2021.

[5] 徐守龙,邹旸. 单片有源像素传感器的γ射线辐射效应与探测[M]. 北京:中国原子能出版社,2022.

[6] 李民权. 核工业生产概论[M]. 北京:原子能出版社,1995.

[7] 王松年. 核工业概论[M]. 北京:原子能出版社,1993.

[8] 霍雷,刘剑利,马永和. 辐射剂量与防护[M]. 北京:电子工业出版社,2015.